"十三五"国家重点出版物出版规划项目

现代电子战技术丛书

# 电磁环境仿真与模拟技术

Electromagnetic Environment
Modeling and Simulation Technology

郭淑霞 高 颖 刘 宁 张 朋 等著
宋祖勋 审 校

国防工业出版社

·北京·

#### 图书在版编目(CIP)数据

电磁环境仿真与模拟技术/郭淑霞等著. —北京：国防工业出版社,2025. —(现代电子战技术丛书).
ISBN 978-7-118-13505-3

Ⅰ.X21

中国国家版本馆 CIP 数据核字第 2025UG4091 号

※

国防工业出版社出版发行
(北京市海淀区紫竹院南路23号　邮政编码100048)
三河市天利华印刷装订有限公司印刷
新华书店经售

*

开本 710×1000　1/16　插页 2　印张 18½　字数 315 千字
2025 年 5 月第 1 版第 1 次印刷　印数 1—2500 册　定价 108.00 元

(本书如有印装错误,我社负责调换)

国防书店:(010)88540777　　书店传真:(010)88540776
发行业务:(010)88540717　　发行传真:(010)88540762

# 致 读 者

本书由中央军委装备发展部**国防科技图书出版基金**资助出版。

为了促进国防科技和武器装备发展，加强社会主义物质文明和精神文明建设，培养优秀科技人才，确保国防科技优秀图书的出版，原国防科工委于1988年初决定每年拨出专款，设立国防科技图书出版基金，成立评审委员会，扶持、审定出版国防科技优秀图书。这是一项具有深远意义的创举。

**国防科技图书出版基金**资助的对象是：

1. 在国防科学技术领域中，学术水平高，内容有创见，在学科上居领先地位的基础科学理论图书；在工程技术理论方面有突破的应用科学专著。

2. 学术思想新颖，内容具体、实用，对国防科技和武器装备发展具有较大推动作用的专著；密切结合国防现代化和武器装备现代化需要的高新技术内容的专著。

3. 有重要发展前景和有重大开拓使用价值，密切结合国防现代化和武器装备现代化需要的新工艺、新材料内容的专著。

4. 填补目前我国科技领域空白并具有军事应用前景的薄弱学科和边缘学科的科技图书。

国防科技图书出版基金评审委员会在中央军委装备发展部的领导下开展工作，负责掌握出版基金的使用方向，评审受理的图书选题，决定资助的图书选题和资助金额，以及决定中断或取消资助等。经评审给予资助的图书，由国防工业出版社出版发行。

国防科技和武器装备发展已经取得了举世瞩目的成就，国防科技图书承担着记载和弘扬这些成就，积累和传播科技知识的使命。开展好评审工作，使有限的基金发挥出巨大的效能，需要不断摸索、认真总结和及时改进，更需要国防科技和武器装备建设战线广大科技工作者、专家、教授，以及社会各界朋友的热情支持。

让我们携起手来，为祖国昌盛、科技腾飞、出版繁荣而共同奋斗！

**国防科技图书出版基金**

评审委员会

# 国防科技图书出版基金
# 2018年度评审委员会组成人员

| 主 任 委 员 | 吴有生 | | | |
|---|---|---|---|---|
| 副主任委员 | 郝 刚 | | | |
| 秘 书 长 | 郝 刚 | | | |
| 副 秘 书 长 | 许西安 | 谢晓阳 | | |
| 委 员 | 才鸿年 | 王清贤 | 王群书 | 甘茂治 |
| （按姓氏笔画排序） | 甘晓华 | 邢海鹰 | 巩水利 | 刘泽金 |
| | 孙秀冬 | 芮筱亭 | 杨 伟 | 杨德森 |
| | 肖志力 | 吴宏鑫 | 初军田 | 张良培 |
| | 张信威 | 陆 军 | 陈良惠 | 房建成 |
| | 赵万生 | 赵凤起 | 唐志共 | 陶西平 |
| | 韩祖南 | 傅惠民 | 魏光辉 | 魏炳波 |

# "现代电子战技术丛书"编委会

**编委会主任**　杨小牛
**院 士 顾 问**　张锡祥　凌永顺　吕跃广　刘泽金　刘永坚
　　　　　　　　王沙飞　陆　军
**编委会副主任**　刘　涛　王大鹏　楼才义
**编 委 会 委 员**
(排名不分先后)
　　　许西安　张友益　张春磊　郭　劲　季华益　胡以华
　　　高晓滨　赵国庆　黄知涛　安　红　甘荣兵　郭福成
　　　高　颖
**丛 书 总 策 划**　王晓光

# 丛书序

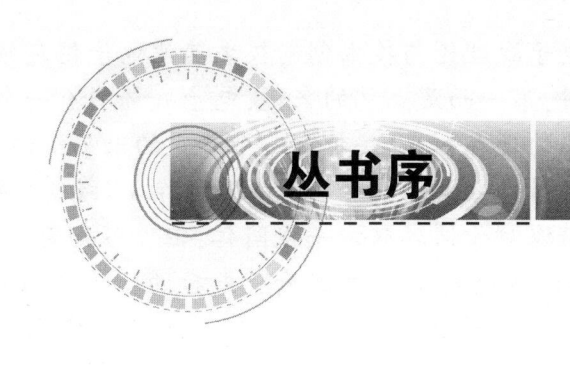

## 新时代的电子战与电子战的新时代

广义上讲,电子战领域也是电子信息领域中的一员或者叫一个分支。然而,这种"广义"而言的貌似其实也没有太多意义。如果说电子战想用一首歌来唱响它的旋律的话,那一定是《我们不一样》。

的确,作为需要靠不断博弈、对抗来"吃饭"的领域,电子战有着太多的特殊之处——其中最为明显、最为突出的一点就是,从博弈的基本逻辑上来讲,电子战的发展节奏永远无法超越作战对象的发展节奏。就如同谍战片里面的跟踪镜头一样,再强大的跟踪人员也只能做到近距离跟踪而不被发现,却永远无法做到跑到跟踪目标的前方去跟踪。

换言之,无论是电子战装备还是其技术的预先布局必须基于具体的作战对象的发展现状或者发展趋势、发展规划。即便如此,考虑到对作战对象现状的把握无法做到完备,而作战对象的发展趋势、发展规划又大多存在诸多变数,因此,基于这些考虑的电子战预先布局通常也存在很大的风险。

总之,尽管世界各国对电子战重要性的认识不断提升——甚至电磁频谱都已经被视作一个独立的作战域,电子战(甚至是更为广义的电磁频谱战)作为一种独立作战样式的前景也非常乐观——但电子战的发展模式似乎并未由于所受重视程度的提升而有任何改变。更为严重的问题是,电子战发展模式的这种"惰性"又直接导致了电子战理论与技术方面发展模式的"滞后性"——新理论、新技术为电子战领域带来实质性影响的时间总是滞后于其他电子信息领域,主动性、自发性、仅适用于本领域的电子战理论与技术创新较之其他电子信息领域也进展缓慢。

凡此种种，不一而足。总的来说，电子战领域有一个确定的过去，有一个相对确定的现在，但没法拥有一个确定的未来。通常我们将电子战领域与其作战对象之间的博弈称作"猫鼠游戏"或者"魔道相长"，乍看这两种说法好像对于博弈双方一视同仁，但殊不知无论"猫鼠"也好，还是"魔道"也好，从逻辑上来讲都是有先后的。作战对象的发展直接能够决定或"引领"电子战的发展方向，而反之则非常困难。也就是说，博弈的起点总是作战对象，博弈的主动权也掌握在作战对象手中，而电子战所能做的就是在作战对象所制定规则的"引领下"一次次轮回，无法跳出。

然而，凡事皆有例外。而具体到电子战领域，足以导致"例外"的原因可归纳为如下两方面。

**其一，"新时代的电子战"。**

电子信息领域新理论新技术层出不穷、飞速发展的当前，总有一些新理论、新技术能够为电子战跳出"轮回"提供可能性。这其中，颇具潜力的理论与技术很多，但大数据分析与人工智能无疑会位列其中。

大数据分析为电子战领域带来的革命性影响可归纳为**"有望实现电子战领域从精度驱动到数据驱动的变革"**。在采用大数据分析之前，电子战理论与技术都可视作是围绕"测量精度"展开的，从信号的发现、测向、定位、识别一直到干扰引导与干扰等诸多环节，无一例外都是在不断提升"测量精度"的过程中实现综合能力提升的。然而，大数据分析为我们提供了另外一种思路——只要能够获得足够多的数据样本（样本的精度高低并不重要），就可以通过各种分析方法来得到远高于"基于精度的"理论与技术的性能（通常是跨数量级的性能提升）。因此，可以看出，大数据分析不仅仅是提升电子战性能的又一种技术，而是有望改变整个电子战领域性能提升思路的顶层理论。从这一点来看，该技术很有可能为电子战领域跳出上面所述之"轮回"提供一种途径。

人工智能为电子战领域带来的革命性影响可归纳为**"有望实现电子战领域从功能固化到自我提升的变革"**。人工智能用于电子战领域则催生出认知电子战这一新理念，而认知电子战理念的重要性在于，它不仅仅让电子战具备思考、推理、记忆、想象、学习等能力，而且还有望让认知电子战与其他认知化电子信息系统一起，催生出一种新的战法，即，

"智能战"。因此，可以看出，人工智能有望改变整个电子战领域的作战模式。从这一点来看，该技术也有可能为电子战领域跳出上面所述之"轮回"提供一种备选途径。

总之，电子信息领域理论与技术发展的新时代也为电子战领域带来无限的可能性。

**其二，"电子战的新时代"。**

自1905年诞生以来，电子战领域发展到现在已经有100多年历史，这一历史远超雷达、敌我识别、导航等领域的发展历史。在这么长的发展历史中，尽管电子战领域一直未能跳出"猫鼠游戏"的怪圈，但也形成了很多本领域专有的、与具体作战对象关系不那么密切的理论与技术积淀，而这些理论与技术的发展相对成体系、有脉络。近年来，这些理论与技术已经突破或即将突破一些"瓶颈"，有望将电子战领域带入一个新的时代。

这些理论与技术大致可分为两类：一类是符合电子战发展脉络且与电子战发展历史一脉相承的理论与技术，例如，网络化电子战理论与技术(网络中心电子战理论与技术)、软件化电子战理论与技术、无人化电子战理论与技术等；另一类是基础性电子战技术，例如，信号盲源分离理论与技术、电子战能力评估理论与技术、电磁环境仿真与模拟技术、测向与定位技术等。

总之，电子战领域100多年的理论与技术积淀终于在当前厚积薄发，有望将电子战带入一个新的时代。

本套丛书即是在上述背景下组织撰写的，尽管无法一次性完备地覆盖电子战所有理论与技术，但组织撰写这套丛书本身至少可以表明这样一个事实——有一群志同道合之士，已经发愿让电子战领域有一个确定且美好的未来。

一愿生，则万缘相随。

愿心到处，必有所获。

杨小牛

2018年6月

---

杨小牛，中国工程院院士。

# PREFACE 前言

　　电磁辐射是指"能量以电磁波形式由源发射到空间的现象";电磁环境指的是"存在于给定场所的所有电磁现象的总和";当前,随着电子技术发展,电磁应用活动激增,人类进入了广泛应用、争夺和控制电磁资源的时代,主要表现在:电磁应用领域不断扩展,各种类型的用频设备数量爆炸性增长,频谱资源异常拥挤,出现各种不同体制的电磁应用系统,各种对抗活动使原本已相当紧张的电磁空间局势愈加恶化,恶化的电磁环境不仅对人类生活日益依赖的各种具有电磁敏感性的电子信息系统等造成危害,而且会对人类健康带来威胁。

　　在民用领域,各种通信系统(如移动通信、微波通信、卫星通信、无线网络、无线接入与传输系统等)、卫星与无线电导航系统、各种行业通信系统(如公安、交通、铁路、电力等通信系统)、各种便携式无线通信设备等的广泛使用,在服务于各行各业的同时,也造成特定场所电磁环境的进一步复杂与恶化,如机场电磁环境、地铁运行区域电磁环境、城市电磁环境、政府重要部门所在地的电磁环境等,复杂电磁环境对民航导航、地铁运行、卫星导航终端使用,政府重要部门的通信安全等造成潜在威胁与安全隐患;另外,在军事领域,现代信息化战场上,各种雷达、通信、导航、敌我识别器、电子战装备等军用电磁辐射体的数量成倍增加、频谱越来越宽、功率越来越大、信号体制复杂多变等,使得战场电磁环境愈加复杂,同时又会对电磁脆弱性武器装备的安全性、生存能力、效能发挥等造成严重影响。

　　据相关报道,许多军用、民用领域的重大安全事故和军事演习中暴露出的突出问题,都清晰无误地表明,复杂电磁环境对电子信息系统、人类生存环境的影响已经扩大到对社会发展、国家安全的严重威胁;这些威胁的核心问题,就是电磁环境问题;电磁环境问题已成为影响人类发展的一个重大战略问题,对它的研究是当今科学技术领域的重要前沿。另外,随着社会需求的不断增加,电子信息系统的功能不断升级,并向网络化、体系化发展,复杂程度不断增加,电磁敏感环节越来越多,电磁敏感性越来越强;同时,现代社会对电子信息系统的依赖程度与日俱增,使电磁环境复杂程度不断提高;电磁环境不仅影响各类民用、军用重要电子信息系统的发展战略、立项论证、研制生产等环节,还将深深影响电磁频谱管理、电磁环境效应控制以及电子信息系统应用的多个方面,如军事作战理论、战术战法、指挥控制以及决策思维等。

因此,研究电磁环境仿真与模拟技术,对进一步认清复杂电磁环境的成因与本质特性,揭示电磁环境的综合特性及变化规律,探索复杂、动态、时变电磁环境对军用、民用电子信息系统的影响机理,提高电子信息系统及武器装备在复杂电磁环境下的适应性和生存能力具有重要意义。

本书是著者所在团队在复杂电磁环境研究领域的成果与实践经验的总结与提炼,本书的主要内容为著者多年工作积累,绝大部分为原创性的应用基础研究成果。另外本书援引了许多相关文献资料和研究成果,未能一一列出,在此一并表示感谢。

电磁环境仿真与模拟技术的研究还处于发展之中,限于我们的认知水平与研究能力,本书存在的疏漏、不妥甚至错误之处,恳请读者与各位同仁批评指正。

著者<br>2024 年 12 月

# 目 录

- 第1章 战场电磁环境及仿真概念模型 ········· 1
  - 1.1 战场电磁环境 ········· 1
  - 1.2 战场电磁环境的描述方法 ········· 3
    - 1.2.1 战场电磁环境的总体描述方法 ········· 3
    - 1.2.2 战场电磁环境的分类描述方法 ········· 3
    - 1.2.3 战场电磁环境的综合描述方法 ········· 3
    - 1.2.4 战场电磁环境的特征参数 ········· 4
  - 1.3 基于本体论的电磁环境仿真概念模型 ········· 8
- 第2章 多维复杂电磁环境建模与仿真方法 ········· 12
  - 2.1 复杂电磁环境建模方法 ········· 12
  - 2.2 电磁辐射源特征建模 ········· 13
    - 2.2.1 人为辐射源信号建模 ········· 13
    - 2.2.2 自然辐射源信号建模 ········· 27
    - 2.2.3 天线特性建模 ········· 29
  - 2.3 电磁信号传播特性建模 ········· 39
    - 2.3.1 电磁信号传播特性基础模型 ········· 39
    - 2.3.2 二维抛物方程建模 ········· 42
    - 2.3.3 复杂地形下的抛物方程建模 ········· 53

2.4 电磁环境空间分布特性建模 ……………………………………… 63
　　2.4.1 电磁环境辐射源合成场强建模 ………………………… 64
　　2.4.2 仿真验证 ………………………………………………… 68
2.5 复杂电磁环境效应探索性仿真方法 …………………………… 72
　　2.5.1 探索性仿真分析原理 …………………………………… 72
　　2.5.2 电磁环境效应探索性仿真方法 ………………………… 73
　　2.5.3 雷达电磁环境效应探索性仿真 ………………………… 77

# 第3章 电磁环境快速构建技术 ……………………………………… 84
3.1 电磁环境构建要素分析 ………………………………………… 84
　　3.1.1 自然要素 ………………………………………………… 84
　　3.1.2 人为要素 ………………………………………………… 85
3.2 电磁环境快速构建方法 ………………………………………… 87
　　3.2.1 基于符号库分类管理的快速构建技术 ………………… 87
　　3.2.2 基于脚本的电磁环境快速构建方法 …………………… 90
　　3.2.3 基于二/三维联动的拖拽式电磁环境快速构建 ……… 92
3.3 电磁环境快速构建仿真平台设计 ……………………………… 96
　　3.3.1 仿真平台框架设计 ……………………………………… 96
　　3.3.2 仿真平台硬件拓扑图 …………………………………… 98
　　3.3.3 仿真平台软件流程图 …………………………………… 100

# 第4章 多维复杂电磁环境可视化技术 …………………………… 109
4.1 仿真可视化方法 ………………………………………………… 109
　　4.1.1 仿真可视化概念 ………………………………………… 109
　　4.1.2 仿真可视化方法及流程 ………………………………… 110
4.2 电磁环境态势可视化内容 ……………………………………… 115
4.3 电磁环境态势可视化方法 ……………………………………… 116
　　4.3.1 战场环境态势标绘可视化 ……………………………… 116
　　4.3.2 雷达辐射源可视化方法 ………………………………… 134
　　4.3.3 电磁环境效应可视化方法 ……………………………… 143
　　4.3.4 多维电磁环境信息可视化方法 ………………………… 151
　　4.3.5 电磁环境态势体数据可视化方法 ……………………… 157
4.4 空间电磁数据交互式可视分析系统 …………………………… 168
　　4.4.1 可视分析系统结构及功能设计 ………………………… 169

4.4.2 可视分析系统功能分析 ………………………………………… 170
   4.4.3 可视分析系统界面与功能实现 ……………………………… 172
  4.5 基于地理信息系统的电磁态势生成 ………………………………… 175
   4.5.1 电磁态势生成体系架构 ………………………………………… 176
   4.5.2 基于时间轴脚本的电磁态势生成 …………………………… 179
   4.5.3 基于三维 GIS 的电磁态势生成系统 ………………………… 182

# 第 5 章 基于场景驱动的复杂电磁环境半实物仿真技术 …………… 186
 5.1 场景分析 ……………………………………………………………… 186
 5.2 复杂电磁环境半实物仿真技术 ……………………………………… 187
   5.2.1 灰色关联理论 …………………………………………………… 187
   5.2.2 电磁环境半实物仿真方法 ……………………………………… 188
   5.2.3 基于脚本的信号模拟源动态驱动方法 ……………………… 194
 5.3 复杂电磁环境半实物仿真系统设计 ………………………………… 198
   5.3.1 复杂电磁环境半实物仿真系统组成 ………………………… 198
   5.3.2 复杂电磁环境半实物仿真系统硬件组成 …………………… 199
   5.3.3 复杂电磁环境半实物仿真系统软件流程 …………………… 200
   5.3.4 复杂电磁环境半实物仿真系统实施方案 …………………… 202

# 第 6 章 用频设备复杂电磁环境适应性评估方法 …………………… 210
 6.1 电磁环境适应性评估方法分析 ……………………………………… 210
 6.2 基于不确定性分析的模糊综合评估方法 …………………………… 211
   6.2.1 不确定性分析 …………………………………………………… 212
   6.2.2 模糊综合评估法 ………………………………………………… 214
   6.2.3 基于不确定性分析的模糊综合评估方法 …………………… 221
 6.3 半实物仿真平台置信度评估 ………………………………………… 227
   6.3.1 半实物仿真平台的层次结构 ………………………………… 227
   6.3.2 评估指标权重确定 ……………………………………………… 228
   6.3.3 半实物平台置信度评估 ………………………………………… 231

# 第 7 章 电磁环境演示验证系统 ……………………………………… 233
 7.1 系统功能与组成 ……………………………………………………… 233
   7.1.1 电磁环境演示验证系统功能 ………………………………… 233
   7.1.2 电磁环境演示验证系统组成 ………………………………… 233
 7.2 多维复杂电磁环境建模与可视化仿真软件功能 ………………… 235

  7.2.1 多维复杂电磁环境建模与仿真功能 ……………………………… 235
  7.2.2 电子对抗战场环境的快速构建功能 ……………………………… 239
  7.2.3 多维复杂电磁环境的可视化功能 ………………………………… 240
  7.2.4 用频设备复杂电磁环境适应性评估功能 ………………………… 242
 7.3 基于场景驱动的复杂电磁环境半实物仿真系统功能 …………………… 244
  7.3.1 总控管理软件功能 ………………………………………………… 244
  7.3.2 复杂电磁环境模拟控制功能 ……………………………………… 246
  7.3.3 数据接口模块功能 ………………………………………………… 250
  7.3.4 干扰模拟数据库模块 ……………………………………………… 251
  7.3.5 干扰模拟源管理模块 ……………………………………………… 251
  7.3.6 复杂电磁环境半实物仿真系统应用 ……………………………… 252
结束语 ………………………………………………………………………………… 257
参考文献 ……………………………………………………………………………… 259

# Contents

**Chapter 1　Battlefield electromagnetic environment and simulation conceptual model** ……………………………………………………… 1
  1.1　Battlefield electromagnetic environment ……………………………… 1
  1.2　Description method of the battlefield electromagnetic environment ……… 3
      1.2.1　Overall description method of the battlefield electromagnetic environment …………………………………………………… 3
      1.2.2　Classification description method of the battlefield electromagnetic environment …………………………………………………… 3
      1.2.3　Comprehensive description method of the battlefield electromagnetic environment …………………………………………………… 3
      1.2.4　Characteristic parameters of the battlefield electromagnetic environment …………………………………………………… 4
  1.3　Ontology-based electromagnetic environment simulation conceptual model ……………………………………………………………………… 8

**Chapter 2　Multidimensional complex electromagnetic environment modeling and simulation method** ………………………………………… 12
  2.1　Modeling method for the complex electromagnetic environment ……… 12
  2.2　Feature modeling of electromagnetic radiation sources ……………… 13
      2.2.1　Signal modeling of artificial radiation sources ……………… 13
      2.2.2　Signal modeling of natural radiation sources ……………… 27
      2.2.3　Antenna characteristic modeling ……………………………… 29
  2.3　Modeling of electromagnetic signal propagation characteristics ……… 39
      2.3.1　Basic model of electromagnetic signal propagation characteristics ……………………………………………………………… 39
      2.3.2　Two-dimensional parabolic equation modeling ……………… 42

  2.3.3 Parabolic equation modeling under complex terrain ·············· 53
 2.4 Modeling of spatial distribution characteristics of electromagnetic environment ······································································· 63
  2.4.1 modeling of synthetic field strength for theradiation source ······ 64
  2.4.2 Simulation and verification ·········································· 68
 2.5 Exploratory simulation methods for complex electromagnetic environment effects ···················································· 72
  2.5.1 Principles of exploratory simulation analysis ····················· 72
  2.5.2 Exploratory simulation methods for electromagnetic environment effect ······················································· 73
  2.5.3 Exploratory simulation of radar electromagnetic environment effect ································································ 77

**Chapter 3 Electromagnetic environment rapid construction technology** ······ 84
 3.1 Analysis of the elements for constructing a electromagnetic environment ·································································· 84
  3.1.1 Natural elements ···················································· 84
  3.1.2 Artificial elements ·················································· 85
 3.2 Methods for rapid construction of the electromagnetic environment ······ 87
  3.2.1 Fast construction technology based on symbol library classification management ············································· 87
  3.2.2 Rapid configuration method of electromagnetic environment based on scripts ·················································· 90
  3.2.3 Rapid construction of electromagnetic environment with drag-and-drop based on two/three-dimensional linkage ·········· 92
 3.3 Design of rapid simulation platform for electromagnetic environment ··· 96
  3.3.1 Framework design of the simulation platform ···················· 96
  3.3.2 Hardware topology diagram of the simulation platform ············ 98
  3.3.3 Software flow chart of the simulation platform ·················· 100

**Chapter 4 Visualization technology of multi-dimensional complex electromagnetic environment** ············································ 109
 4.1 Simulation visualization method ·············································· 109
  4.1.1 Concept of simulation visualization ································ 109

  4.1.2 Simulation visualization method and processes ················ 110
4.2 Visualization contents of the electromagnetic environment situation ··· 115
4.3 Visualization methods of the electromagnetic environment situation ··· 116
  4.3.1 Visualization of battlefield environment situation plotting ······ 116
  4.3.2 Visualization methods of radar radiation sources ················ 134
  4.3.3 Visualization methods of the electromagnetic environment effects
    ················································································ 143
  4.3.4 Multidimensional electromagnetic environment Information
    visualization ································································ 151
  4.3.5 Volume data of the electromagnetic environment situation
    visualization ································································ 157
4.4 Interactive visual analysis system of spatial electromagnetic data ······ 168
  4.4.1 Structural and functional design of the visual analysis system
    ······················································································ 169
  4.4.2 Functional analysis of the visual analysis system ················ 170
  4.4.3 Interface and function implementation of the visual analysis
    system ········································································ 172
4.5 Electromagnetic situation generation based on geographic information
  system ················································································ 175
  4.5.1 Architectural framework for electromagnetic situation generation
    ······················································································ 176
  4.5.2 Electromagnetic situation generation based on timeline scripts
    ······················································································ 179
  4.5.3 Electromagnetic situation generation system based on 3D GIS
    ······················································································ 182

# Chapter 5 Hardware-in-the-loop simulation of electromagnetic environment based on scenario-driven approach ················ 186

5.1 Scenario analysis ································································ 186
5.2 Hardware-in-the-loop simulation technology for electromagnetic
  environment ········································································ 187
  5.2.1 Grey relational theory ···················································· 187
  5.2.2 Electromagnetic environment semi-physical simulation method

.......... 188

    5.2.3  Script-based dynamic driving method for signal simulation source .......... 194

5.3  Design of Hardware-in-the-loop simulation system for electromagnetic environment .......... 198

    5.3.1  Composition of the hardware-in-the-loop simulation system for electromagnetic environment .......... 198

    5.3.2  Hardware composition of the hardware-in-the-loop simulation system for electro- magnetic environment .......... 199

    5.3.3  Software process of the hardware-in-the-loop simulation system for complex electromagnetic environment .......... 200

    5.3.4  Implementation scheme of the Hardware-in-the-loop simulation system for complex electromagnetic environment .......... 202

## Chapter 6  Evaluation method for the adaptability of frequency-using equipment to electromagnetic environments .......... 210

6.1  Analysis of evaluation methods for electromagnetic environment adaptability .......... 210

6.2  Fuzzy comprehensive evaluation method based on uncertainty analysis .......... 211

    6.2.1  Uncertainty analysis .......... 212

    6.2.2  Fuzzy comprehensive evaluation method .......... 214

    6.2.3  Fuzzy comprehensive evaluation method based on uncertainty analysis .......... 221

6.3  Confidence evaluation of the hardware-in-the-loop simulation platform .......... 227

    6.3.1  Hierarchical structure of the hardware-in-the-loop simulation platform .......... 227

    6.3.2  Determination of the weights of evaluation indicators .......... 228

    6.3.3  Confidence evaluation of the hardware-in-the-loop platform .......... 231

## Chapter 7  Electromagnetic environment demonstration and verification system .......... 233

7.1 System functions and composition ·············· 233
    7.1.1 Electromagnetic environment demonstration verification system function ·············· 233
    7.1.2 Composition of the electromagnetic environment demonstration and verification system ·············· 233
7.2 Function of the multi-dimensional complex electromagnetic environment modeling and visualization simulation software ·············· 235
    7.2.1 Modeling and Simulation Functions of the multi-dimensional complex electro-magnetic environment ·············· 235
    7.2.2 Functions of fast construction of electronic warfare battlefield environment ·············· 239
    7.2.3 Visualization of multi-dimensional complex electromagnetic environment ·············· 240
    7.2.4 Functions of evaluating the adaptability of frequency-using equipment to the complex electromagnetic environment ·············· 242
7.3 Functions of the hardware-in-the-loop simulation system for complex electromagnetic environment driven by scenarios ·············· 244
    7.3.1 Functions of the general control management software ·············· 244
    7.3.2 Simulation and control function for complex electromagnetic environments ·············· 246
    7.3.3 Function of the data interface module ·············· 250
    7.3.4 Interference simulation database module ·············· 251
    7.3.5 Interference simulation signal source management module ·············· 251
    7.3.6 Application of the hardware-in-the-loop simulation system for the complex electromagnetic environments ·············· 252

**Conclusion** ·············· 257
**References** ·············· 259

# 第 1 章 战场电磁环境及仿真概念模型

## 1.1 战场电磁环境

战场环境是指在真实的战场中存在及影响整个战场态势发展走向的所有客观与主观因素的总和,它是战场及其周围对作战活动有影响的各种情况和条件的统称[1]。从战场所涉及的客观因素来分,战场环境可分为自然环境与人为环境,战场自然环境主要包括战场地理环境、气象环境等,人为环境主要考虑电磁环境。

战场自然环境对战场中用频设备性能的发挥、人员的生存状态以及工作效率等起作用,而且对交战双方的影响均等。在某种程度上,交战双方能够利用相应的技术手段减弱环境对己方的不利影响,或强化对己方的有利影响(如布雷、破障、修筑工事等),但无法从根本上改变环境。自然环境各要素属于相对客观、易于描述的要素。

相对于战场自然环境,战场电磁环境对整个战场环境是至关重要的,是整个战场环境的主体部分;在电子战中,交战双方可采用直接的电子干扰装备来干扰或者打击对方目标,通过电子干扰装备的合理配置与布阵,改变电磁环境,达到"利己削彼"的目的,最终提高己方用频设备在复杂电磁环境下的效能。

电磁环境是电磁空间的一种表现形式,是指存在于给定场所的所有电磁现象的总和,包括自然电磁环境和人为电磁环境。复杂电磁环境是指在一定的空域、时域、频域和功率域上,多种电磁信号同时存在,对电子信息系统或设备的正常工作产生一定影响的电磁环境。在一定条件下,战场电磁环境的构成如图 1-1 所示。

在图 1-1 中,战场电磁环境包括人为电磁辐射源、自然电磁辐射源和辐射传播因素 3 个主要部分[2-3]。人为电磁辐射源和自然电磁辐射源反映了战场电磁环境的形成条件,是控制战场电磁环境的内因;辐射传播因素反映电磁辐射传播属性的变化,涉及影响电磁环境分布和电磁传播的各种自然和人工因素,是控制战场电

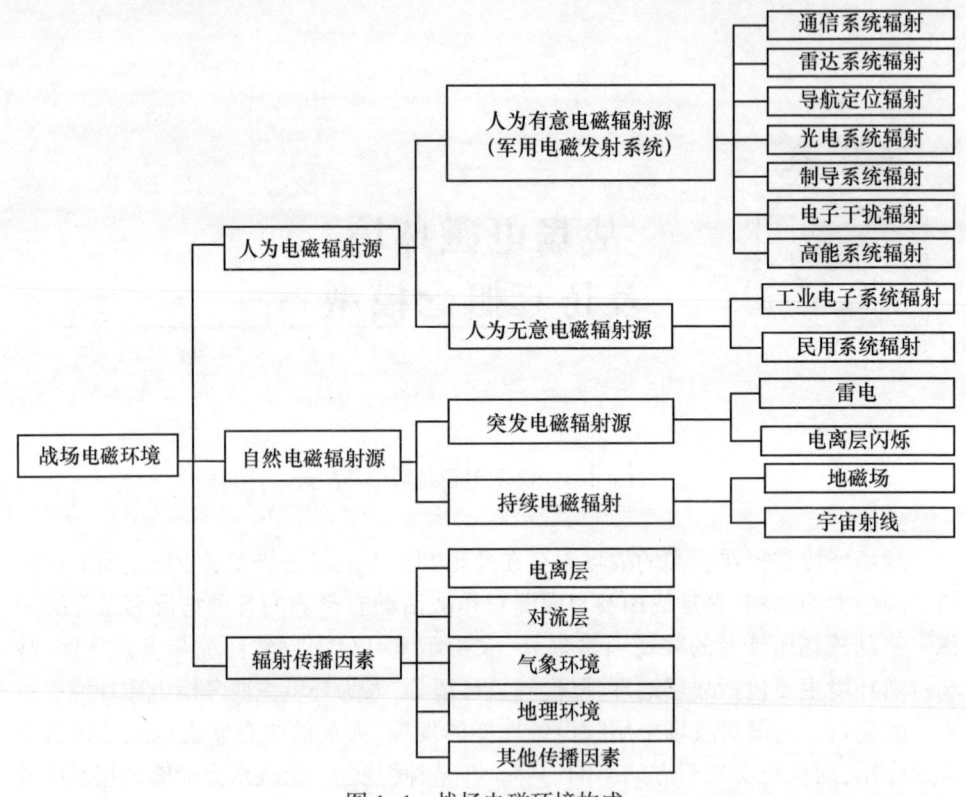

```
战场电磁环境
├── 人为电磁辐射源
│   ├── 人为有意电磁辐射源（军用电磁发射系统）
│   │   ├── 通信系统辐射
│   │   ├── 雷达系统辐射
│   │   ├── 导航定位辐射
│   │   ├── 光电系统辐射
│   │   ├── 制导系统辐射
│   │   ├── 电子干扰辐射
│   │   └── 高能系统辐射
│   └── 人为无意电磁辐射源
│       ├── 工业电子系统辐射
│       └── 民用系统辐射
├── 自然电磁辐射源
│   ├── 突发电磁辐射源
│   │   ├── 雷电
│   │   └── 电离层闪烁
│   └── 持续电磁辐射
│       ├── 地磁场
│       └── 宇宙射线
└── 辐射传播因素
    ├── 电离层
    ├── 对流层
    ├── 气象环境
    ├── 地理环境
    └── 其他传播因素
```

图1-1 战场电磁环境构成

磁环境的外因。人为电磁辐射源是构成战场电磁环境的主体，包括各类军用电子对抗系统等所使用的有意电磁辐射源和各种民用电磁系统所产生的无意电磁辐射源，其中有意电磁辐射源是战场电磁环境的核心影响因素；随着高科技在军事领域的广泛应用，各种军用电磁辐射体如雷达、通信等辐射源的功率越来越大，数量成倍增加，频谱也越来越宽；另外，随着高功率微波武器、电磁脉冲弹及超宽带、强电磁辐射干扰机出现，使战场的电磁环境越来越复杂。自然电磁辐射指自然界的电磁辐射，主要有突发电磁辐射和持续电磁辐射，如雷电、地磁场、宇宙射线等。

战场电磁环境具有以下特点[4]：①多维性，多维性体现其空域、时域、频域和能域特性等几个方面；②立体性，立体性表现在电磁环境中电磁干扰信号的空间立体分布特点；③随机多变性，战场电磁环境随着作战规模、样式、对象的不同而不同，随着作战进程的发展而不断发生变化，这种变化导致战场电磁环境呈现一定的随机多变性；④复杂性，战场电磁环境的复杂性，是多方面的客观因素彼此交织共同构成的，包括电磁信号自身谐波分量、急剧增加的辐射源数量、骤然加大的电磁信号密度、不断扩展的使用频段、层出不穷的新信号样式、成倍增加的信号辐射功率等。

## 1.2 战场电磁环境的描述方法

对战场电磁环境的描述主要有战场电磁环境的总体描述、分类描述及综合描述方法。

### 1.2.1 战场电磁环境的总体描述方法

战场电磁环境总体描述是选择能反映战场电磁环境特征的主要参量,利用指定时间内的统计数据,描述战场电磁环境的基本状况。描述战场电磁环境的参量很多,在总体描述中,首先选择那些对电子对抗与作战行动可能产生显著影响的参数,主要包括:①电磁信号的频率分布参数;②电磁信号的空间分布参数;③电磁信号的时间分布参数;④电磁信号功率分布参数;⑤电磁信号的调制样式参数等。

### 1.2.2 战场电磁环境的分类描述方法

战场电磁环境分类描述可反映不同的电磁环境对不同类型电子信息系统的影响。电子对抗行动主要集中在雷达对抗、通信对抗和光电对抗等领域,因此要选择对这几类军用电子信息系统可能产生显著影响的参数。不同频段、不同调制样式的信号对不同电子信息系统可能产生的影响是不一样的,不同军用电子信息系统的描述方法及其具体内容是有差别的。因此,可针对不同的战场电磁环境,如海战场、空战场、陆战场电磁环境分别进行描述。

### 1.2.3 战场电磁环境的综合描述方法

综合描述是从电磁信号传播过程、电磁信号在空域整体分布特征出发的电磁环境描述方法,是适合电磁环境仿真的一种描述方式。

要全面、准确、规范地仿真战场电磁环境,必须对形成战场电磁环境的电磁信号的辐射特征、传播特征、以及电磁环境的分布特征进行描述,根据仿真的目的选择关键要素,对其本身及相互作用关系进行建模和仿真[5-6]。针对战场电磁环境仿真,电磁辐射特征和传播特征是宏观电磁环境仿真与模拟关注的内容,分布特征是在宏观电磁环境仿真与模拟的基础上,针对某种装备进行威胁分析和评价时关注的内容;战场电磁环境的仿真与建模,必须同时关注以上两种情况,才能充分体现战场电磁环境对用频设备以及武器装备性能的影响[7]。

战场电磁环境综合描述可分为以下3个层次关系,如图1-2所示。

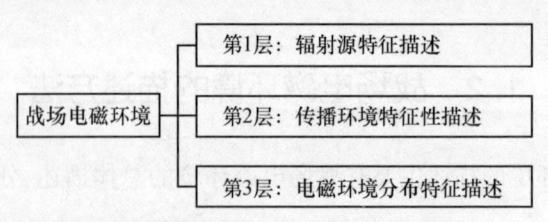

图 1-2　战场电磁环境综合描述的层次关系

在图 1-2 中,辐射特征描述是对战场环境中完成作战任务的各种电子信息装备以及干扰装备电磁辐射特性的描述,是战场电磁环境建模的基础;传播环境特征描述是对电磁信号在传播过程中,自然环境对电磁信号影响的描述;电磁环境分布特征是指一定的空间内各种战场电磁辐射源实体形成的空间电磁信号的时、空、频、能域的统计特性。基于层次关系的战场电磁环境综合描述方法示意如图 1-3 所示。

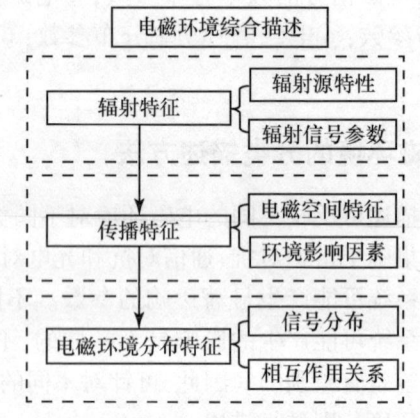

图 1-3　基于层次关系的战场电磁环境综合描述

### 1.2.4　战场电磁环境的特征参数

1) 辐射特征参数

辐射特征参数是电磁辐射源的特征参数,主要包括电磁辐射源的时域、频域、空域、能域的主要特征参数等,具体如表 1-1 所列。

表 1-1　辐射源特征参数

| 描述域 | 描述参数 |
| --- | --- |
| 时域 | 幅度、相位、周期、信号类型等 |
| 频域 | 频率、频谱、带宽等 |
| 空域 | 辐射源位置、传播距离、方向、天线方向图、极化方向等 |
| 能域 | 功率、场强、增益等 |

2) 传播特征参数

在山区、丘陵、城区、海上等战场环境中,电波传播会受到上述场景中不同的地形、地物、大气波导、气象等因素的影响,并呈现出不同的传播特性。

(1) 山区、丘陵战场环境:电波传播主要呈现出折射、漫反射、绕射等特点。由于山区、丘陵地形条件的复杂性,电磁信号的折射多数情况下是多次折射,加之山顶的漫反射,形成多路径(简称"多径")传播;电波的绕射传播使接收点的合成场强因其位置不同而具有不同的干涉性质。当电波传播遇有高大陡峭的斧刃形山峰时,会导致出现电波的远距离传播,形成"障碍增益"现象等。此外,当电波传播过程遇到金属矿区时,由于其对电波传播的"阻断",使得电波传播出现"死点"现象。山区、丘陵电波传播环境示意如图1-4所示。

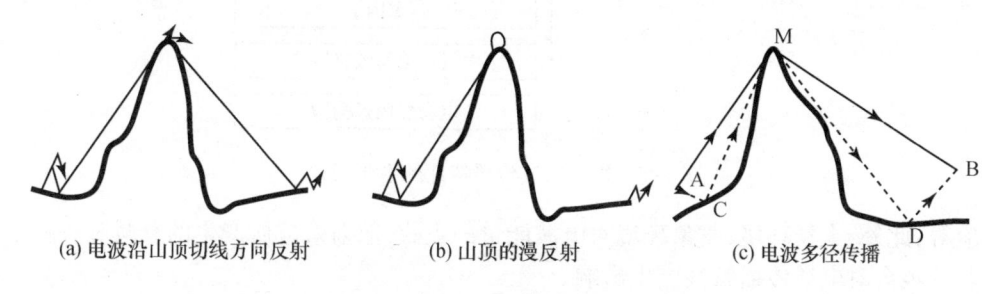

(a) 电波沿山顶切线方向反射　　(b) 山顶的漫反射　　(c) 电波多径传播

图1-4　山区、丘陵电波传播示意图

(2) 城区战场环境:城区高楼林立、建筑物密集,电波传播会受到建筑物的遮挡,导致出现电波传播的反射、绕射、散射及阴影效应等现象,这些现象会引起信号传输的多径效应,导致波形失真、通信设备信息传输误码等,影响用频设备的性能发挥。此外,若用频设备之间的相对运动较为频繁,接收到的电波信号将发生多普勒频移,对高速运动的用频设备性能发挥将产生一定的影响。

(3) 海上战场环境:海上主要存在舰-舰、岸-舰、海-空、海-天电波传播环境。在舰-舰和岸-舰电波环境下,电波主要沿海面或地球表面进行传播,传播过程中会受到海面以及其上空几十米范围内的蒸发波导影响;海-空传播环境受到海面以及空中传输环境的影响;在海-天传播环境下,电波传播除了面临海-空传播环境,还会受到电离层折射效应、闪烁效应及衰落效应等因素的影响。

影响电磁传播特性的主要因素如图1-5所示。

从上面的分析可知,山区、丘陵、城区、海上等战场环境对电波传播的影响主要体现在:由地海面反射以及地形地物遮挡起伏引起的电波传播多径衰落、遮蔽衰减和绕射衰减;由地海面电导率、介电常数不同而引起的电波衰减与相位差;由大气折射指数不均匀性引起的电波蒸发波导传播、对流层波导传播、闪烁等多径传播效

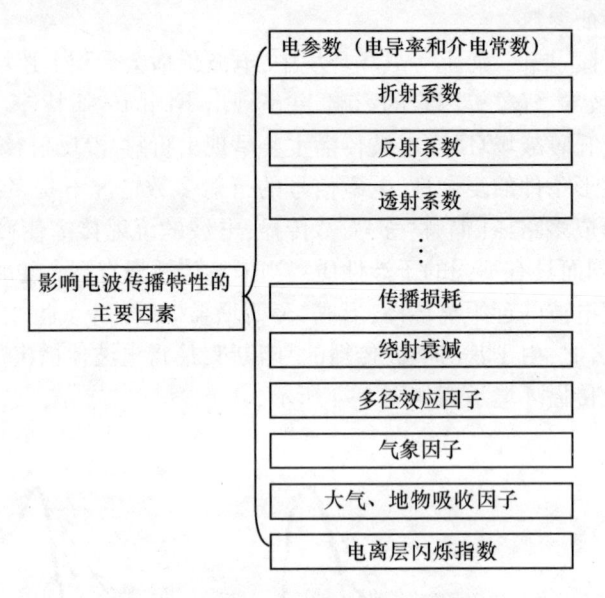

```
影响电波传播特性的主要因素 ── 电参数（电导率和介电常数）
                              折射系数
                              反射系数
                              透射系数
                              ⋮
                              传播损耗
                              绕射衰减
                              多径效应因子
                              气象因子
                              大气、地物吸收因子
                              电离层闪烁指数
```

图 1-5  影响电波传播特性的主要因素

应等；此外，大气环境、气象环境对电波能量的吸收、散射效应所产生的衰减和去极化等也会对电波传播特性产生影响。

3) 分布特征参数

战场电磁环境分布特征参数主要包括以下几个方面。

(1) 信号类型：战场电磁干扰信号主要有雷达信号、通信信号、欺骗干扰信号等。其中，雷达信号包括脉冲雷达与连续波雷达信号等；通信信号包括线性调制信号（如调幅(AM)、双边带(DSB)调制、单边带(SSB)调制）、非线性调制信号（如调频(FM)、调相(PM)）、数字调制信号（如振幅键控(ASK)、频移键控(FSK)、相移键控(PSK)、最小频移键控(MSK)）、扩频信号（如直接序列(DS)扩频、跳频(FH)扩频）等；还包括射频噪声干扰、噪声调制干扰、扫频干扰、梳状谱干扰等。

(2) 频谱占用度：频谱占用度是指在一定的战场空间和时间范围内，战场电磁环境的信号功率密度谱的平均值超过指定的环境电平门限所占有的频带与作战用频范围的比值，可表示为

$$F = \frac{1}{(f_2-f_1)} \int_{f_1}^{f_2} U\left[\frac{1}{V_\Omega(t_2-t_1)} \int\int_{\Omega t_1}^{t_2} S(r,t,f)\,\mathrm{d}t\mathrm{d}r - S_0\right]\mathrm{d}f \qquad (1.1)$$

式中　$F$——频谱占用度；

$f_1$、$f_2$——作战使用频率的下限和上限值；

$t_1$、$t_2$——作战起止时间；

$\Omega$——作战空域；

$V_\Omega$——作战空域体积；

$S(r,t,f)$——电磁信号功率密度谱；

$S_0$——指定电磁环境门限电平；

$U[\cdot]$——单位阶跃函数。

(3) 时间占用度：时间占用度是指一定战场空间和频率范围内，电磁环境的功率密度谱的平均值超过指定的电磁环境门限所占用的时间长度与作战时间段的比值，可表示为

$$T = \frac{1}{(t_2-t_1)} \int_{t_1}^{t_2} U\left[ \frac{1}{V_\Omega(f_2-f_1)} \iiint_{\Omega f_1}^{f_2} S(r,t,f) \mathrm{d}f \mathrm{d}r - S_0 \right] \mathrm{d}t \qquad (1.2)$$

式中 $T$——时间占用度，其他参数与式(1.1)中的描述相同。

(4) 空间覆盖率：空间覆盖率是指在一定时间和频率范围内，电磁环境的功率密度谱超过指定的电磁环境门限所占用的空间范围与作战空间范围的比值，可表示为

$$S = \frac{1}{V_\Omega} \int_\Omega U\left[ \frac{1}{(f_2-f_1)(t_2-t_1)} \iiint_{f_1 t_1}^{f_2 t_2} S(r,t,f) \mathrm{d}f \mathrm{d}t - S_0 \right] \mathrm{d}r \qquad (1.3)$$

式中 $S$——空间覆盖率，其他参数与式(1.1)中的描述相同。

(5) 频率重合度系数：频率重合度从整体上反映战场中电子对抗装备所面临的战场电磁环境辐射源在频域的拥挤程度，可表示为

$$f_{\mathrm{ol}} = \frac{n}{m} \qquad (1.4)$$

式中 $n$——作战区域内频率相互重合辐射源数目；

$m$——作战区域内电磁辐射源的总数。

(6) 信号密度：指战场中一定频段与一定时间内单位作战区域电磁信号的数量，可表示为

$$\rho = \frac{n}{V_\Omega} \qquad (1.5)$$

式中 $n$——作战区域内的电磁信号数量；

$V_\Omega$——作战空域体积。

信号密度对电磁环境复杂度的影响可以用信号密度系数 $K_\rho$ 来表示，是指电磁环境信号密度 $\rho_1$ 与处于其中的用频设备电磁环境适应能力所能承受的信号密度 $\rho$ 之间的比值；比值越大，则说明影响到用频设备的信号数目越大，电磁环境在时域与频域上与用频设备的相关性也越大，可表示为

$$K_\rho = \begin{cases} \dfrac{\rho_1}{\rho}, & \rho_1 < \rho \\ 1, & \rho_1 \geq \rho \end{cases} \tag{1.6}$$

(7) 信号强度:指在某一战场环境中,用频设备接收天线端口电磁信号的场强。信号强度直接影响到电子对抗、电子干扰的效果。战场环境中某一点的电磁信号强度是多个电磁干扰信号的叠加,可表示为

$$E = \sum_{i=1}^{n} E_i \tag{1.7}$$

式中 $E$——$n$ 个电磁信号总场强;

$E_i$——第 $i$ 个电磁信号场强。

(8) 背景信号强度系数:反映战场中背景信号强弱的程度,指电子对抗装备所处的接收空间点位置处各种背景信号统计平均电平数值 $E$(主要由民用电磁辐射、自然电磁辐射以及背景噪声构成)。除了将其他信号的测量值进行统计平均,还可根据测量数据绘制成背景信号强度分布图。其可表示为

$$K_{E_n} = \frac{E_n - P_{min}}{E_n} \tag{1.8}$$

式中 $E_n$——背景信号强度;

$P_{min}$——电子对抗装备侦察接收机门限电平。

(9) 功率密度系数:电磁辐射功率是战场电磁信号的重要参数,它直接影响电磁信号的强度和能量密度,可采用功率密度系数描述复杂电磁环境的功率强度,可表示为

$$K_P = \frac{P}{B} \tag{1.9}$$

式中 $K_P$——功率密度系数;

$P$——电磁辐射功率;

$B$——电磁辐射带宽。

## 1.3 基于本体论的电磁环境仿真概念模型

本体论方法通过概念分析、建模,是把战场电磁环境中的实体抽象为一组概念及概念之间关系的理论和方法[8]。概念模型是一种表示实体与实体之间关系的模型,它为特定领域具体模型的开发提供了基本的参考和开发模板。战场电磁环境仿真概念模型可以用来描述战场电磁环境仿真实体与实体间的相互关系,也能够表示战场电磁环境仿真系统的构成,如图 1-6 所示。以战场电磁环

境仿真系统为例,整个仿真系统的实体主要分为两部分:战场电磁环境仿真实体与具体考量的用频设备仿真实体;其中,战场电磁环境仿真实体主要包括 4 个方面的内容,即地形、场景、武器平台以及用频设备等,这些仿真实体之间主要存在 3 种相互关系:①仿真环境实体之间的相互影响,称为内部动态变化关系;②仿真环境实体对用频设备的影响,即环境效应关系;③用频设备对仿真环境实体的影响,称为环境效果。

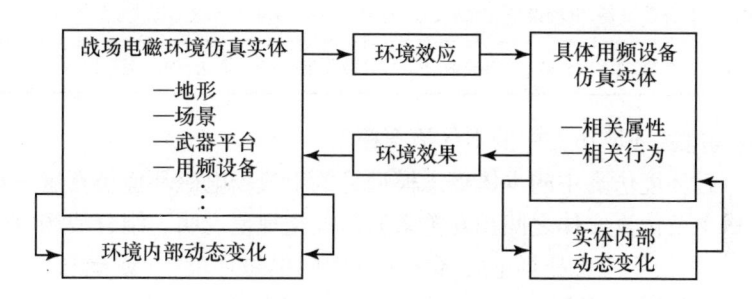

图 1-6 战场电磁环境仿真系统的实体构成

由此可见,概念模型是对组成仿真系统的仿真实体的简单描述,可为整个仿真模型的表征和描述提供实体及关系模板。

1) 复杂电磁环境的本体概念模型

利用本体论思想可以明确描述一个领域的相关概念以及实体间相互关系的特点,使用本体论对战场电磁环境的相关概念及实体间的相互关系进行规范性表征和描述,并可利用面向对象的思想实现这些概念及实体间相互关系的共享和重用,形成战场电磁环境仿真概念模型。电磁环境本体的模块化与分层设计如图 1-7 所示。

(a) 电磁环境本体层次    (b) 电磁环境本体结构

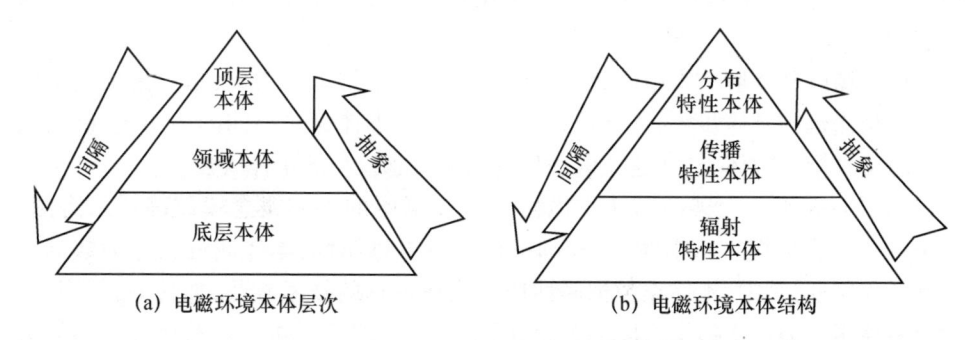

图 1-7 电磁环境本体分层设计

在图 1-7 中,通过对电磁环境本体的分层以及相关关联关系的描述,可形成电磁环境的本体概念模型,基于电磁环境的构成本体,在电磁环境仿真中可开发大量的域和应用程序本体,电磁环境仿真中的相关网络本体语言(Web Ontology Language,OWL)片段如表1-2所列。

表1-2 战场电磁环境仿真中的本体描述

| 不同类的层 | 电磁领域的相应概念 |
| --- | --- |
| 物理层OWL | 电磁吸收、电磁散射、电磁传播、电磁辐射、电场、磁场、微波、毫米波、波数、波长等 |
| 设备层OWL | 分散设备、电场设备、磁场设备、光谱透射率、空间分辨率、电磁分辨率等 |
| 处理层OWL | 吸收、吸附、衰减、后向散射、传导、分散发射、反射、馈送、中波交互协议、辐射传输等 |

2)战场电磁环境仿真中的本体概念模型

战场电磁环境仿真中的本体概念模型是关于战场电磁环境仿真这一特定领域中的基本概念及仿真实体之间相互关系的形式化规范说明。结合战场电磁环境的自身特点,这里主要考虑战场电磁环境仿真中的电磁环境类(或概念)、属性、个体以及概念之间的语义关系、层次关系、属性约束以及特征参数等;利用战场电磁环境本体的建模原语表征上述类、关系等,如文件扩展名使用XSC、类的表示使用Class、实体间相互关系的表示主要使用Kind_of、Part_of、Attribute_of、Instance_of、Behavior_of、Constraint_of和Interaction_of等,利用上述电磁环境本体的建模原语建立战场电磁环境仿真中的本体概念模型。

在建模原语中,Class类主要表示战场电磁环境仿真实体(本体),Kind_of表示仿真本体中类和子类之间的关系;整体和部分之间的关系用Part_of来表示;实体和属性的关系用Attribute_of来表示;类和实际用例之间的关系用Instance_of来表示;电磁环境内部的行为关系用Behavior_of来表示;仿真实体所满足的约束关系用Constraint_of来表示;仿真实体与外部电磁环境之间的交互关系用Interaction_of来表示。

以战场电磁环境仿真中的典型用频设备——某型雷达为例,这里给出其本体概念模型构建的具体步骤,主要包括:①电磁领域本体命名空间的声明;②确定电磁环境仿真模型本体类;③建立电磁环境仿真概念模型的本体属性。

如图1-8所示为某型雷达在电磁环境仿真中的本体概念模型描述示意图。图1-8中长方形框表示本体类,椭圆形框表示本体属性,本体属性又分为数据属性和对象属性,其中,本体类数据属性用于描述雷达的技术参数,如功率、频率等;对象属性用于描述本体类之间的关系;图1-8中实线表示本体类和属性之间的关系,如"Domain"表示了属性的定义域,"Range"表示了属性的值域;虚线表示本体类之间的逻辑关系,如"Kind_of"表示本体类之间的继承关系,"Disjointwith"表示本体类之间的不相交关系。

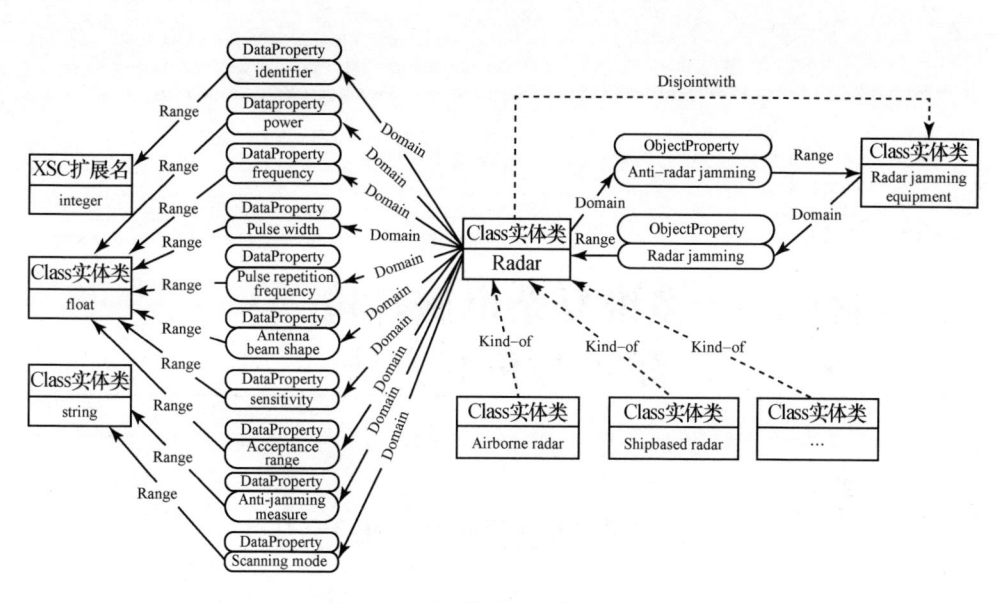

图 1-8　雷达仿真的本体概念模型

# 第 2 章　多维复杂电磁环境建模与仿真方法

## 2.1　复杂电磁环境建模方法

电磁环境建模方法主要有基于元模型、Multi-Agent、多层次的电磁环境建模方法等[9-10]。

元模型是关于模型的模型,元模型由定义元数据的结构和语义的描述组成,可以在相关领域的其他建模与仿真过程中重复使用;基于元模型的电磁环境建模利用元模型理论有效实现电磁环境元模型的构建,可提高电磁环境模型的可重用性。Agent 是指在一定的环境下能独立自主地运行,作用于自身所处的环境也受到环境影响的实体;Multi-Agent 电磁环境建模方法是通过研究多个 Agent 的微观行为获得系统宏观行为,从而完成电磁环境建模[11-13]。

多层次的电磁环境建模是在分析电磁波辐射、电磁波传播与电磁分布关系的基础上,选用电磁辐射源作为最小模型单元,建立电磁辐射源分类和描述标准,同时把战场电磁环境划分为相互联系的层次化子系统,对每个层次化子系统进行建模;本部分针对战场电磁环境的层次化特点,进行电磁环境多层次建模,具体建模层次结构如图 2-1 所示。

在图 2-1 中,多层次战场电磁环境建模方法首先对电磁信号传播过程进行分析,按照辐射-传播-分布特征的层次递进进行电磁环境建模。另外,战场电磁环境是一个综合作用效果,影响因素多,任何小的扰动可能都会对其时域、空域、频域、能域特征产生影响,导致模型复杂性增加,利用探索性仿真方法可分析不同参数的重要性,并可根据参数的重要程度适当对模型进行简化。

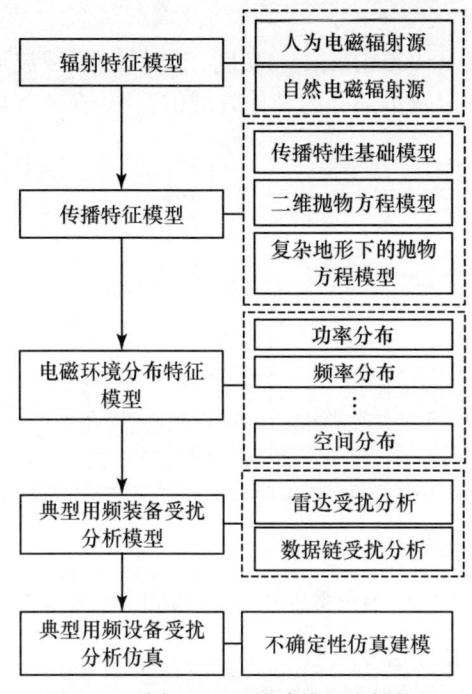

图 2-1　战场电磁环境建模层次结构图

## 2.2　电磁辐射源特征建模

电磁辐射源是电磁环境的实体，包括人为电磁辐射源和自然电磁辐射源[14-16]，下面给出常用的电磁辐射源信号模型。

### 2.2.1　人为辐射源信号建模

#### 2.2.1.1　雷达辐射源信号建模

1）常规雷达脉冲信号模型

常规雷达脉冲信号模型表达式为

$$\begin{cases} s(t) = u_i(t) e^{j2\pi f_0 t} \\ u_i(t) = A \cdot \text{rect}(t/\tau) \end{cases} \quad (2.1)$$

式中　$A$——脉冲信号幅度；

　　　$f_0$——信号频率；

　　　rect(·)——矩形脉冲函数；

$\tau$——脉冲宽度。

当 $\tau = 6 \times 10^{-3} \mu s$，$f_0 = 1000 MHz$，$A = 1V$ 时，其时域、频域波形如图 2-2 所示，对于图 2-2（b）的频域图以及本部分的其他频域仿真图，在实际应用中频率为正值。

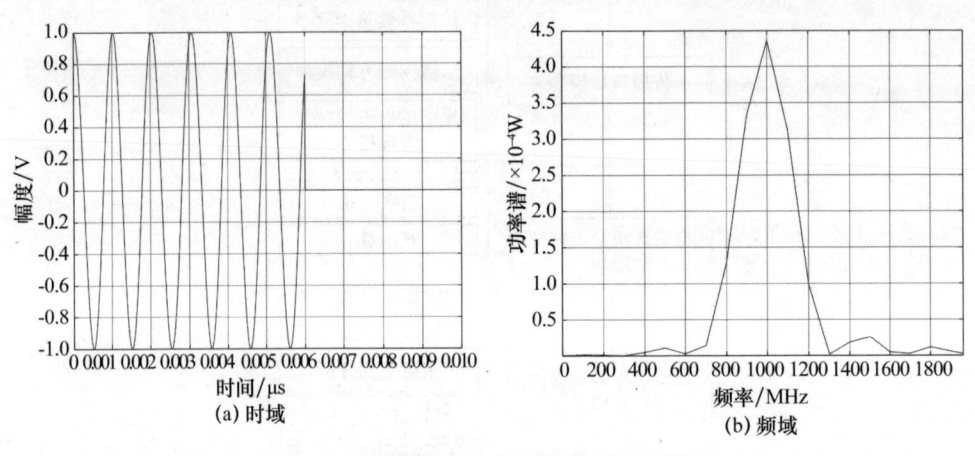

(a) 时域

(b) 频域

图 2-2　常规雷达脉冲信号模型时域、频域图

2) 均匀相干雷达脉冲信号模型

均匀相干雷达脉冲信号模型表达式为

$$\begin{cases} s(t) = e^{j2\pi f_0 t} \sum_{n=0}^{N-1} u_i(t - nT_r) \\ u_i(t) = A \cdot \text{rect}(t/\tau) \end{cases} \quad (2.2)$$

式中　$A$——脉冲信号幅度；

$f_0$——信号频率；

rect(·)——矩形脉冲函数；

$u_i$(·)——矩形脉冲函数；

$N$——脉冲个数；

$T_r$——脉冲周期；

$\tau$——脉冲宽度。

当 $\tau = 3 \times 10^{-3} \mu s$，$f_0 = 1000 MHz$，$T_r = 1 \times 10^{-2} \mu s$，$A = 1V$ 时，时域、频域波形如图 2-3 所示。

3) 三角波脉冲信号模型

三角波脉冲信号模型表达式为

$$s(t) = \sum_{k=1}^{N} \Delta(t - kT_r) \quad (2.3)$$

(a) 时域

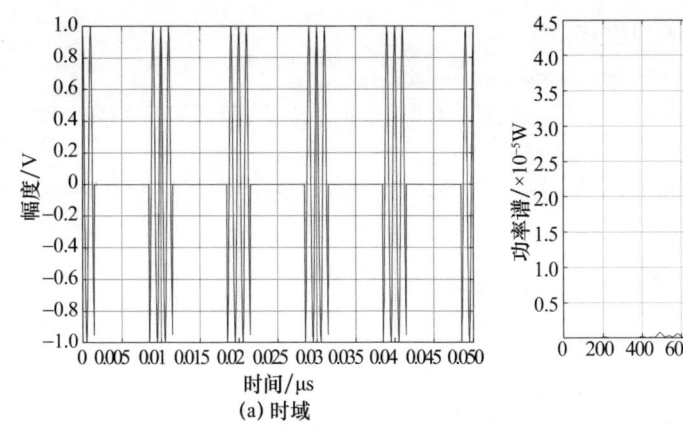

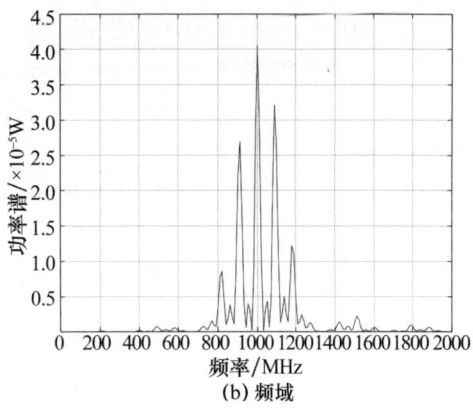

(b) 频域

图 2-3　均匀相干雷达脉冲串信号模型时域、频域图

$$\Delta = \begin{cases} t/\tau, & 0 < t < \tau \\ 0, & \text{其他} \end{cases} \tag{2.4}$$

式中　$T_r$——脉冲周期；

$\tau$——脉冲宽度；

$N$——序列长度。

当 $\tau = 5 \times 10^{-3}$ s，$T_r = 1 \times 10^{-2}$ s，$N = 5$ 时，其时域、频域波形如图 2-4 所示。

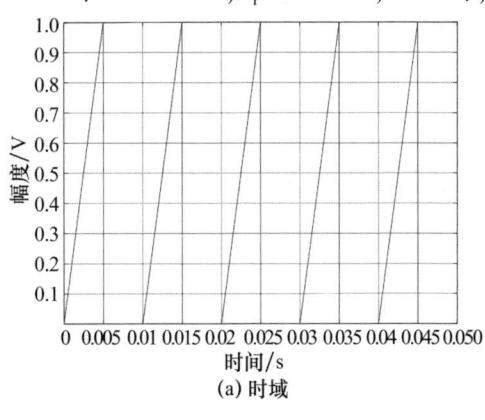

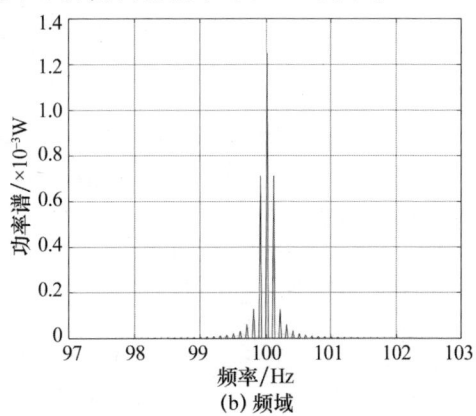

(a) 时域

(b) 频域

图 2-4　三角波脉冲串信号模型时域、频域图

4) 单载频矩形脉冲信号模型

单载频矩形脉冲信号模型表达式为

$$s(t) = \frac{1}{\sqrt{\tau}} \text{rect}\left(\frac{t - \tau/2}{\tau}\right) \cos(2\pi f_0 t) \tag{2.5}$$

式中　$f_0$——信号频率；

rect(·)——矩形脉冲函数；

$\tau$——脉冲宽度。

当 $\tau = 5 \times 10^{-3} \mu s$, $f_0 = 1000 MHz$ 时，单载频矩形脉冲信号模型时域、频域波形如图 2-5 所示。

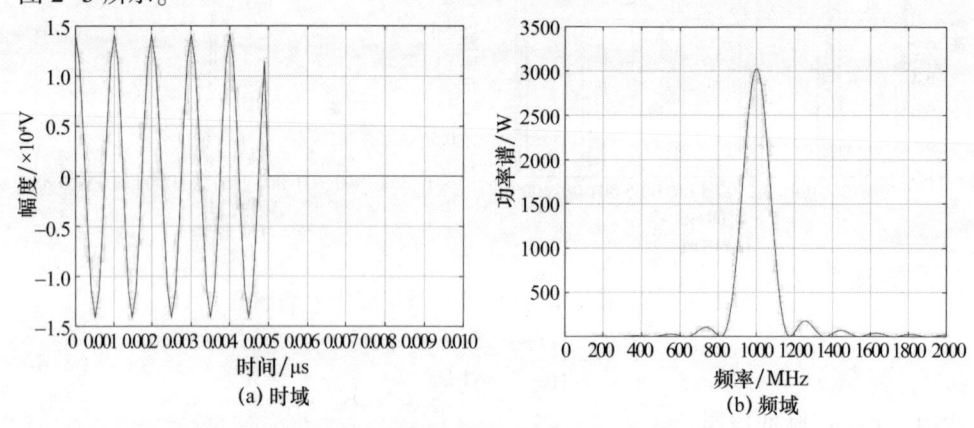

(a) 时域

(b) 频域

图 2-5 单载频矩形脉冲信号模型时域、频域图

5) 相位编码脉冲信号模型

相位编码脉冲信号模型表达式为

$$u(t) = u_1(t) \cdot \left[ \frac{1}{\sqrt{P}} \sum_{K=0}^{P-1} c_k \delta(t - KT_r) \right] e^{j2\pi ft} \tag{2.6}$$

式中 $P$——码长；

$c_k$——编码序列的第 $k$ 个码字的取值，值为 1 或 -1。

当 $P = 7$, $T_r = 1 \times 10^{-2} \mu s$, $f = 1000 MHz$ 时，相位编码脉冲串信号模型时域、频域波形如图 2-6 所示。

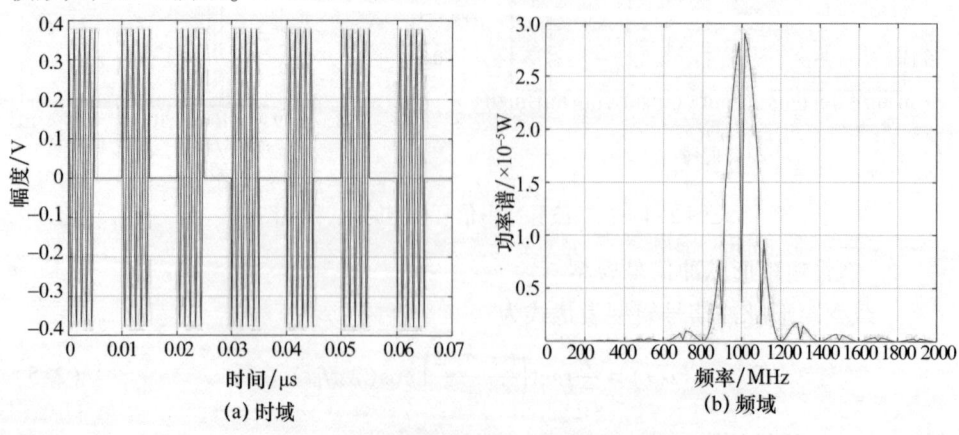

(a) 时域

(b) 频域

图 2-6 相位编码脉冲串信号模型时域、频域图

6）频率编码脉冲信号模型

频率编码脉冲信号模型表达式为

$$s(t) = \sum_{n=0}^{N-1} u_1(t - nT_r) e^{j2\pi \Delta f_n t} e^{j2\pi f_0 t} \qquad (2.7)$$

式中　$N$——脉冲个数；

　　　$T_r$——脉冲周期；

　　　$f_0$——信号频率；

　　　$u_i(\cdot)$——矩形脉冲函数；

　　　$\Delta f_n$——第 $n$ 个子脉冲载频相对于载频 $f_0$ 的频率变化量。

当 $\tau = 6 \times 10^{-3} \mu s, T_r = 1 \times 10^{-2} \mu s, f_0 = 1000 MHz, \Delta f_n = [1,2,3,2,1] \times f_0, N = 5$ 时，频率编码脉冲串信号模型时域、频域波形如图 2-7 所示。

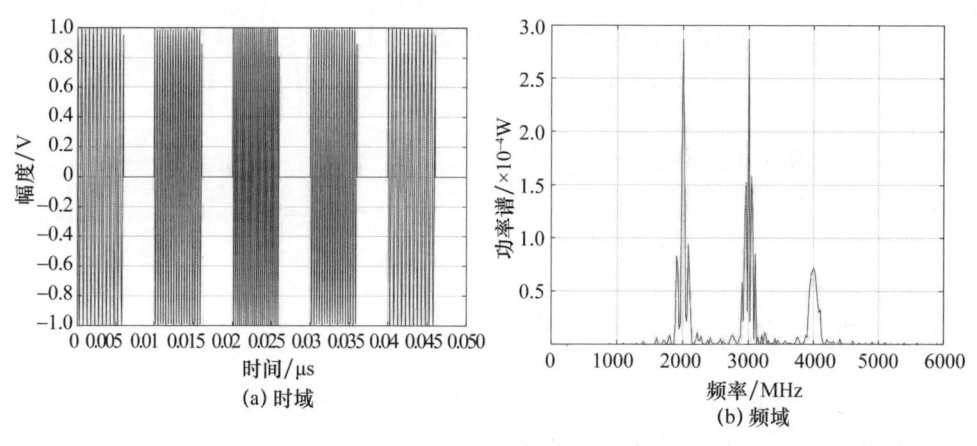

图 2-7　频率编码脉冲串信号模型时域、频域图

7）脉间捷变信号模型

脉间捷变信号模型表达式为

$$s(t) = A \times \text{rect}\left(\frac{t - \tau/2}{\tau}\right) \times [1 - k \times \cos(2\pi f_c t)] \times \cos(2\pi \Delta f t) \qquad (2.8)$$

式中　$A$——脉冲信号幅度；

　　　$\text{rect}(\cdot)$——矩形脉冲函数；

　　　$f_c$——信号频率；

　　　$\Delta f$——相邻脉冲间的频率跳变量。

当 $A = 1V, \tau = 4 \times 10^{-2} \mu s, f_c = 1000 MHz, \Delta f = 100 MHz, k = 1$ 时，脉间捷变信号模型时域、频域波形如图 2-8 所示。

(a) 时域

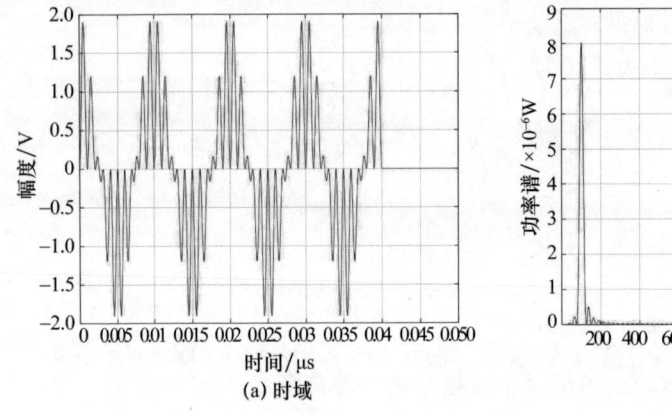

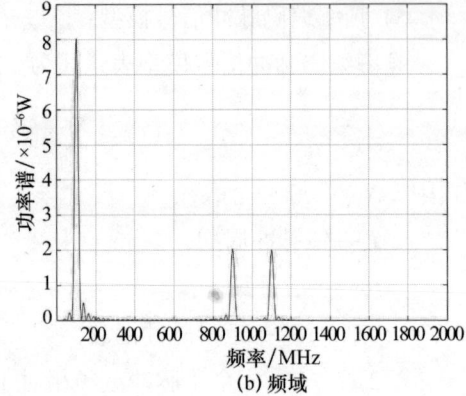

(b) 频域

图 2-8　脉间捷变信号模型时域、频域图

8）脉组捷变信号模型

脉组捷变信号模型表达式为

$$s(t) = A \times u(t) \times [1 - \cos(2\pi f_c t)] \times \cos(2\pi \Delta f t) \tag{2.9}$$

$$u(t) = \mathrm{rect}\left(\frac{t}{\tau}\right) + \mathrm{rect}\left(\frac{t - t_r}{\tau}\right) + \cdots + \mathrm{rect}\left(\frac{t - nt_r}{\tau}\right) \tag{2.10}$$

式中　$A$——脉冲信号幅度；

$f_c$——信号频率；

$u_i(\cdot)$——脉冲组；

$n$——脉冲个数；

$\Delta f$——重频；

$t_r$——脉冲周期。

当 $\tau = 5 \times 10^{-2} \mu s$，$A = 1V$，$f_c = 1000MHz$，$\Delta f = 100MHz$，$t_r = 0.5 \times 10^{-2} \mu s$，$n = 5$ 时，脉组捷变信号模型时域、频域波形如图 2-9 所示。

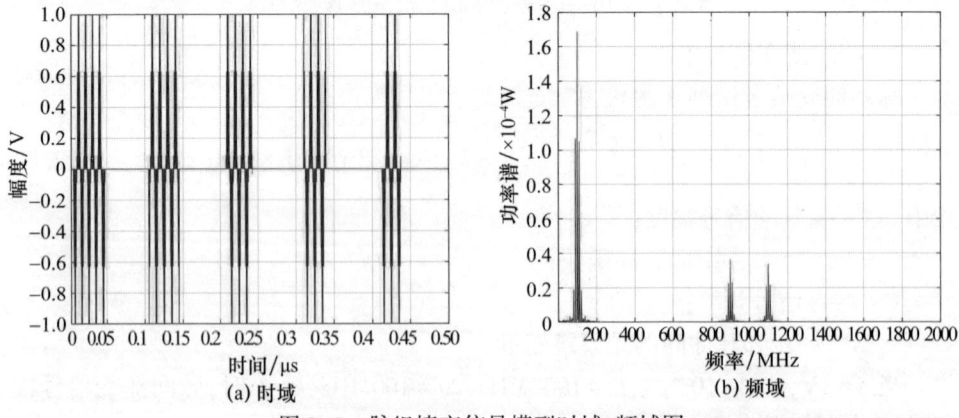

(a) 时域

(b) 频域

图 2-9　脉组捷变信号模型时域、频域图

## 9) 脉冲串信号模型

脉冲串信号模型表达式为

$$S(t) = A \cdot e^{j2\pi f_0 t} \sum_{n=0}^{N-1} u_i(t - nT_r) \tag{2.11}$$

式中   $A$——脉冲信号幅度；

        $f_0$——信号频率；

        $u_i(\cdot)$——矩形脉冲函数；

        $N$——脉冲个数；

        $T_r$——脉冲周期。

当 $\tau = 5 \times 10^{-3} \mu s$，$T_r = 10^{-2} \mu s$，$N = 5$，$f_0 = 1000 \mathrm{MHz}$ 时，脉冲串信号模型时域、频域波形如图 2-10 所示。

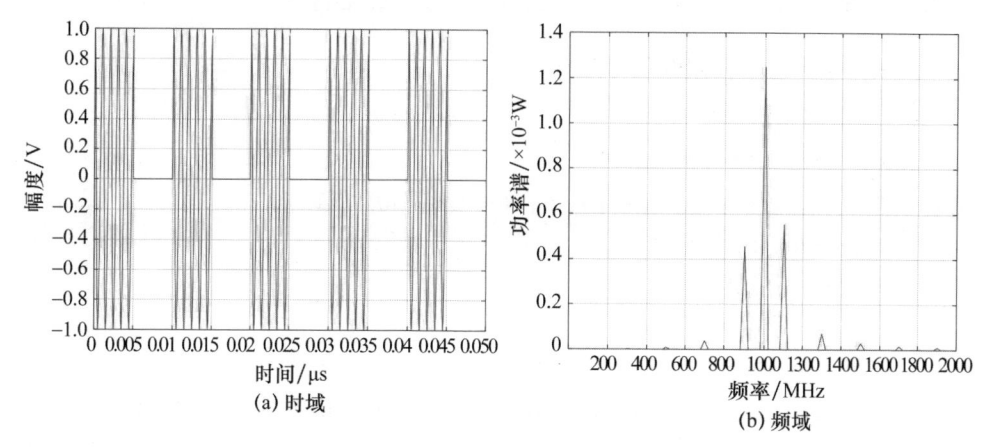

图 2-10 脉冲串信号模型时域、频域图

## 10) Chirp 脉冲信号模型

Chirp 脉冲信号模型表达式为

$$S(t) = A \cdot \mathrm{rect}\left(\frac{t - \tau/2}{\tau}\right) \cos\left(2\pi f_0 t + \frac{\mu t^2}{2}\right) \tag{2.12}$$

式中   $A$——脉冲信号幅度；

        $\mathrm{rect}(\cdot)$——矩形脉冲函数；

        $f_0$——信号频率；

        $\tau$——脉冲宽度；

        $\mu$——频率变化率。

当 $\tau = 2 \times 10^{-2} \mu s$，$A = 1 \mathrm{V}$，$f_0 = 1000 \mathrm{MHz}$，$\mu = 100 \mathrm{MHz}$ 时，Chirp 脉冲信号模型的时域、频域波形如图 2-11 所示。

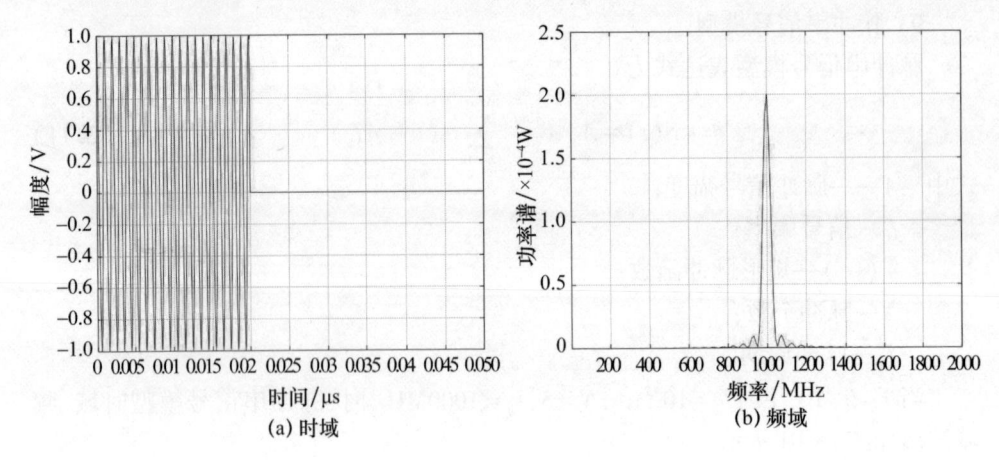

图 2-11　Chirp 脉冲信号模型时域、频域图

### 2.2.1.2　通信辐射源信号建模

1）振幅调制信号模型

振幅调制信号模型表达式为

$$S_{AM}(t) = [A_0 + f(t)]\cos(2\pi f_c t + \theta_c) \tag{2.13}$$

式中　$A_0$——外加的直流分量；

　　　$f(t)$——调制信号；

　　　$f_c$——信号频率；

　　　$\theta_c$——脉冲宽度。

当 $A_0 = 1$, $f(t) = \cos(2\pi f_0 t)$, $f_0 = 10\text{MHz}$, $f_c = 1000\text{MHz}$, $\theta_c = 0$ 时,振幅调制信号模型时域、频域波形如图 2-12 所示。

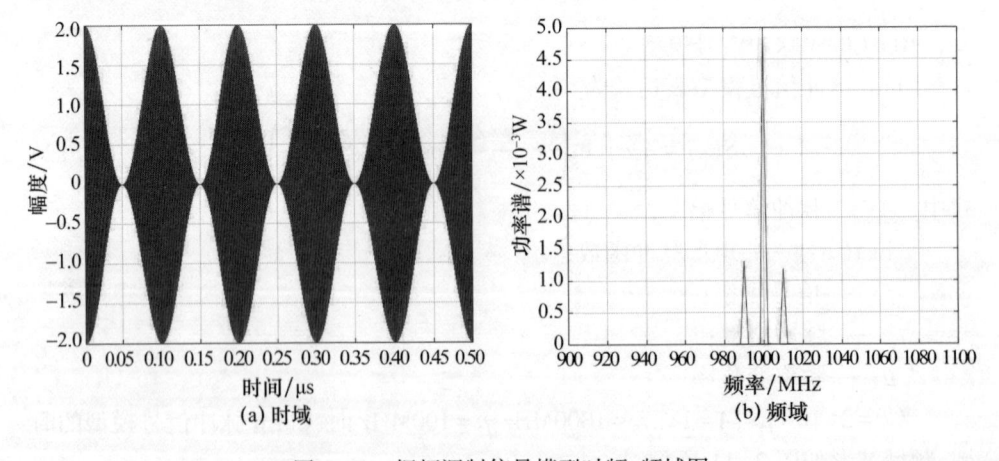

图 2-12　振幅调制信号模型时频、频域图

2) 频率调制信号模型

频率调制信号模型表达式为

$$\begin{aligned} S_{\mathrm{FM}}(t) &= A\cos\left[2\pi f_c t + K_{\mathrm{FM}} A_m \int \cos 2\pi f_0 t \mathrm{d}t\right] \\ &= A\cos\left[2\pi f_c t + \beta_{\mathrm{FM}} \sin 2\pi f_0 t\right] \end{aligned} \tag{2.14}$$

式中 $A$——信号幅度;

$f_c$——信号频率;

$\beta_{\mathrm{FM}} = K_{\mathrm{FM}} \cdot A_m / (2\pi f_m)$——调频指数。

当 $A = 1\mathrm{V}, f_c = 900\mathrm{MHz}, \beta_{\mathrm{FM}} = 0.4, f_0 = 100\mathrm{MHz}$ 时,频率调制信号模型时域、频域波形如图 2-13 所示。

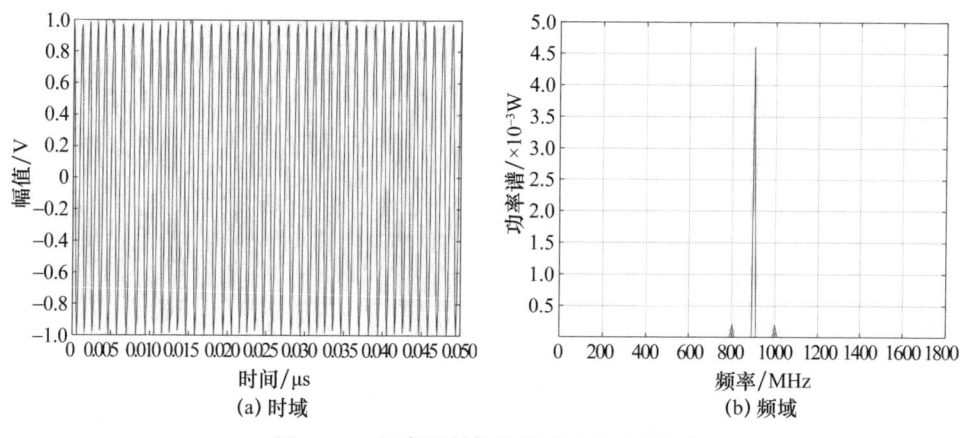

图 2-13 频率调制信号模型时域、频域图

3) 相位调制信号模型

相位调制信号模型表达式为

$$\begin{aligned} S_{\mathrm{FM}}(t) &= A\cos\left[2\pi f_c t + K_{\mathrm{PM}} A_m \cos 2\pi f_0 t\right] \\ &= A\cos\left[2\pi f_c t + \beta_{\mathrm{PM}} \sin 2\pi f_0 t\right] \end{aligned} \tag{2.15}$$

式中 $A$——信号幅度;

$f_c$——信号频率;

$\beta_{\mathrm{PM}} = K_{\mathrm{PM}} \cdot A_m$——调相指数。

当 $A = 1\mathrm{V}, f_c = 1000\mathrm{MHz}, \beta_{\mathrm{PM}} = 0.6, f_0 = 200\mathrm{MHz}$ 时,相位调制信号模型时域、频域波形如图 2-14 所示。

4) 二进制幅度键控信号模型

$$S_{\mathrm{ASK}}(t) = \left[\sum_n a_n g(t - nT_s)\right] \cos 2\pi f_c t \tag{2.16}$$

(a) 时域

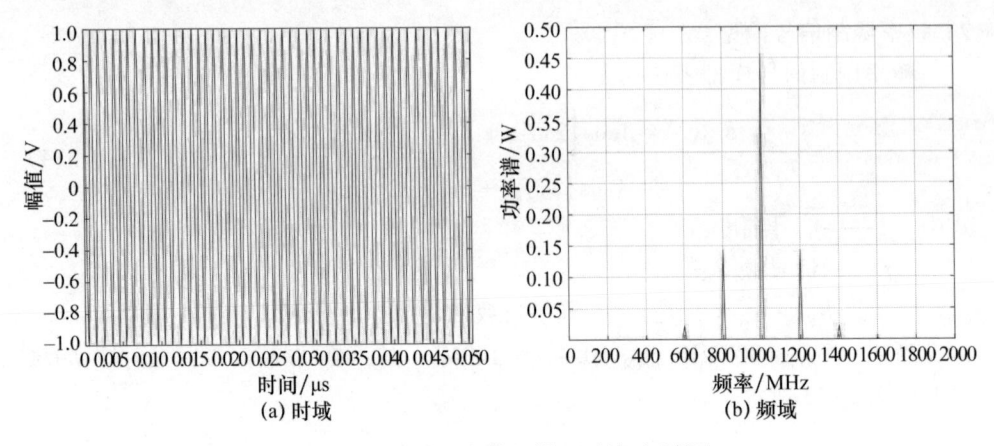

(b) 频域

图 2-14　相位调制信号模型时域、频域图

式中　$a_n = \begin{cases} 1, & \text{概率 } p \\ 0, & \text{概率 } 1-p \end{cases}$;

$f_c$——信号频率。

当 $f_c = 1000\text{MHz}$ 时，二进制幅度键控信号模型时域、频域波形如图 2-15 所示。

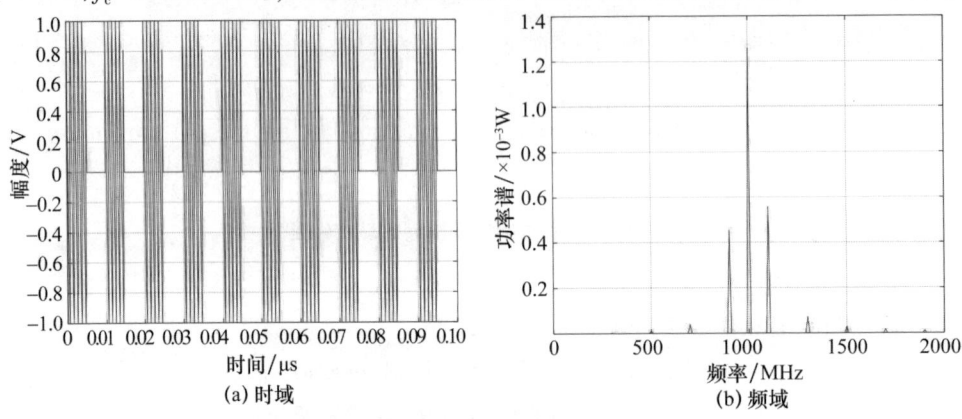

(a) 时域

(b) 频域

图 2-15　二进制幅度键控信号模型时域、频域图

5）二进制频率键控信号模型

二进制频率键控信号模型表达式为

$$S_{\text{FSK}}(t) = \left[\sum_n a_n g(t-nT_s)\right]\cos 2\pi f_1 t + \left[\sum_n \overline{a_n} g(t-nT_s)\right]\cos 2\pi f_2 t \qquad (2.17)$$

式中　$a_n = \begin{cases} 0, & \text{概率 } p \\ 1, & \text{概率 } 1-p \end{cases}$;

$\overline{a_n} = \begin{cases} 1, & \text{概率 } p \\ 0, & \text{概率 } 1-p \end{cases}$;

$f_1 \backslash f_2$ 分别为载波 1 和载波 2 频率。

当 $f_1 = 800\text{MHz}, f_2 = 1000\text{MHz}, T_s = 0.05\mu\text{s}$ 时,二进制频率键控信号模型时域、频域波形如图 2-16 所示。

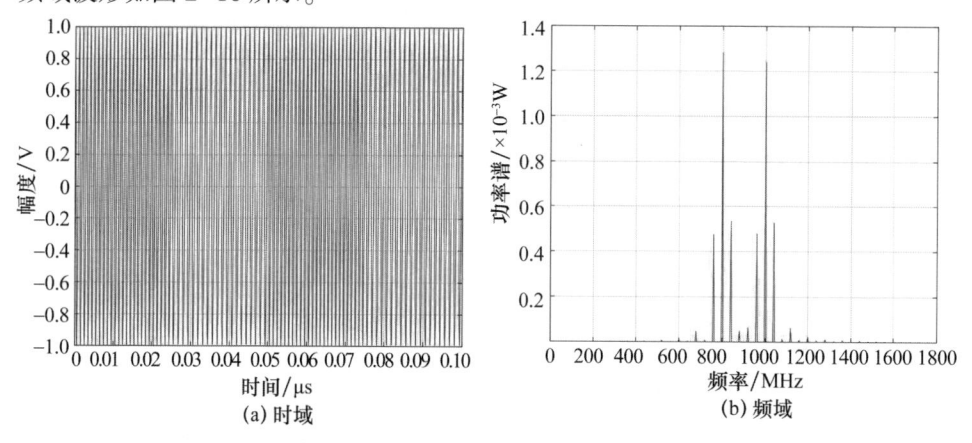

图 2-16 二进制频率键控信号模型时域、频域图

### 2.2.1.3 其他辐射源信号建模

1) 射频噪声信号模型

射频噪声信号模型表达式为

$$J(t) = U_n(t)\cos(2\pi f_j t + \varphi(t)) \tag{2.18}$$

式中 $f_j$ ——噪声频率;

$\varphi(t)$ ——随机相位。

当 $U_n(t) \sim \text{Rayleigh}(1,10), \varphi(t)$ 服从 $[0, 2\pi]$ 的均匀分布, $f_j = 6000\text{MHz}$ 时,射频噪声信号模型时域、频域波形如图 2-17 所示。

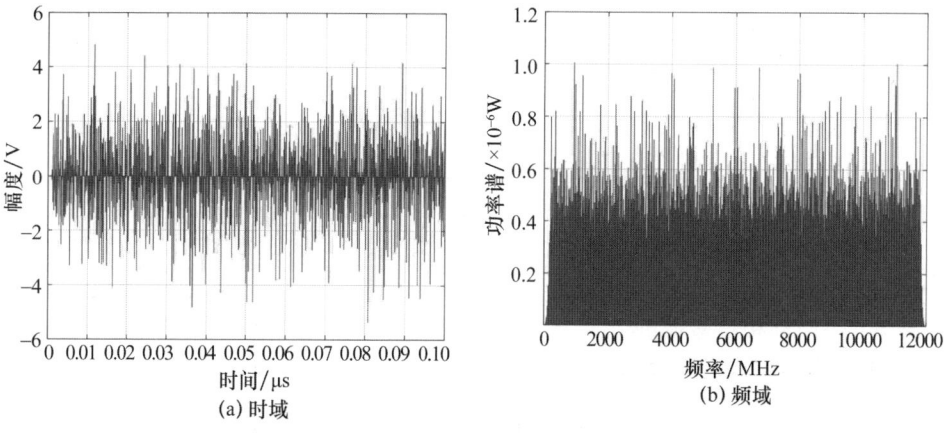

图 2-17 射频噪声信号模型时域、频域图

2) 噪声调幅信号模型

噪声调幅信号模型表达式为

$$J(t) = (U_0 + U_n(t))\cos(2\pi f_j t + \varphi) \tag{2.19}$$

式中 $U_0$——直流分量；

$U_n(t)$——均值为 0，方差为 $\sigma_n^2$ 的平稳随机过程；

$f_j$——干扰信号频率；

$\varphi$——随机相位，在 $[0,2\pi]$ 内服从均匀分布。

当 $U_n(t) \sim N(0,\sigma^2)$，$U_0 = 1\text{V}$，$f_j = 1000\text{MHz}$，$\varphi = 0$ 时，噪声调幅信号模型时域、频域波形如图 2-18 所示。

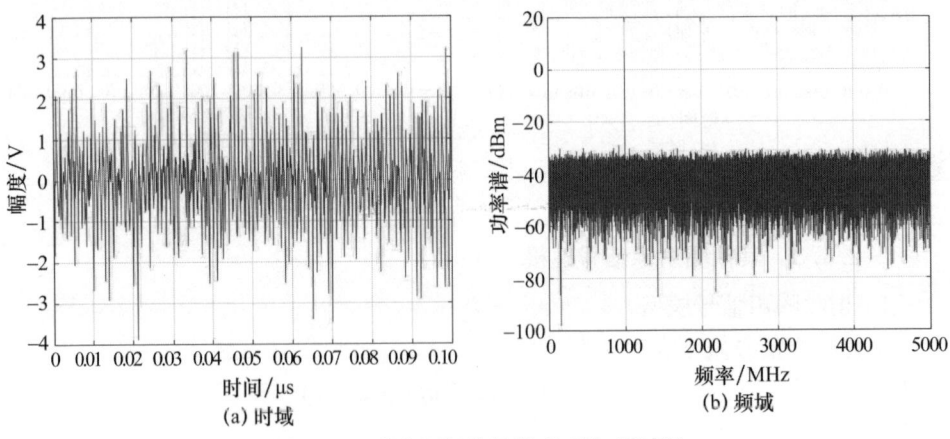

(a) 时域

(b) 频域

图 2-18 噪声调幅信号模型时域、频域图

3) 噪声调频信号模型

噪声调频信号模型表达式为

$$J(t) = U_j \cos\left(2\pi f_j t + 2\pi K_{\text{FM}}\int_0^t u_n(t')\,\mathrm{d}t' + \varphi\right) \tag{2.20}$$

式中 $U_j$——信号幅度；

$u_n(t)$——均值为 0，方差为 $\sigma_n^2$ 的平稳随机过程；

$f_j$——噪声频率；

$\varphi$——随机相位。

当 $U_j = 1\text{V}$，$f_j = 1000\text{MHz}$，$K_{\text{FM}} = 0.4$，$\varphi = 0$ 时，噪声调频信号模型时域、频域波形如图 2-19 所示。

4) 噪声调相信号模型

噪声调相信号模型表达式为

$$J(t) = U_j \cos\left(2\pi f_j t + K_{\text{PM}}\int_0^t u_n(t')\,\mathrm{d}t' + \varphi\right) \tag{2.21}$$

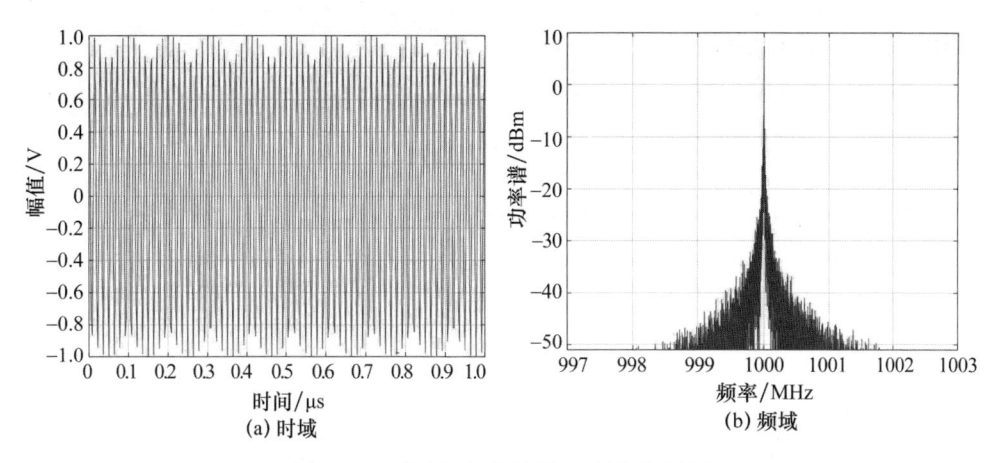

图 2-19　噪声调频信号模型时域、频域图

式中　$U_j$——信号幅度；

　　　$u_n(t)$——归一化零均值平稳高斯噪声；

　　　$f_j$——噪声频率；

　　　$\varphi$——随机相位；

　　　$K_{PM}$——相位变化比例系数。

当 $U_j=1\text{V}$，$f_j=1000\text{MHz}$，$K_{PM}=0.4$，$\varphi=0$ 时，噪声调相信号模型时域、频域波形如图 2-20 所示。

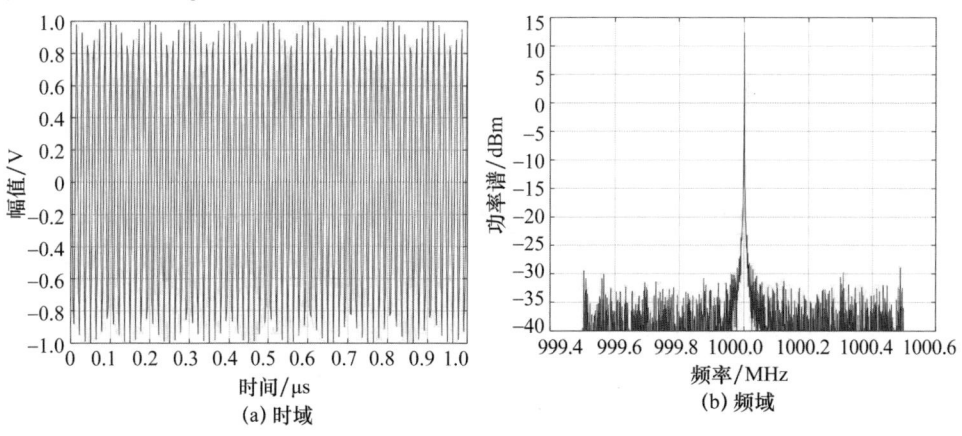

图 2-20　噪声调相信号模型时域、频域图

5）多音频干扰模型

多音频干扰模型表达式为

$$J(t) = \sum_{n=1}^{L} U_{jn} \sin\left[2\pi(f_j + n\Delta f)t + \varphi_n\right] \qquad (2.22)$$

式中 $U_j$——信号幅度；

$f_j$——干扰信号频率；

$\varphi_n$——初始随机相位；

$\Delta f$——频率间隔。

当 $U_j=1(i=1,2,\cdots,10)$，$f_j=1000\text{MHz}$，$\Delta f=50\text{MHz}$，$\varphi_n=0$ 时，多音频干扰模型时域、频域波形如图 2-21 所示。

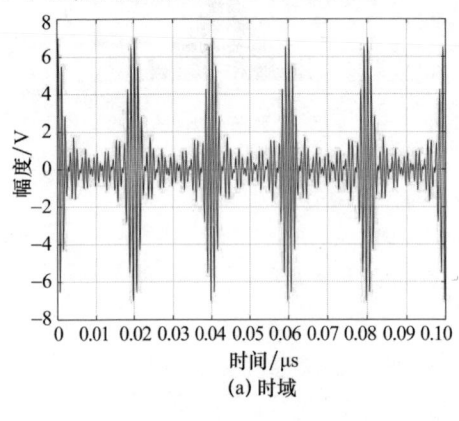

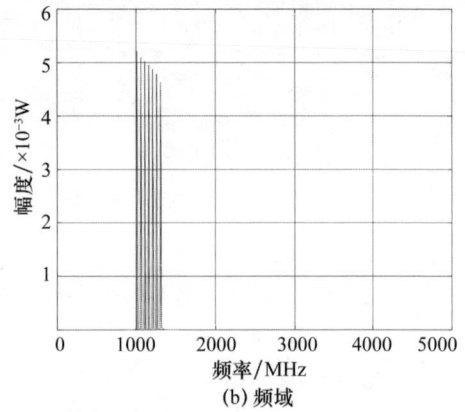

图 2-21 多音频干扰模型时域、频域图

6) 扫频干扰模型

扫频干扰模型表达式为

$$S(t) = A\cos[2\pi(f_0 + \Delta f t)t] \quad (2.23)$$

式中 $A$——幅度；

$f_0$——干扰信号频率；

$\Delta f$——扫频速率。

当 $A=1\text{V}$，$f_0=1000\text{MHz}$，$\Delta f=800\text{MHz}$ 时，扫频干扰模型时域、频域波形如图 2-22 所示。

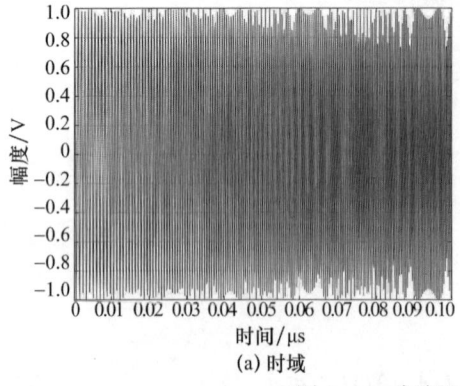

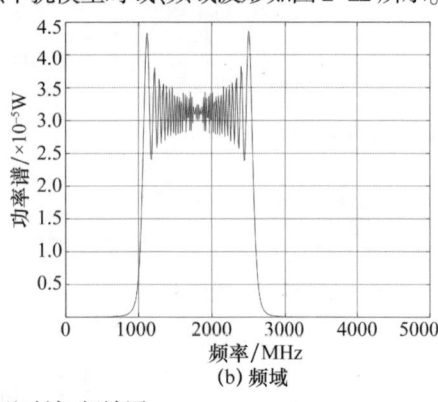

图 2-22 扫频干扰模型时域、频域图

### 7) 欺骗干扰建模

欺骗干扰的产生流程如图 2-23 所示,敌方可能会通过宽带信号接收机对我方信号进行捕获接收,并进行延时处理后增大功率转发,造成人为的多径效应,导致我方接收信号时延大、信号失真断续;也可能通过对接收到的信号进行有效的检测、估计,在获取我方部分信号参数的基础上,做相应修改后以较强的功率发射出去,从而导致我方接收错误指令,达到欺骗的目的。

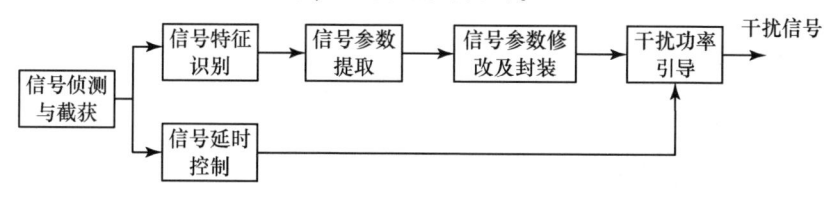

图 2-23 欺骗干扰产生流程图

以某数据链为例,设其信号可表示为:$S(t) = \sqrt{2P} \times d(t) \text{PN}(t) \cos(2\pi f t)$,其中,$P$ 为信号功率、$d(t)$ 为低速率数据,$\text{PN}(t)$ 为扩频码,$f$ 为载波频率,可通过改变低速率数据 $d(t)$ 和信号功率 $P$ 来产生数据链信号的欺骗干扰;以卫星导航信号为例,通过延迟转发可产生导航欺骗信号,如设导航信号为 $s(t)$,通过延迟转发后形成的欺骗干扰为 $s(t-\tau)$;欺骗干扰产生的干扰效果,随干扰信号和原始信号之间的相关性增强而增大。

## 2.2.2 自然辐射源信号建模

自然辐射源主要有雷电电磁辐射源、静电电磁辐射源、太阳系和星际电磁辐射源、大气层电磁场、热噪声等[17]。下面给出几种典型的辐射源信号模型。

### 1) 雷电放电信号模型

雷电放电电磁脉冲形成和实际的雷电放电情况有关;标准脉冲波形主要有 10/350μs(10/350μs:10μs 表示冲击脉冲达到 90% 电流峰值的时间,350μs 表示电流峰值到半峰值的时间)、0.25/100μs 等。

对于 10/350μs 和 0.25/100μs 情况下的雷电电流波可用双指数函数表示为

$$I = kI_m(\exp(-at) - \exp(-bt)) \tag{2.24}$$

经傅里叶变换得其频域表达式为

$$|I(j\omega)| = \frac{k(b-a)}{\sqrt{(a^2+\omega^2)(b^2+\omega^2)}} \tag{2.25}$$

式中 $I_m$——峰值电流;

$k$——峰值电流修正系数;

*a*——波前衰减系数；
*b*——波尾衰减系数。

在 $I_m = 5$kA 情况下，其电流波时域分布如图 2-24 所示。

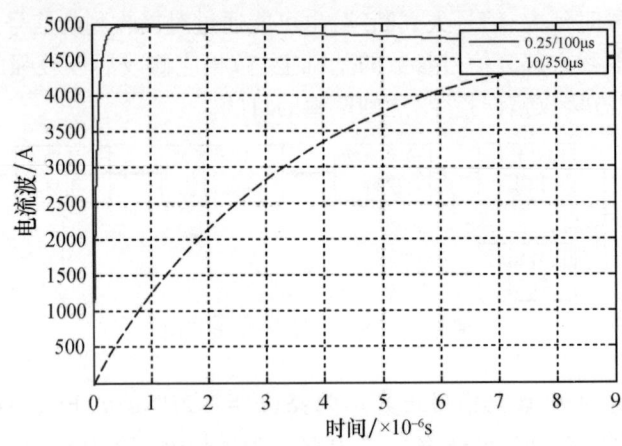

图 2-24  10/350μs、0.25/100μs 雷电电流波时域图

2) 静电放电电流波模型

静电是物体表面正负电荷发生分离的一种物理现象。带有静电的物体称为带电体。当带电体表面附近的静电场梯度大到一定的程度，超过周围介质的绝缘击穿场强时，介质将会发生电离，从而导致带电体的点和部分电荷部分或全部中和，这种现象称为静电放电。在大多数情况下，静电起电和放电是同时发生的，而且静电起电与放电是一个随机的动态过程，在这过程中，不仅有静电能量的传导输出，而且有电磁脉冲场的辐射。

静电放电产生的脉冲上升沿很短（亚毫秒级），典型的静电放电可产生峰值为 5kV，上升沿时间小于 1ns，时延为 200ns 的脉冲，模拟静电放电的典型电流脉冲波形如图 2-25 所示。

3) 热噪声

热噪声是由稳定上升到绝对零度以上时激发的电子随机运动引起的，热噪声功率表达式为

$$P_n = kTB \tag{2.26}$$

式中  $k$——为玻耳兹曼常数，$k = 1.37 \times 10^{-23}$ J/K；

$T$——以开氏温标为测量单位的热力学温度；

$B$——系统等效噪声带宽，单位为 Hz。

在工程应用中，为分辨小信号一般采用 dB 的形式，则常温下噪声功率为

$$P_n = -174 + 10\log B \tag{2.27}$$

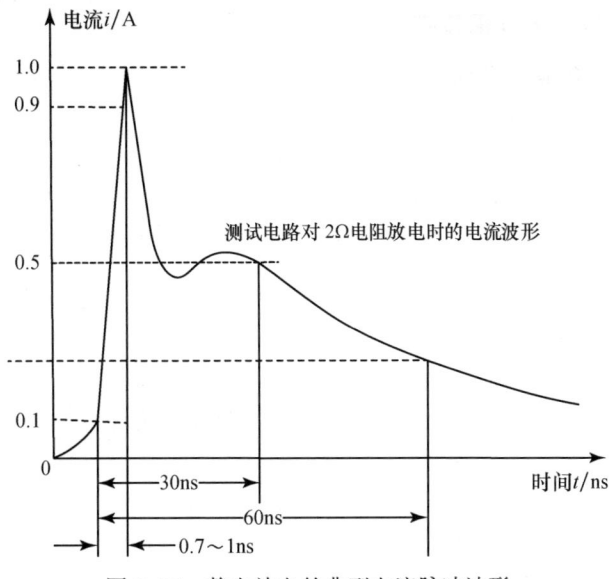

图 2-25 静电放电的典型电流脉冲波形

常温下噪声功率随带宽的变化如图 2-26 所示,可以看出,接收机噪声随着接收机带宽的增大而增加。

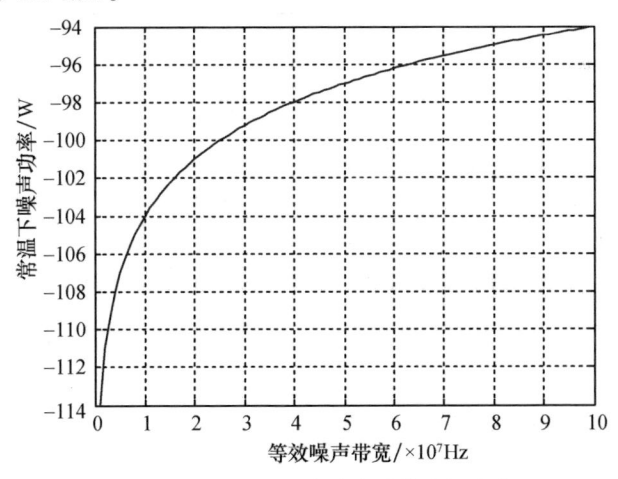

图 2-26 常温下噪声功率随带宽的变化

## 2.2.3 天线特性建模

战场中的电磁信号通过天线进行辐射和接收,天线特性建模主要考虑天线方向图、天线增益和天线极化特性[18-19]。

### 2.2.3.1 天线方向图建模

1) 辛克型天线方向图模型

辛克型天线方向图模型可表示为

$$F(x) = \sin(kx)/(kx) \tag{2.28}$$

式中 $k$——$[0,\pi]$ 内旁瓣数目+1。

当旁瓣数目为 2、4、6 时，该天线的方向图如图 2-27 所示。

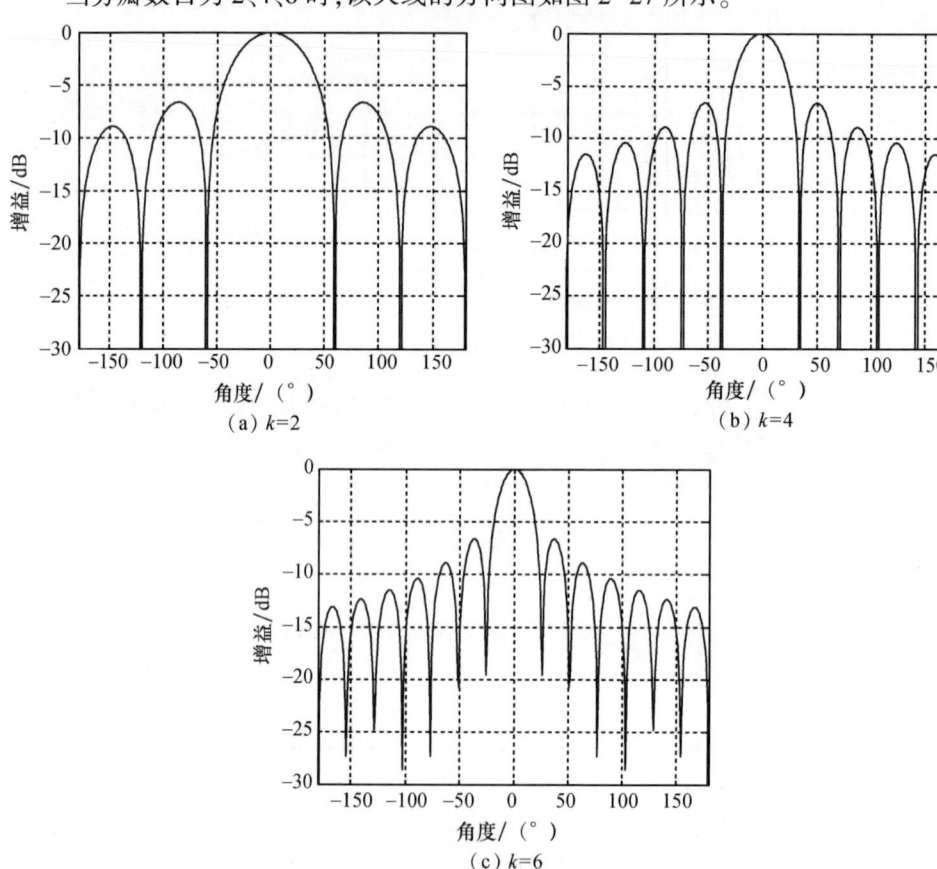

图 2-27 $\sin(kx)/kx$ 天线方向图

2) $[\sin(x)/x]^2$ 平方型天线方向图模型

$[\sin(x)/x]^2$ 平方函数天线方向图模型可模拟椭圆截面的窄波束和宽波束，一维方向图函数为

$$F(\theta) = e^{\xi}\left[\frac{\sin(2.78\theta/\theta_{0.5})}{2.78\theta/\theta_{0.5}}\right]^2 \tag{2.29}$$

$$\xi = (\theta/\theta_{0.5}/r_b)^2(13.62 - L_1)/11.33 \tag{2.30}$$

式中 $\theta_{0.5}$——主波束宽度；

$r_b$——旁瓣衰减因子；

$L_1$——平均旁瓣电平，单位为 dB。

当方向图主瓣宽度为 10°，设定第一旁瓣衰减值为 14dB 时，天线主瓣方位俯仰方向图如图 2-28、图 2-29 所示。

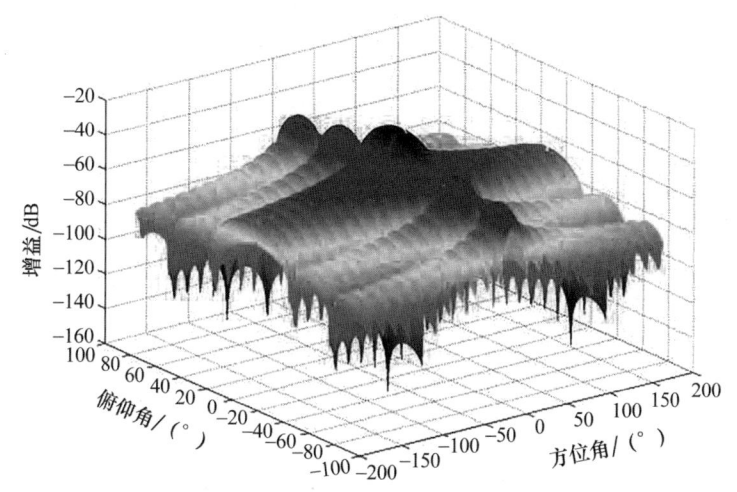

图 2-28 $[\sin(x)/x]^2$ 平方函数波束

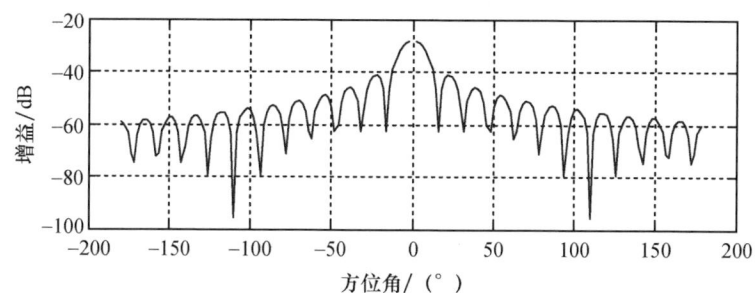

(a) $[\sin(x)/x]^2$ 平方函数方位角方向图

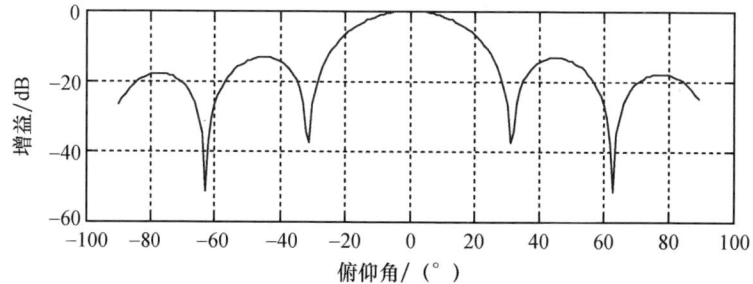

(b) $[\sin(x)/x]^2$ 平方函数俯仰角方向图

图 2-29 $[\sin(x)/x]^2$ 平方函数方位俯仰方向图

当主波束宽度为 15°、30°、45°，设定第一旁瓣衰减值为 14dB 时，天线主瓣的方向图如图 2-30 所示。

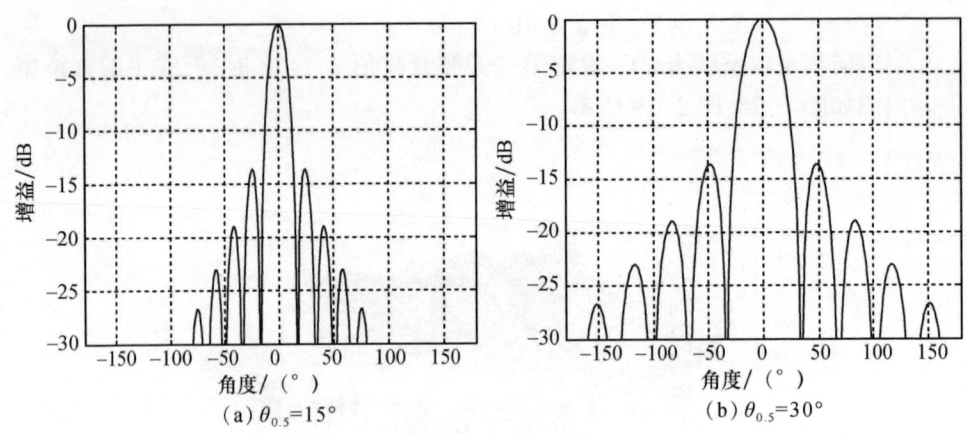

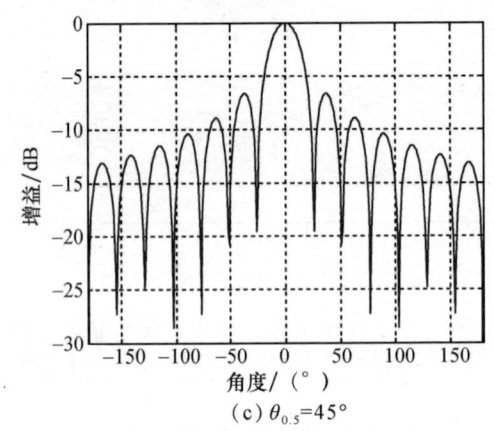

图 2-30 $[\sin(x)/x]^2$ 平方天线方向图

3）余弦函数天线方向图模型

余弦函数天线方向图模型可表示为

$$F(\theta) = \begin{cases} \cos(\dfrac{\pi}{2}\theta/\theta_0), & |\theta| \leq \theta_0 \\ g_1 \times \cos(\dfrac{\pi}{2}\theta/\theta_1), & \theta_0 < |\theta| \leq \theta_2 \\ 0, & |\theta| > \theta_2 \end{cases} \quad (2.31)$$

式中　$\theta_0$——无偏波束主瓣右零点；

$\theta_1$——无偏波束右边第一副瓣中心；

$\theta_2$——波束截止角度；

$g_1$——旁瓣增益。

当 $\theta_2 = 30°、60°、90°$ 时,该天线的方向图如图 2-31 所示。

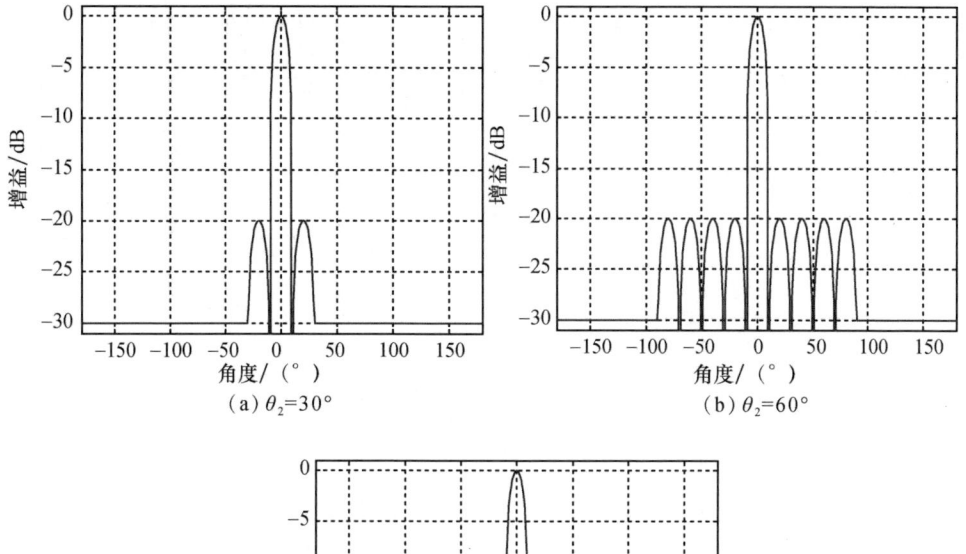

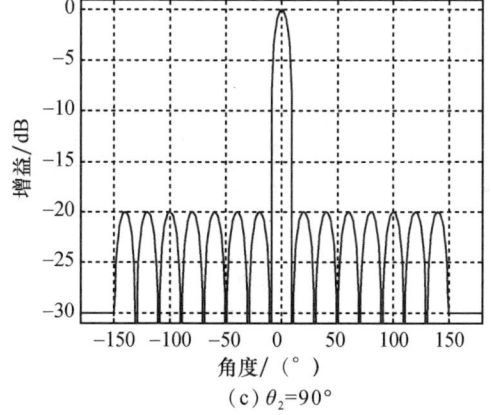

图 2-31 余弦函数天线方向图

4)余弦平方型天线方向图模型

余弦平方型天线方向图模型可表示为

$$F(x) = \begin{cases} \cos^2(kx), & |kx| \leq \pi \\ 0, & 其他 \end{cases} \quad (2.32)$$

当 $k = 1、3、5$ 时,天线方向图如图 2-32 所示。

5)高斯型天线方向图模型

高斯型天线方向图函数可表示为

$$F(\theta) = e^{-k\theta^2} \quad (2.33)$$

当 $k = 1、10、100$ 时,高斯型天线方向图如图 2-33 所示。

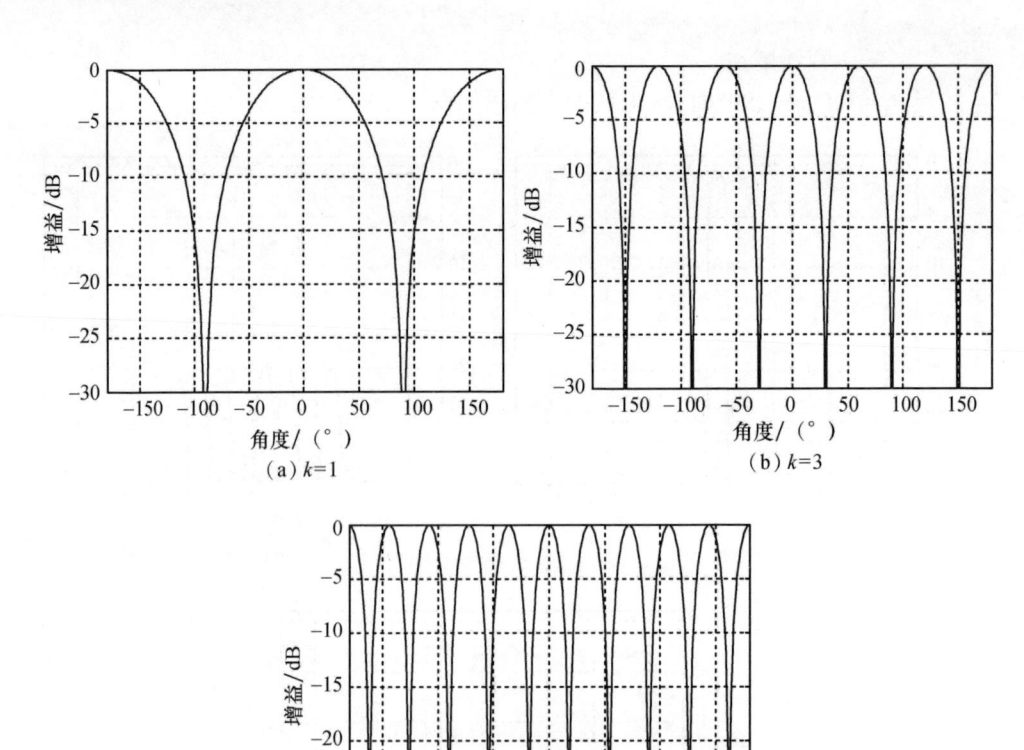

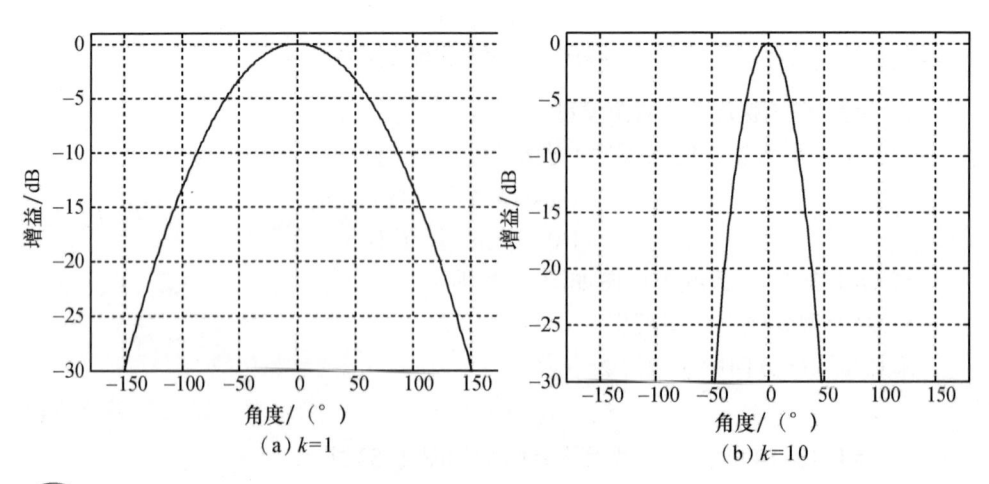

图 2-32　余弦平方型天线方向图

(c) $k=100$

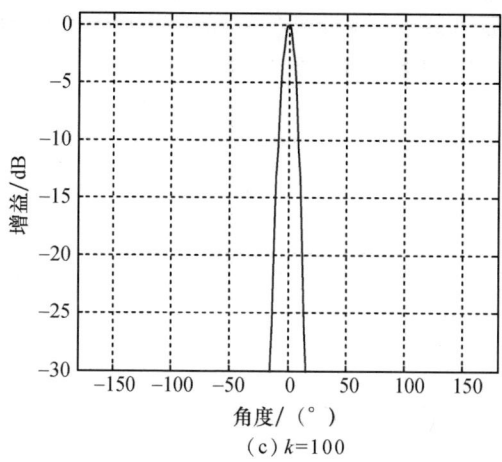

图 2-33 高斯型天线方向图

对于定向高斯天线,大多为针状波束,主要考虑其主瓣,天线的增益可近似描述为

$$G(\theta) = \begin{cases} \exp[-k(2\theta/\theta_{0.5})^2], & 0 \leq |\theta| \leq 0.5\theta_{0.5} \\ \sin(2\pi\theta/\theta_{0.5})/2\pi\theta/\theta_{0.5}, & 0.5\theta_{0.5} \leq |\theta| \leq 0.5\theta_0 \end{cases} \quad (2.34)$$

式中 $G(\theta)$——归一化天线增益;

$\theta$——偏离波束中心轴的夹角;

$\theta_{0.5}$——主瓣半功率宽度;

$\theta_0$——主瓣零功率宽度;

$k$——比例常数,$k$ 取 ln2。

高斯型天线三维方向图如图 2-34 所示。

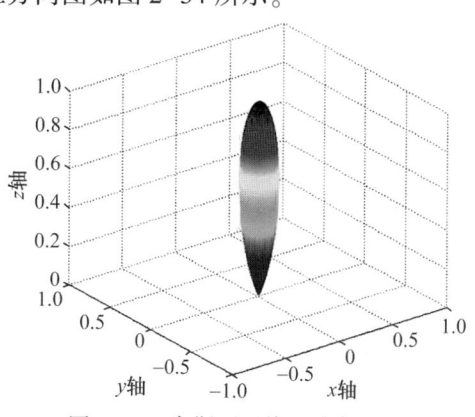

图 2-34 高斯型天线三维方向图

6) 机载天线实测方向图

对于一些机载天线,可在微波暗室测量其实际的方向图数据,在仿真过程中,

通过采用实际参数进行建模,以提高仿真的真实性。某机载通信天线(1000~3000MHz)的实测方向图如图2-35、图2-36所示。

(a) 2000MHz

(b) 3000MHz

图 2-35 机载通信天线(高斯型天线)

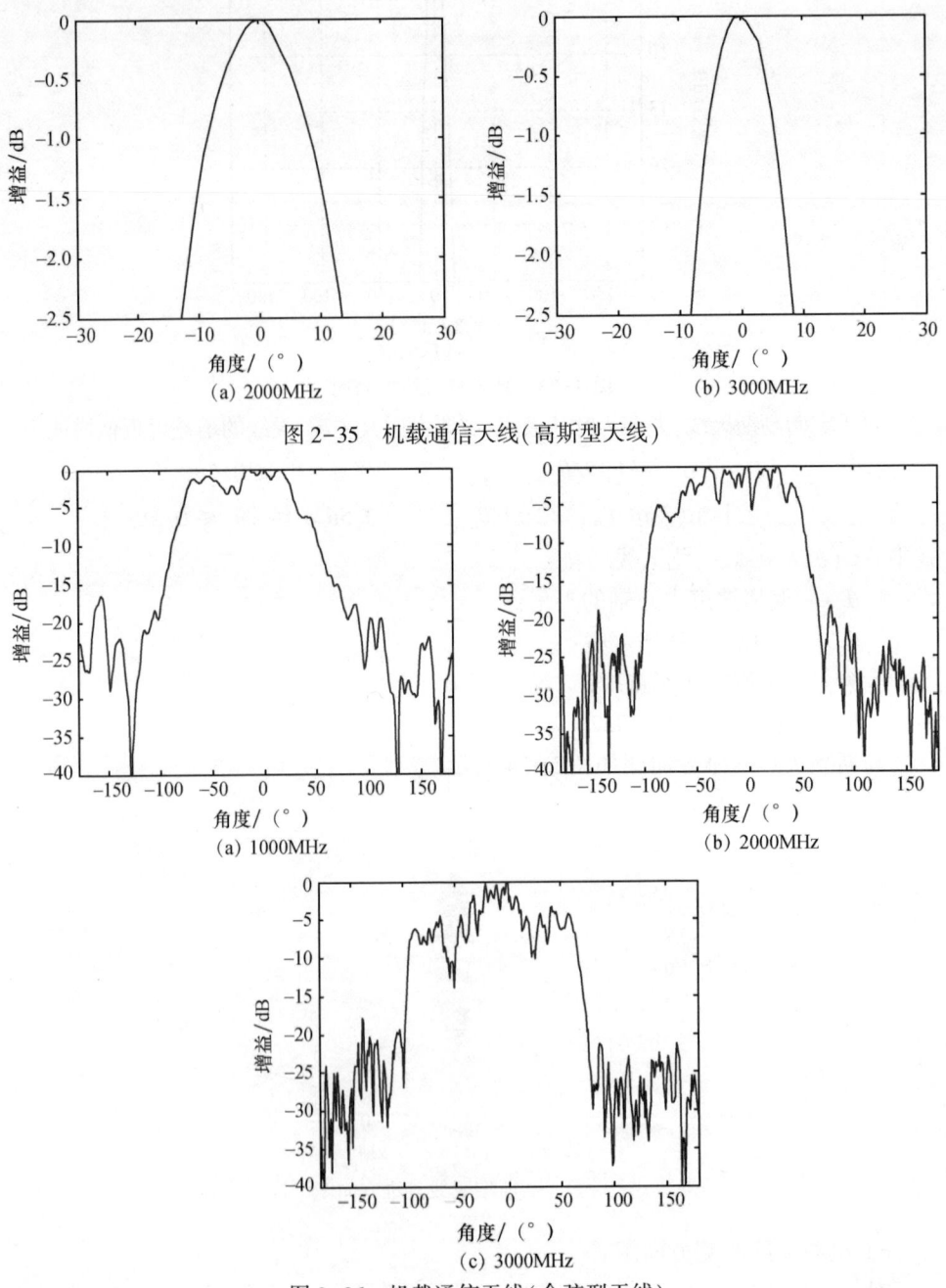

(a) 1000MHz

(b) 2000MHz

(c) 3000MHz

图 2-36 机载通信天线(余弦型天线)

某机载导航天线(960~1225MHz)的实测方向图如图 2-37 所示。

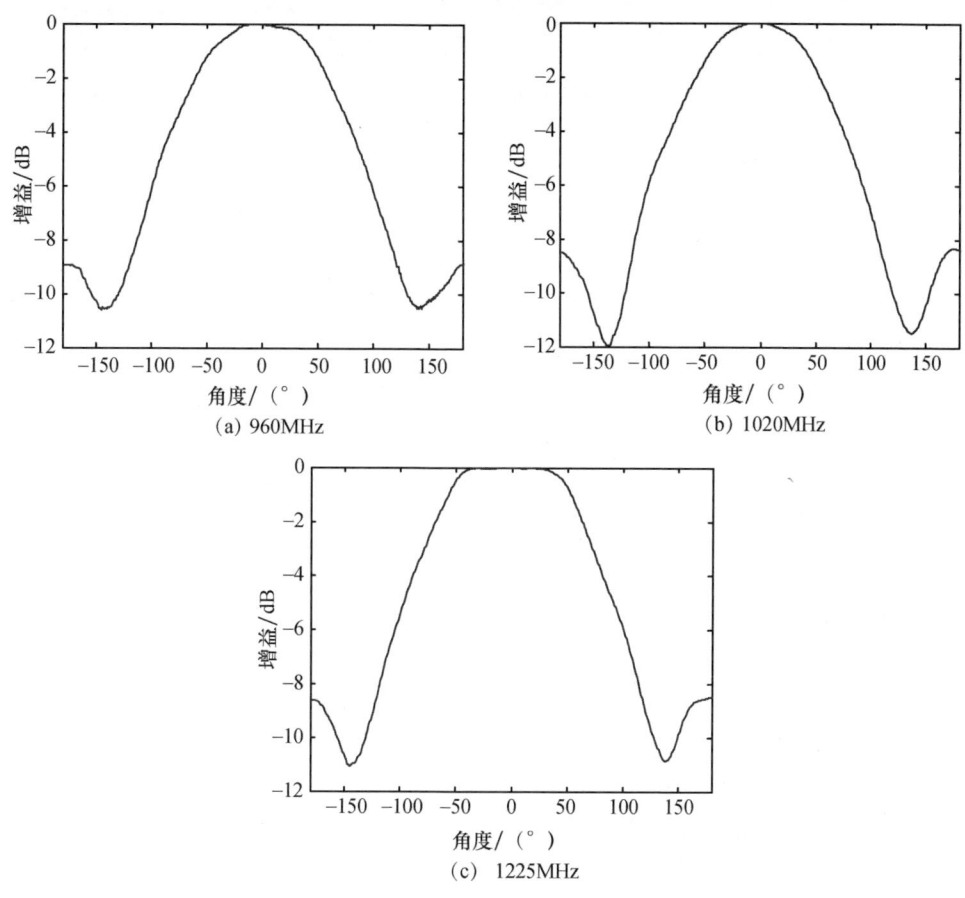

图 2-37　机载导航天线(辛克型天线)

### 2.2.3.2　天线增益

天线增益为天线在给定方向上每单位立体角内接收到的功率与无方向性天线在该点的单位立体角内收到的功率之比。通常把最大接收方向上的值称为该天线的增益。天线增益 $G$ 和方向性系数之间有一定的关系,可表示为

$$G = \eta D \tag{2.35}$$

式中　$\eta$——天线效率。方向性系数 $D$ 为

$$D(\theta,\varphi) = \frac{4\pi F^2(\theta,\varphi)}{\int_0^{2\pi}\int_0^{\pi} F^2(\theta,\varphi)\sin\theta \mathrm{d}\theta \mathrm{d}\varphi} \tag{2.36}$$

式中　$F(\theta,\varphi)$——归一化天线方向图。

通常,关注最大辐射方向的方向系数。在最大辐射方向,$F(\theta,\varphi)=1$,最大辐射方向的方向系数为:$D = \dfrac{4\pi}{\iint\limits_{0\ 0}^{2\pi\ \pi} F^2(\theta,\varphi)\sin\theta\mathrm{d}\theta\mathrm{d}\varphi}$,则天线增益为:$G = \dfrac{4\pi\eta}{\iint\limits_{0\ 0}^{2\pi\ \pi} F^2(\theta,\varphi)\sin\theta\mathrm{d}\theta\mathrm{d}\varphi}$。

1)定向天线增益估算

对于定向天线,辐射功率集中在立体角 $\Omega$ 内,若辐射强度为均匀分布,$\Omega = \iint\limits_{0\ 0}^{2\pi\ \pi} F^2(\theta,\varphi)\mathrm{d}\Omega$,则最大辐射方向的方向系数可用两个相互垂直的平面内的半功率波瓣宽带表示为

$$\Omega = (2\theta_{0.5E}) \times (2\theta_{0.5H}) \tag{2.37}$$

式中 $(2\theta_{0.5E})$、$(2\theta_{0.5H})$——天线方向图 E 面和 H 面的半功率波瓣宽带。

$$D = \dfrac{4\pi}{(2\theta_{0.5E}) \times (2\theta_{0.5H})}(\text{弧度表示})$$

$$= \dfrac{41253}{(2\theta_{0.5E}) \times (2\theta_{0.5H})}(\text{角度表示}) \tag{2.38}$$

因此,天线增益可表示为

$$G(\mathrm{dB}i) = 10\lg\dfrac{32000}{(2\theta_{3\mathrm{dB},E}) \times (2\theta_{3\mathrm{dB},H})} \tag{2.39}$$

式中 $(2\theta_{3\mathrm{dB},E})$、$(2\theta_{3\mathrm{dB},H})$——天线分别在两个主平面上的波瓣宽度;

32000——统计出的经验数据。

2)抛物面天线增益估算

对于抛物面天线,最大辐射方向的方向系数为

$$D = \dfrac{4\pi}{\lambda^2}Sv \tag{2.40}$$

式中 $\lambda$——波长;

$S$——口径面积;

$v$——面积利用率,反映口径场分布的均匀程度,分布越均匀 $v$ 值越大,完全均匀时,$v=1$。

天线增益可表示为:$G = \eta D = \dfrac{4\pi}{\lambda^2}\eta Sv$,其近似计算公式为

$$G(\mathrm{dB}i) = 10\lg\dfrac{4.5}{(D/\lambda)^2} \tag{2.41}$$

式中 $D$——抛物面直径。

3)直立全向天线估算

直立全向天线近似计算式为

$$G(\text{dBi}) = 10\lg\frac{2L}{\lambda} \tag{2.42}$$

式中 $L$——天线长度；

$\lambda$——波长。

#### 2.2.3.3 天线极化特性

电磁信号的极化特性是由发射天线决定的,不同极化的电磁信号要与发射天线极化匹配。由图 2-38 可知,仅当来波电场向量方向与天线极化方式相同时,极化方式相匹配,没有损耗；当极化方式不同时,由线极化与圆极化引起的损耗为 3dB 或极化反向时为无穷大。

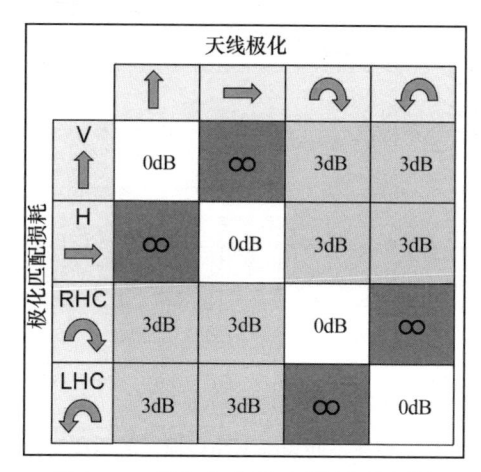

图 2-38 极化方式不匹配引起的损耗

## 2.3 电磁信号传播特性建模

### 2.3.1 电磁信号传播特性基础模型

#### 2.3.1.1 Egli 模型

Egli 模型是根据不规则多反射地形的大量测试结果得到的,适用于丘陵与山地等存在地面起伏但不是很大的区域,收发天线之间的距离为 0~100km,频率范围为 40~1000MHz。

Egli 模型路径损耗计算公式为

$$L_{\text{Egli}}(\text{dB}) = 88 + 40\lg d + 20\lg f - 20\lg(h_t h_r) - K_h \tag{2.43}$$

式中　$f$——载波频率,MHz;

　　　$h_t$、$h_r$——发射、接收天线高度,m;

　　　$d$——收发天线之间的距离,km;

　　　$K_h$——地形修正因子。

在发射和接收天线高度均为 3m,收发距离在 1~100km 的条件下进行仿真,仿真结果如图 2-39 所示。

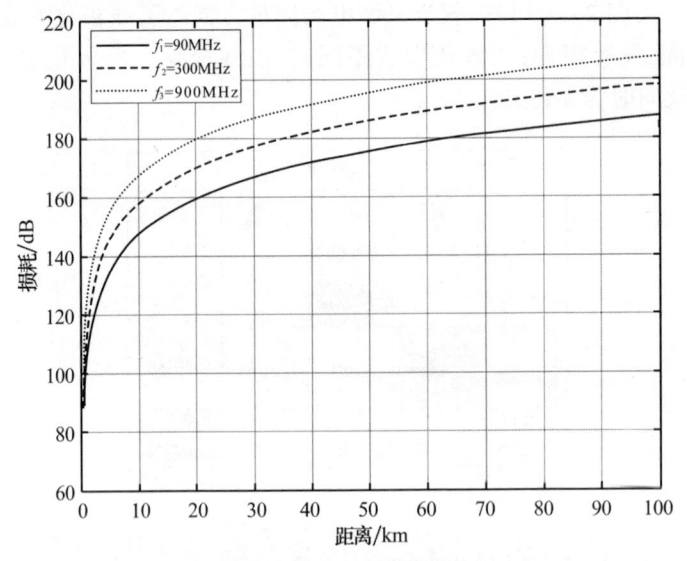

图 2-39　Egli 模型在不同频率下路径损耗随距离变化仿真结果

从仿真结果图 2-39 中可以看出,在距离相同的情况下,频率越高,路径损耗越大。

#### 2.3.1.2　Okumura-Hata 模型

Okumura-Hata 模型考虑到天线高度和地区覆盖类型,以市区传播损耗为标准,在此基础上修正,应用于移动通信系统信道模型,Okumura-Hata 模型适用频率范围为 150~1500MHz,发射天线高度为 30~200m,接收天线高度为 1~10m,收发天线之间的距离为 1~20km。

Okumura-Hata 模型路径损耗计算公式为

$$L_{\text{OH}}(\text{dB}) = 69.55 + 26.16\lg f - 13.82\lg h_t - \alpha(h_r) \\ + (44.9 - 6.55\lg h_t)\lg d + C_{\text{cell}} + C_{\text{terrain}} \tag{2.44}$$

式中　$f$——载波频率,MHz;

$h_t$、$h_r$——发射、接收天线高度,m;

$d$——收发天线之间的距离,km;

$\alpha(h_r)$——天线修正因子;

$C_{cell}$——城区校正因子;

$C_{terrain}$——地形校正因子。

这里,$C_{cell}$可表示为

$$C_{cell} = \begin{cases} 0 \\ -2[\lg(f/28)]^2 - 5.4 \\ -4.78(\lg f)^2 + 18.33\lg f - 40.98 \end{cases} \quad (2.45)$$

地形校正因子$C_{terrain}$反映了一些重要的地形环境对于传输损耗的影响(如水域、建筑、树木),地形校正因子可以通过对传播模型的测试进行合理的设定。

在发射天线高度50m,接收天线高度3m,收发天线之间的距离在1~15km 的条件下,分别对不同频率和不同区域的路径损耗进行仿真,仿真结果如图2-40所示。

(a) 不同频率下,路径损耗随距离的变化

(b) 不同场景下,路径损耗随距离的变化

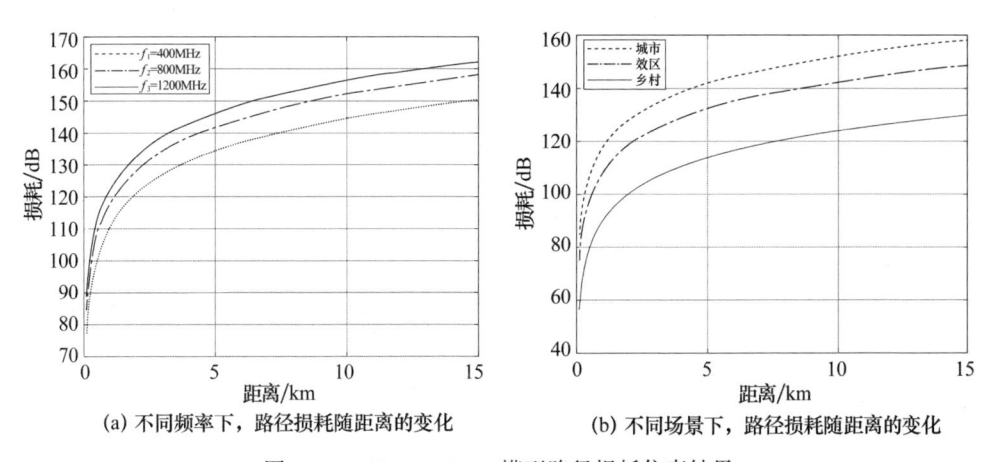

图2-40 Okumra-Hata 模型路径损耗仿真结果

从仿真结果图2-40(a)可以看出,在收发距离相同的情况下,频率越高,路径损耗越大;从仿真结果图2-40(b)可看出,在收发距离相同的情况下,城市场景传播路径损耗大于郊区,郊区场景传播路径损耗大于乡村。

### 2.3.1.3 CCIR(ITU-R)模型

CCIR(ITU-R)模型考虑了自由空间衰减和地形影响下的共同效果,是由一系列经验曲线组成,适用范围为城区、郊区等环境,频率范围为150~1000MHz,发射天线高度为30~200m,接收天线高度为1~10m。

CCIR 模型路径损耗计算公式为

$$L_{\text{CCIR}}(\text{dB}) = 69.55 + 26.16 \lg f - 13.82 \lg h_t - \alpha(h_r) + (44.9 - 6.55 \lg h_t) \lg d - B \tag{2.46}$$

式中 $f$——载波频率,MHz;

$h_t$、$h_r$——发射、接收天线高度,m;

$d$——收发天线之间的距离,km;

$B$——校正因子,$B = 30 - 25 \lg(\eta)$,$\eta$ 为被建筑物覆盖区域百分比。

在发射天线高度40m,接收天线高度3m,收发天线在距离1~15km的条件下分别对不同频率和不同区域的路径损耗进行仿真,仿真结果如图2-41所示。

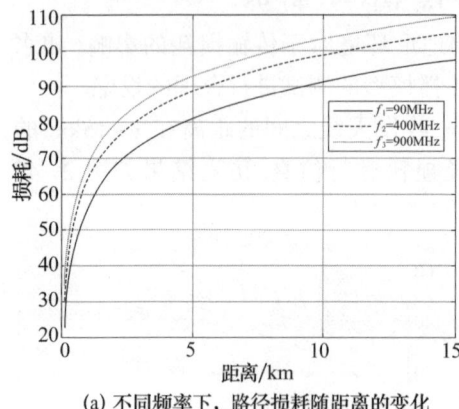

(a) 不同频率下,路径损耗随距离的变化 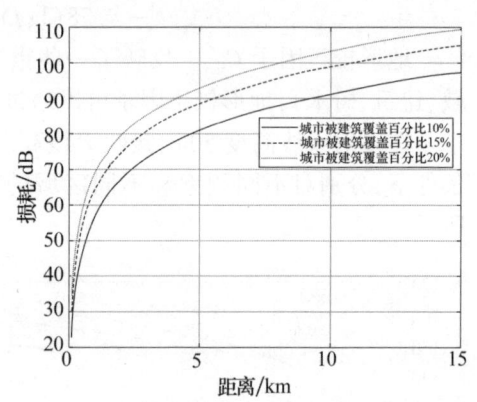　　(b) 不同城区场景下,路径损耗随距离的变化

图2-41　CCIR(ITU-R)模型路径损耗仿真结果

从仿真结果图2-41(a)可以看出,在城区场景下,收发距离相同的情况下,频率越高,损耗越大。从仿真结果图2-41(b)可看出,在频率相同、收发距离相同的情况下,城市被建筑物覆盖区域百分比越高,传播路径损耗越大。

另外,气象环境对电磁波的传播也有一定的影响,如云、雨、雾、雪等的影响,相关传播模型在大量文献中均有涉及[20],这里不再赘述。

## 2.3.2　二维抛物方程建模

2.3.1节对电磁信号传播特性一些典型基础模型进行了介绍,这些模型是在一些典型场景根据大量测试结果得到的统计模型,针对一些复杂的传输场景这些模型并不完全适用;抛物方程从麦克斯韦方程中推导而出,是研究复杂环境下电磁波传播特性的重要工具。本节对二维抛物方程理论基础、推导过程及相关问题进行讨论;首先对抛物方程及其分步傅里叶变换(Split-Step Fourier Transform,SSFT)解的推导过程进行阐述和讨论,指出在使用抛物方程时需要注意的几点问题;其次,对初始场和边界条件问题进行研究,讨论分析了宽角、窄角抛物方程的初始场不同计算方法、边界条件处理方式,并给出了考虑下边界条件时抛物方程 SSFT 解法应用的一般步骤;最后,通过实验仿真将抛物方程模型与双射线模型结果进行比较,验证了抛物方程的计算精度[21-22]。本节所有公式推导都是建立在场的时谐场因子为 $e^{-j\omega t}$ 基础上,所选取的坐标系为笛卡儿坐标系,场分量用 $\varphi$ 表示。

#### 2.3.2.1 二维抛物方程模型构建

在二维情况下,场与 $y$ 分量无关,不存在三维空间中的去极化效应,因而场能够解析为垂直极化与水平极化两部分并分别计算,垂直极化情况下磁场 $H$ 只存在 $H_y$ 分量,水平极化情况下电场 $E$ 只存在 $E_y$ 分量[23]。在一些场景与应用中,如无人机低空飞行场景,对于地-空数据链信号,一般考虑的都是小角度范围内的电波传播(近轴方向),为了推导方便,令 $x$ 轴正方向为电磁波传播的近轴方向,如图 2-42 所示。

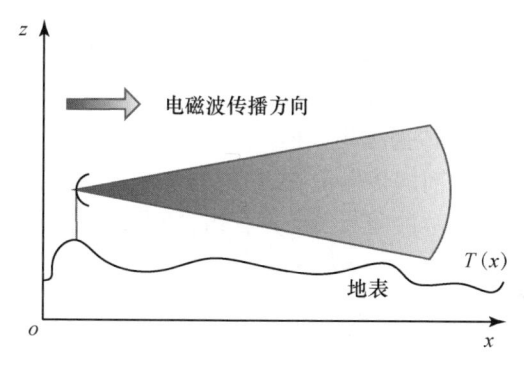

图 2-42 近轴传播示意图

假设电磁波传播过程中媒介均匀、折射率为 $n$,标量场 $\varphi$ 满足如式(2.47)所示的二维标量波动方程[24],即

$$\frac{\partial^2 \varphi}{\partial x^2} + \frac{\partial^2 \varphi}{\partial z^2} + k^2 n^2(x,z)\varphi = 0 \qquad (2.47)$$

式中    $\varphi$——场量;

      $k$——自由空间中波数;

      $n(x,z)$——介质折射率;

      $x$、$z$——水平距离、垂直高度。

假设电磁波能量在近轴方向随距离缓慢变化,将波函数简化为

$$u(x,z) = e^{-ikx}\varphi(x,z) \qquad (2.48)$$

结合式(2.47),标量波动方程可以用波函数 $u$ 表示为

$$\frac{\partial^2 u}{\partial x^2} + 2ik\frac{\partial u}{\partial x} + \frac{\partial^2 u}{\partial z^2} + k^2[n^2(x,z)-1]u = 0 \qquad (2.49)$$

对于一般的大气分布,在水平距离一定范围内折射率 $n$ 不随距离变化,即有 $\frac{\partial n}{\partial x}$ $\approx 0$。所以,可以将式(2.49)分解为

$$\left[\frac{\partial}{\partial x} + ik(1-Q)\right] \cdot \left[\frac{\partial}{\partial x} + ik(1+Q)\right]u = 0 \tag{2.50}$$

其中,伪微分算子 $Q$ 定义为

$$Q = \sqrt{\frac{1}{k^2}\frac{\partial^2 u}{\partial z^2} + n^2} \tag{2.51}$$

将式(2.50)表示的波动方程分解为两部分:

$$\frac{\partial u}{\partial x} = -ik(1-Q)u \tag{2.52}$$

$$\frac{\partial u}{\partial x} = -ik(1+Q)u \tag{2.53}$$

式中　式(2.52)——前向传播抛物方程;
　　　式(2.53)——后向传播抛物方程。

一般在应用时仅采用前向传播抛物方程,忽略电磁波的后向散射场。在需要精确解的情况下应同时求解前向与后向方程组,如下式所示。

$$\begin{cases} u = u_+ + u_- \\ \dfrac{\partial u_+}{\partial x} = -ik(1-Q)u_+ \\ \dfrac{\partial u_-}{\partial x} = -ik(1+Q)u_- \end{cases} \tag{2.54}$$

在下面的推导过程中忽略电磁波传播的后向散射特性,只对前向传播方程进行讨论。式(2.52)为一阶偏微分方程,因此可以得到形如下式所示的解方程。

$$u(x + \Delta x, z) = e^{ik\Delta x(Q-1)}u(x,z) \tag{2.55}$$

由式(2.55)可以看出,抛物方程(2.52)是按照距离 $x$ 方向步进求解的,即通过给定距离的前向传播场是由前一步场在适当的边界条件下步进计算获得的,如图2-43所示。

由于因子 $Q$ 的存在,式(2.55)并不能直接求解,所以一般是对 $Q$ 进行近似后得出式(2.55)的近似解。$Q$ 的近似方法一般有泰勒级数法[25]、Padé 近似法[26]及 Feit-Fleck 近似法[27]等。

为推导方便,令

$$\varepsilon = n^2(x,z) - 1, \mu = \frac{1}{k^2}\frac{\partial^2}{\partial z^2} \tag{2.56}$$

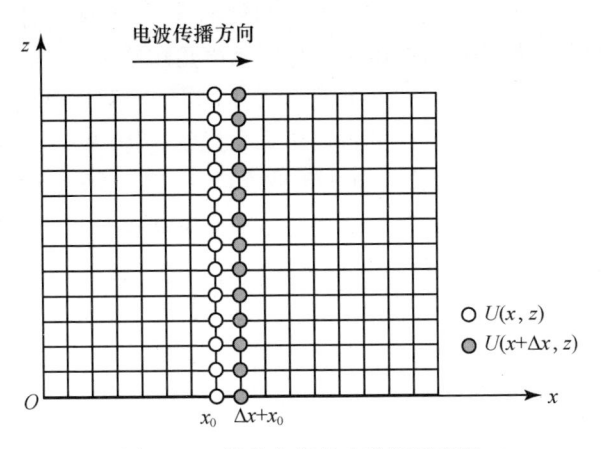

图 2-43 抛物方程的步进解示意图

则有

$$Q = \sqrt{1 + \mu + \varepsilon} \tag{2.57}$$

（1）泰勒级数法。对 $Q$ 进行泰勒展开，取到一阶项近似后得到

$$Q_1 \approx 1 + \frac{1}{2}\varepsilon + \frac{1}{2}\mu \tag{2.58}$$

由泰勒级数法求解 $Q$ 计算得出的抛物方程称为标准抛物方程（Standard Parabolic Equation，SPE），如式（2.59）所示。

$$\frac{\partial u(x,z)}{\partial x} = \frac{\mathrm{i}k}{2}\left[\frac{1}{k^2}\frac{\partial^2}{\partial z^2} + n^2(x,z) - 1\right]u(x,z) \tag{2.59}$$

（2）Padé 近似法。由 Claerbout 提出，基本思想是将 $Q$ 近似为

$$Q_2 \approx \frac{1 + 3/4 \cdot (\varepsilon + \mu)}{1 + 1/4 \cdot (\varepsilon + \mu)} \tag{2.60}$$

得到 Padé 型抛物方程为

$$\frac{\partial^2 u}{\partial z^2}\frac{\partial u}{\partial x} - 2\mathrm{i}k\frac{\partial^2 u}{\partial z^2} + k^2\left[n^2(x,z) + 3\right]\frac{\partial u}{\partial x} - 2\mathrm{i}k^3\left[n^2(x,z) - 1\right]u = 0 \tag{2.61}$$

（3）Feit-Fleck 近似法。将 $Q$ 近似为

$$Q_3 \approx \sqrt{\mu + 1} + \sqrt{\varepsilon + 1} - 1 \tag{2.62}$$

由 Feit-Fleck 近似法得到的 $Q$ 带入前向传播抛物方程中得出 Feit-Fleck 型抛物方程，即

$$\frac{\partial u(x,z)}{\partial x} = \mathrm{i}k\left[\sqrt{1 + \frac{1}{k^2}\frac{\partial^2}{\partial z^2}} + n(x,z) - 2\right]u(x,z) \tag{2.63}$$

由于采用不同的近似方法会带来不同程度的误差,所以几种近似方法的应用范围也不同。泰勒级数法得出的抛物方程属于窄角抛物方程(Narrow-Angle Parabolic Equation,NAPE),即电磁波传播仰角在15°以下求解精度较高;而由Padé近似法、Feit-Fleck近似法所推导出的都属于宽角抛物方程(Wide-Angle Parabolic Equation,WAPE),计算仰角可达到30°,因此在应用时需要择优处理[28-30]。

抛物方程的解法主要为有限元解法与步进傅里叶变换解法。有限元解法能够有效利用边界条件,在边界条件较为复杂的室内、小区、涵洞等场景应用广泛,但其在计算时的步长严格受控,且无法用快速方法求解,所以无法克服大范围的电磁波传播计算效率低下的问题。SSFT解法的步进步长取值的限制较小,且在每个步长上都可以利用快速傅里叶变换(Fast Fourier Transform,FFT)求解,计算速度快且精度较高。

目前Padé型抛物方程主要使用有限元解法求解,Feit-Fleck型抛物方程及标准抛物方程则一般选择SSFT方法求解。这里以SPE窄角抛物方程为例,推导其SSFT解。以下给出SSFT的详细求解思路及推导过程。SSFT的核心思想是在抛物方程求解的每一个步进过程中分离出伪微分算子$Q$,并结合边界条件进行FFT后再乘以折射项求解的。

对于标准抛物方程SPE,引入算子$A$、$B$,即

$$A = \frac{\mathrm{i}k}{2}[n^2(x,z) - 1] \quad , \quad B = \frac{\mathrm{i}}{2k}\frac{\partial^2}{\partial z^2} \tag{2.64}$$

因此,式(2.59)所示的SPE又可以表示为

$$\frac{\partial u(x,z)}{\partial x} = (A + B)u \tag{2.65}$$

假设$A$和$B$满足运算法则$A+B=L$,则导出

$$\frac{\partial u(x,z)}{\partial x} = Lu \tag{2.66}$$

因此在$x_0$的邻域内,有

$$u(x,z) = \mathrm{e}^{\int_{x_0}^{x_0+\Delta x} L(x,z)\mathrm{d}x} u(x_0,z) \tag{2.67}$$

根据积分中值定理可得

$$\int_{x_0}^{x_0+\Delta x} L(x,z)\mathrm{d}x \approx \Delta x L = \Delta x(A + B) \tag{2.68}$$

式(2.67)可简化为

$$u(x,z) = \mathrm{e}^{\Delta x(A+B)} u(x_0,z) \tag{2.69}$$

假设折射率$n$和$z$无关,则有$AB=BA$,即$A$和$B$满足互易性,则有

$$e^{\Delta x(A+B)} = e^{A\Delta x}e^{B\Delta x} \qquad (2.70)$$

令 $v(x_0,z) = e^{B\Delta x}u(x_0,z)$，将 $v(x_0,z)$ 按 $B\Delta x$ 幂级数展开为

$$v(x_0,z) = \left[1 + B\Delta x + \frac{(\Delta x)^2}{2}B^2 + \cdots\right]u(x_0,z)$$

$$= \left[1 - \frac{\mathrm{i}\Delta x}{2k}\frac{\partial^2}{\partial z^2} + \frac{1}{2}\left(\frac{\mathrm{i}\Delta x}{2k}\frac{\partial^2}{\partial z^2}\right)^2 + \cdots\right]u(x_0,z) \qquad (2.71)$$

定义 $u$ 的傅里叶变换与逆变换分别为

$$U(x,p) = \mathscr{F}[u(x,z)] = \int_{-\infty}^{+\infty} u(x,z)\mathrm{e}^{-\mathrm{i}pz}\mathrm{d}z \qquad (2.72)$$

$$u(x,z) = \mathscr{F}^{-1}[u(x,z)] = \frac{1}{2\pi}\int_{-\infty}^{+\infty} U(x,p)\mathrm{e}^{\mathrm{i}pz}\mathrm{d}p \qquad (2.73)$$

式中　$p = k\sin\theta$——$z$ 方向的波常数；

　　　$\theta$——电磁波的掠射角。

将式 (2.72) 两边分别进行傅里叶变换，由傅里叶变换微分性质及无穷级数求和后可得

$$\mathscr{F}[v(x_0,z)] = \mathrm{e}^{\frac{\mathrm{i}\Delta x}{2k}p^2}\mathscr{F}[u(x_0,z)] \qquad (2.74)$$

则有逆变换

$$v(x_0,z) = \mathscr{F}^{-1}\{\mathrm{e}^{\frac{\mathrm{i}\Delta x}{2k}p^2}\mathscr{F}[u(x_0,z)]\} \qquad (2.75)$$

结合式 (2.70)、式 (2.74)、式 (2.75) 及算子 $A$ 和 $B$ 得出 SPE 的最终解为

$$u(x+\Delta x,z) = \mathrm{e}^{\frac{\mathrm{i}k\Delta x}{2}(n^2-1)}\mathscr{F}^{-1}\{\mathrm{e}^{\frac{\mathrm{i}\Delta x}{2k}p^2}\mathscr{F}[u(x_0,z)]\} \qquad (2.76)$$

同理可以得出 Feit-Fleck 型抛物方程的 SSFT 解为

$$u(x+\Delta x,z) = \mathrm{e}^{\mathrm{i}k(n-2)\Delta x}\mathscr{F}^{-1}\{\mathrm{e}^{\mathrm{i}\Delta x(\sqrt{k^2-p^2}-k)}\mathscr{F}[u(x_0,z)]\} \qquad (2.77)$$

从式 (2.76) 和式 (2.77) 可以得出 SSFT 解法的内涵：$\mathrm{e}^{\mathrm{i}\Delta x(\sqrt{k^2-p^2}-k)}$ 与传播掠射角 $\theta$ 有关，称为绕射因子，反映了传播路径对电磁波的绕射；$\mathrm{e}^{\mathrm{i}k(n-2)\Delta x}$ 与大气折射率 $n$ 有关，称为折射因子，反映了传播介质对电磁波的折射。

#### 2.3.2.2　初始场与边界条件问题

1) 初始场问题

在求解 NAPE 和 WAPE 时需要确定初始场与边界条件。初始场一般有两种求解方法，一种是由天线的方向图函数求得，另一种是结合格林函数法进行求解[31-33]。

天线方向图函数方法是利用天线方向图与初始场之间互为傅里叶变换的关系，设天线方向图函数为 $F(p)$，即

$$\begin{cases} F(p) = \int_{-\infty}^{+\infty} u(0,z) e^{-ipz} dz \\ u(z) = \dfrac{1}{2\pi} \int_{-\infty}^{+\infty} F(p) e^{izp} dp \end{cases} \tag{2.78}$$

考虑到适应不同天线的仰角和高度,利用傅里叶变换的移位性质,即

$$\begin{cases} F(p-p_a) = \int_{-\infty}^{+\infty} u(0,z) e^{-ipz} e^{ip_a z} dz \\ u(z-z_a) = \dfrac{1}{2\pi} \int_{-\infty}^{+\infty} F(p) e^{izp} e^{-iz_a p} dp \end{cases} \tag{2.79}$$

考虑到两类边界(Dirichlet,Neumann)条件,且两类边界分别满足傅里叶变换的奇对称和偶对称条件,则水平极化和垂直极化情况的天线方向图为

$$\begin{cases} F_H = F(p-p_a) e^{-iz_a p} - F(p_a - p) e^{iz_a p} \\ F_V = F(p-p_a) e^{-iz_a p} + F(p_a - p) e^{iz_a p} \end{cases} \tag{2.80}$$

最后,利用远近场变换[34],求出近场分布为下式:

$$\begin{cases} u_H(0,z) = e^{\frac{i\pi}{4}} \int_0^{+\infty} [F(p-p_a) e^{-ipH_t} - F(-p+p_a) e^{ipH_t}] \sin(pz) dp \\ u_V(0,z) = e^{\frac{i\pi}{4}} \int_0^{+\infty} [F(p-p_a) e^{-ipH_t} + F(-p+p_a) e^{ipH_t}] \cos(pz) dp \end{cases} \tag{2.81}$$

式中 $p_a$——天线仰角;

$H_t$——天线高度;

$u_H$——水平极化;

$u_V$——垂直极化。

式(2.81)所示的初始场计算方式适用于 NAPE 的求解,而 WAPE 的初始场则为

$$u(0,z) = e^{\frac{i\pi}{4}} \sqrt{\frac{2k}{\pi}} \left[ \int_0^{+\infty} \frac{F(p)(1+\Gamma)\cos(pH_t)}{(k^2+p^2)^{\frac{1}{4}}} \cos(pz) dp - i \int_0^{+\infty} \frac{F(p)(1-\Gamma)\sin(pH_t)}{(k^2+p^2)^{\frac{1}{4}}} \sin(pz) dp \right] \tag{2.82}$$

式中 $\Gamma$——菲涅尔反射系数。

2)边界条件问题。

电磁波在传播过程中会经过不同的传输媒介,即边界条件不同。抛物方程求解时的边界条件分为上边界和下边界两种,在对流层电磁波传播问题中,上边界一般是大气层,下边界则是地表。抛物方程求解时上边界设置吸收层,对电磁波进行

吸收；下边界则视为阻抗边界条件，一般使用混合傅里叶变换方法。抛物方程的 SSFT 解法则是在上下边界之间，从初始场出发向电磁波传播方向的步进计算如图 2-44 所示。

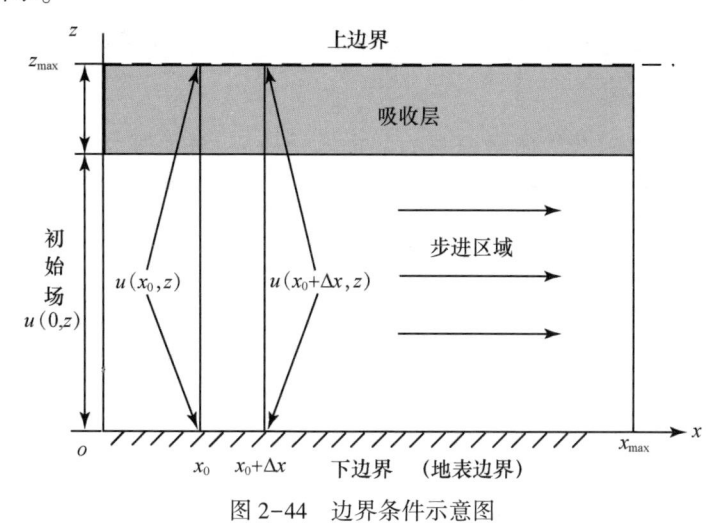

图 2-44 边界条件示意图

（1）上边界条件。

由于上边界不能有电磁波反射到步进区域，即电磁波能从上边界传播到无限远处（Sommerfeld 条件）。因此，在求解时上边界需要进行截断处理，而最为简单实用的方法就是设置吸收层，让电磁波在吸收层衰减。对于吸收层的截断设置，一般是加入一个滤波窗函数，如汉明窗及常用的 Turkey 窗等。

如图 2-44 所示，在进行抛物方程求解时，一般是预先设置一个感兴趣的高度 $z_H$，然后在其上加入吸收层，这样可以保证在 $0 \sim z_H$ 的解无误。对于吸收层厚度 $z_a$ 一般设置为 $\frac{1}{3}z_H$，所以真正在求解时的最大高度 $z_{max}$ 是 $z_H+z_a$ 而不是 $z_H$。

Turkey 窗是一种余弦函数，对于上边界的吸收层设置，可设置为单边的 Turkey 窗，即

$$w(z) = \begin{cases} 1, & 0 \leqslant z \leqslant \frac{3}{4}z_{max} \\ \frac{1}{2} + \frac{1}{2}\cos\left[4\pi(z - \frac{3}{4}z_{max})/z_{max}\right], & \frac{3}{4}z_{max} < z \leqslant z_{max} \end{cases} \quad (2.83)$$

式（2.83）是连续函数，而实际应用中处理的是离散值，且不必对所有的场值用式（2.83）进行计算，只需在吸收层将滤波函数与相应的场值相乘即可。假设在 $z$ 方向分割点数为 $N$，计算出的场值为 $u(n)$，离散滤波 $w(k)$ 函数为

$$w(k) = \frac{1}{2} + \frac{1}{2}\cos\left(\frac{4\pi k}{N}\right), \quad k = 1, 2, \cdots, \frac{N}{4} \tag{2.84}$$

最终的场值计算公式为

$$\tilde{u}(n) = u(n) \cdot w(k), \quad n = \frac{3}{4}N + 1, 2, \cdots, N, \quad k = 1, 2, \cdots, \frac{N}{4} \tag{2.85}$$

(2) 下边界条件。

在对流层中电磁波传播问题中的下边界是地表、海面等介质，而非完全导电（Perfect Electric Conduct，PEC）表面，求解时必须将下边界视为阻抗边界。一般选择 Leontovich 边界。

$$\left.\frac{\partial u(x,z)}{\partial z}\right|_{z=0} + \alpha u(x,z)|_{z=0} = 0 \tag{2.86}$$

式中　$\alpha$ 反映了下边界的阻抗特性，具体计算如下式所示。

$$\alpha = ik\sin\theta\left(\frac{1-\Gamma}{1+\Gamma}\right) \tag{2.87}$$

式中　$\theta$——掠射角；

$\Gamma$——菲涅尔反射系数。

$$\begin{cases} \Gamma_H = \dfrac{\sin(\theta) - \sqrt{\varepsilon_r' - \cos^2(\theta)}}{\sin(\theta) + \sqrt{\varepsilon_r - \cos^2(\theta)}} \\ \Gamma_V = \dfrac{\varepsilon_r'\sin(\theta) - \sqrt{\varepsilon_r' - \cos^2(\theta)}}{\varepsilon_r'\sin(\theta) + \sqrt{\varepsilon_r' - \cos^2(\theta)}} \end{cases} \tag{2.88}$$

式中　$\varepsilon_r'$——物质的复相对介电常数。

式(2.87)所示的边界条件并不容易直接应用到抛物方程的 SSFT 解法中。对于这个问题，Dockery 和 Kuttler 提出了中心差分离散混合傅里叶变换（Discrete Mixed Fourier Transform，DMFT），但在粗糙海面电磁波传播应用时会出现"Bad Alpha"的不稳定问题，随后相关学者又提出了后向差分的 DMFT 方法，能够较好地解决边界条件应用和稳定性问题，并被广泛应用[35-38]。

后向差分 DMFT 的思想是通过边界条件定义后向差分辅助函数，且辅助函数的离散正弦变换（Discrete Sine Transform，DST）恰好是场分布的 DMFT。这样就可以在求解时考虑边界条件，同时后向差分方程的收敛域较大，可以提高稳算法稳定性，再加上只需要采用 DST 求解，提高了运算速率。

首先定义后向差分的辅助函数为

$$A(x, m\Delta z) = \frac{u(x, m\Delta z) - u[x, (m-1)\Delta z]}{\Delta z} + \alpha u(x, m\Delta z), m = 1, 2, \cdots, N-1 \tag{2.89}$$

式中作为特例有 $A(x,0) = A(x,N\Delta z) = 0$。

式(2.89)所示的辅助函数特征值为

$$r = \frac{1}{1 + \alpha \Delta z} \tag{2.90}$$

利用 $r$ 对辅助函数重新定义为

$$A(x, m\Delta z) = u(x, m\Delta z) - ru[x, (m-1)\Delta z], m = 1, 2, \cdots, N - 1 \tag{2.91}$$

对 $A(x, m\Delta z)$ 的 DST 就是对 $u(x, m\Delta z)$ 的 DMFT。并且 $u(x, m\Delta z)$ 通解为

$$u(x, m\Delta z) = u_p(x, m\Delta z) + Br^m, |r| < 1 \tag{2.92}$$

式中 $u_p(x, m\Delta z)$——式(2.89)的特解。

$$u_p(x, m\Delta z) = A(x, m\Delta z) + ru_p[x, (m-1)\Delta z] \tag{2.93}$$

式中

$$B = C(x + \Delta x) - D\left[\sum_{m=1}^{N-1} r^m u_p(x, m\Delta z) + \frac{1}{2}u_p(x,0) + \frac{1}{2}r^N u_p(x, N\Delta z)\right] \tag{2.94}$$

$$C(x + \Delta x) = C(x) \exp\left\{i\Delta x\left[\sqrt{k^2 + \left(\frac{\ln r}{\Delta z}\right)^2} - k\right]\right\} \tag{2.95}$$

$$C(x) = D\left[\sum_{m=1}^{N-1} r^m u(x, m\Delta z) + \frac{1}{2}u(x,0) + \frac{1}{2}r^N u(x, N\Delta z)\right] \tag{2.96}$$

$$D = \frac{2(1-r)^2}{(1-r)^2(1-r^{2N})} \tag{2.97}$$

从通解可以得出收敛域为 $|r|<1$,进一步可计算出收敛域为

$$\begin{cases} \Delta z > \dfrac{-2\mathrm{Re}(\alpha)}{|\alpha|^2} \\ \left[\mathrm{Re}(\alpha) + \dfrac{1}{\Delta z}\right]^2 + \mathrm{Im}^2(\alpha) > \left(\dfrac{1}{\Delta z}\right)^2 \end{cases} \tag{2.98}$$

满足式(2.98)其中一个条件则满足 $|r|<1$ 的收敛条件。对于垂直极化必收敛,水平极化虽然存在盲区,但一般情况下信号频率大于 30MHz 时水平极化也将收敛,在频率较小时则需要通过增大垂直方向的采样间隔以满足收敛条件。

至此,从基本的抛物方程建立、步进傅里叶变换解法到最后的边界条件等都进行了详细的讨论与分析。综合上述分析对抛物方程的 SSFT 解法给出具体步骤如下。

(1)由电磁波频率计算高度方向间隔 $\Delta z$;

(2)确定所应用的 NAPE 或 WAPE,根据式(2.81)或式(2.82),结合方向图函数计算初始场 $u(x_0, z)$;

(3) 根据式(2.91)定义辅助函数 $A(x_0, m\Delta z)$;
(4) 计算 $A(x_0, m\Delta z)$ 的 DST 得到初始场 $U(x_0, j\Delta p)$;
(5) 利用式(2.76)或式(2.77)计算下一个步进场 $u(x_0+\Delta x, z)$。
重复步骤(3)~步骤(5)即可以解出空间域的场分布。

### 2.3.2.3 传播因子与传播损耗

具体应用时,通常需要将抛物方程的解以传播损耗或传播因子的形式给出。因此,对传播损耗或传播因子的计算公式进行推导。

一个全向天线在距离发射源 $d$ 处的功率流密度为

$$S_i = \frac{P_i}{4\pi d^2} \tag{2.99}$$

电磁波传播方向功率流密度 $S_b$ 和电场传播方向天线方向图因子 $C$ 有如下关系:

$$S_b = \frac{|B_{max}|^2}{2Z_0 d^2} \tag{2.100}$$

$$C = \frac{1}{\sqrt{2\pi}} \tag{2.101}$$

式中 $Z_0$——真空阻抗。

则电磁波传播方向的等效全向功率为

$$P_{iso} = \frac{1}{Z_0} \tag{2.102}$$

由玻印廷向量可以得出坐标点 $(X, Z)$ 的功率流密度与电场分布的关系为

$$S = \frac{1}{2Z_0}|E_\varphi|^2 \tag{2.103}$$

将接收天线视为各向同性的点辐射源,则接收功率为

$$P_r(X, Z) = \frac{\lambda^2}{4\pi} S \tag{2.104}$$

$$E_\varphi = \frac{1}{\sqrt{kr\sin(\theta)}} \varphi_h \tag{2.105}$$

得到发射与接收功率比值为

$$\frac{P_{iso}}{P_r(X, Z)} = \frac{(4\pi)^2 X}{\lambda^3} |\varphi_h(X, Z)|^{-2} \tag{2.106}$$

将式(2.106)转换到平坦地球坐标系 $(x, z)$ 中,用场函数 $u$ 表示损耗为

$$L_p(x, z) = -20\log|u(x, z)| + 20\log(4\pi) + 10\log\left(a\sin\frac{x}{a}\right) - 30\log(\lambda) \tag{2.107}$$

式中 $a$——地球半径。

如果距离 $x$ 相对于 $a$ 很小,则可以表示为.

$$L_p(x,z) = -20\log|u(x,z)| + 20\log(4\pi) + 10\log(x) - 30\log(\lambda) \tag{2.108}$$

垂直极化情况中同样成立。对雷达系统,上述结果通常会用传播因子表示。传播因子 $F$ 的定义是相对于自由空间,根据式(2.108)及自由空间场衰减可以得出:

$$F(x,z) = 20\log|u(x,z)| - 10\log(x) - 10\log(\lambda) \tag{2.109}$$

#### 2.3.2.4 二维抛物方程模型仿真验证

在本节所有仿真中,在没有说明情况下使用的天线类型均为高斯天线、天线仰角为 0°、3dB 波束宽度为 2°,使用的下边界(地表)的电介质条件参考 CCIR5 给出的建议。所用的高斯天线方向图即为

$$F(p) = e^{-\frac{p^2 w^2}{4}} \tag{2.110}$$

式中 $p$——频域分量。

$$w = \frac{\sqrt{2\ln(2)}}{k\sin\frac{\theta_b}{2}} \tag{2.111}$$

式中 $\theta_b$——3dB 波束宽度。

基于上面分析和讨论,将基于二维抛物方程的电磁波传播模型和双射线模型进行对比,验证抛物方程的性能。仿真使用标准抛物方程进行仿真实验,仿真条件如表 2-1 所列。

表 2-1 抛物方程模型验证仿真条件

| 天线极化方式 | 频率/GHz | 天线高度/m | 地表边界 | 大气环境 |
| --- | --- | --- | --- | --- |
| 水平/垂直 | 1.2 | 40 | 中等干燥地面 | 标准大气 |

按照抛物方程的 SSFT 解法步骤及表 2-1 所列的仿真条件,如图 2-45 所示是两种方法在不同天线极化方式条件下,距离发射天线水平方向 10km 的传播因子。

从图 2-45 可以看出抛物方程模型与基于射线跟踪法的双射线法实验结果相近,即抛物方程法在阻抗边界条件下仍然能达到较高的精度。

### 2.3.3 复杂地形下的抛物方程建模

在电波传播特性分析和预测过程中,地形环境是影响模型复杂度、电磁波传播机理的重要条件。本部分在 2.3.2 节二维抛物方程建模的基础上,利用二维抛物方程求解大尺度复杂场景的电磁波传播特性,能够达到对地形数据的高效利用,并

(a) 水平极化

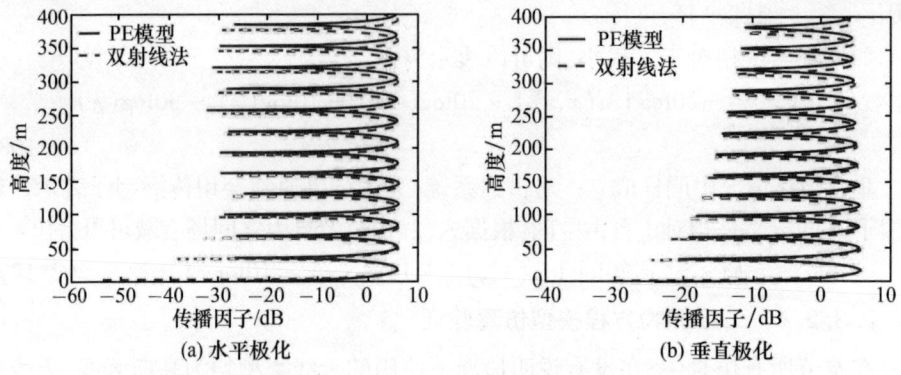

(b) 垂直极化

图 2-45　不同极化方式下 PE 模型与双射线模型的计算结果

具有较高的计算精度与效率。

#### 2.3.3.1 不规则地形下的抛物方程

对不规则地形的处理方面,主要有地形遮蔽法、移位变换法、共形变换法等[39-41],下面对经典的地形遮蔽法、移位变换法以及目前计算最为精确的分段线性移位变换法进行介绍。

1) 不规则地形下的抛物方程建模

(1) 地形遮蔽法。

地形遮蔽法的思想是将地形高程简化为阶梯模型,即采用连续的水平段代替真实地形环境,如图 2-46 所示。在每个水平段内,电磁波按照正常模式传播,在相邻两个水平段交接处忽略电磁波的绕射效应,而在地形以下的场则被置为零,在每个水平段上使用适当的阻抗边界条件进行求解。

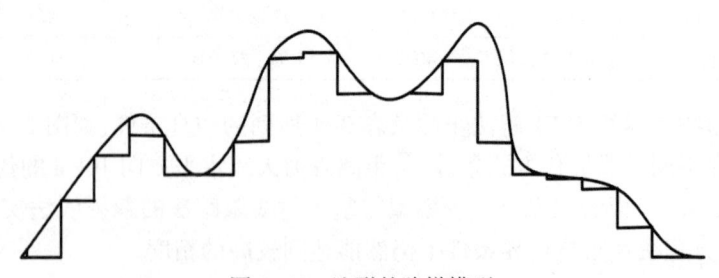

图 2-46　地形的阶梯模型

地形遮蔽法在场的计算方面和平坦地形没有差别,只是当地形高度发生变化时忽略拐角的绕射效应,且地形以下的场置为零。如图 2-47(a) 所示,在地形上行时,忽略边界 $T_2$ 的存在,只计算在 $T_1$ 上的场,并且将 $T_2$ 以下的场值置为零。如图 2-47(b) 所示,忽略边界 $T_2$ 的存在,只计算在 $T_1$ 上的场,将场值补零。

(a) 地形上行　　　　　　　　(b) 地形下行

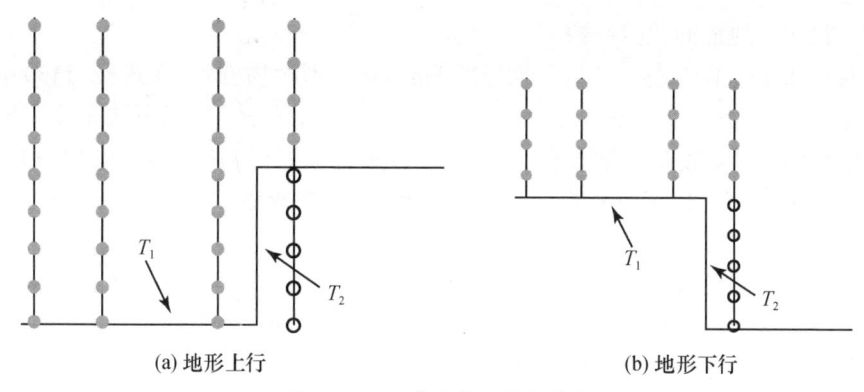

图 2-47　地形遮蔽法的场分布

(2) 移位变换法。

移位变换法的思想是通过地形的移位变换,将不规则地形变换到平坦地形坐标系中,然后使用变换后的坐标推导平坦地形下的抛物方程计算公式。

① 连续移位变换法。

如图 2-48 所示,不规则地形处于 $(u,v)$ 组成的笛卡儿坐标系,其中, $T(u)$ 为不规则地形高程。在坐标系 $(x,z)$ 下,使用式(2.112)所示的移位变换,将不规则地形通过等价变换,转换到平坦地形中。

$$\begin{cases} x = u \\ z = v - T(u) \end{cases} \tag{2.112}$$

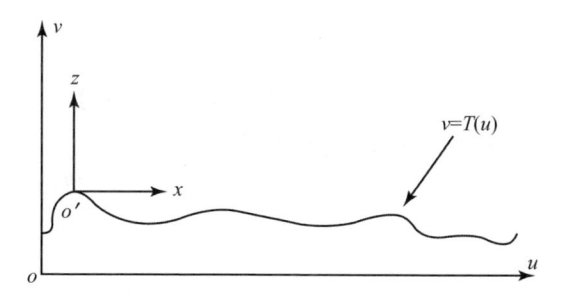

图 2-48　不规则地形的连续移位变换法示意图

将变换后的坐标带入波动方程,按照 2.3.2 节所示的推导方法重新推导在新坐标系下的抛物方程。经过对伪微分算子 $Q$ 进行 Feit-Fleck 近似得到 Feit-Fleck 型抛物方程为

$$\frac{\partial u(x,z)}{\partial x} = \mathrm{i}\sqrt{k^2 + \frac{\partial^2}{\partial z^2}}u(x,z) + \mathrm{i}k[n(x,z) - z'T'']u(x,z) \tag{2.113}$$

式中 $T''$——地形的二阶导数。

对比 2.3.2 节中式(2.77)所推导的 Feit-Fleck 型抛物方程,在式(2.113)中是用 $n-z'T''+2$ 代替了原先的 $n$,并没有改变抛物方程的形式,所以解法不变。同样也可以得到其他类型的抛物方程,运用泰勒级数近似法得到的结果与 SPE 相比也只是用 $n^2-1-2z'T''$ 代替原来的 $n$,同样可以使用 SSFT 求解。

② 离散移位变换法。

离散移位变换法是为了解决连续移位变换法中的二阶导这一项不存在的问题而产生的。数字高程数据的高程剖面通常是用离散的点来表达,离散移位变换法利用分段线性的方法来表示这些高程数据,如图 2-49 所示。

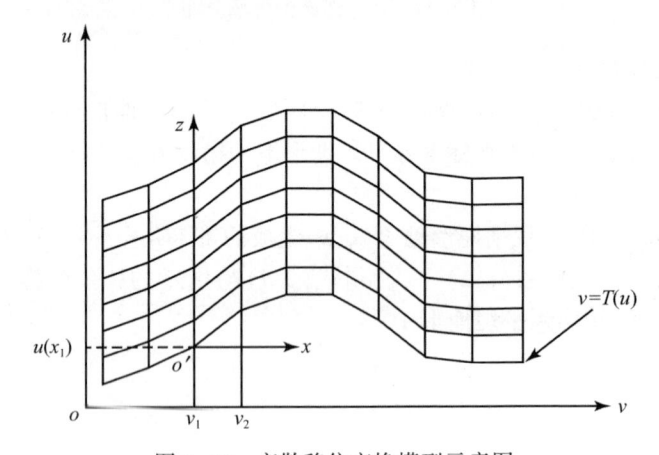

图 2-49 离散移位变换模型示意图

如图 2-49 所示,离散移位变换法首先将离散的高程数据以分段线性的方式表示为连续地形,然后利用变换后地形数据的二阶中心差分代替二阶导,即

$$H''(x_0) \approx \frac{T(x_0 + \Delta x) + T(x_0 - \Delta x) + 2T(x)}{\Delta x^2} \quad (2.114)$$

式中 $T$——不规则地形高程;

$\Delta x$——步进步长。

③ 分段线性移位变换法。

分段线性移位变换法在推导过程中所应用的地形模型和连续移位变换法相同;引入待定变量 $\theta$,且有 $u(x,z)=\varphi(x,z)\mathrm{e}^{-\mathrm{i}\theta}$,即 $\theta$ 作为场的相位函数。

$$\theta(x,z) = kz'T' + f(x) \quad (2.115)$$

式中:$K_0 = \dfrac{k}{\sqrt{1+T'^2}}$;$f(x) = K_0(1+T')$。

经过推导得到的 Feit-Fleck 型抛物方程为

$$\frac{\partial u(x,z)}{\partial x} = \frac{\mathrm{i}k}{\sqrt{1+T'^2}}\left(\sqrt{1+\frac{1+T'^2}{k^2}\frac{\partial^2}{\partial z'^2}}-1\right)u(x,z)$$

$$+ \mathrm{i}k\left(\sqrt{n^2-\frac{T'^2}{1+T'^2}}-1\right)u(x,z) \tag{2.116}$$

可以看到，相对于平坦地形下的 Feit-Fleck 型抛物方程模型，式(2.116)只是将原先的波常数 $k$ 用 $k/(1+k^2)$ 代替，将 $n$ 用 $\sqrt{n^2-T'^2/(1+T'^2)}$ 代替，也就是将平坦模型中的绕射因子和折射因子分别进行修正。

由图 2-50 可知，对于分段线性的地形，假设 $\beta$ 为地形与水平面之间的夹角，则有

$$T' = \tan(\beta) \tag{2.117}$$

进一步可得

$$\begin{cases} \dfrac{k}{\sqrt{1+T'^2}} = k\cos(\beta) \\ \dfrac{T'^2}{1+T'^2} = \sin(\beta) \end{cases} \tag{2.118}$$

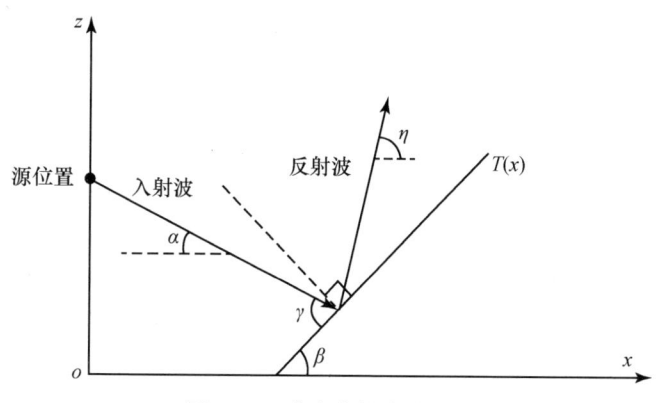

图 2-50 分段线性变换地形

因此，变换后的抛物方程仍可以利用 SSFT 求解，只是需要利用分段地形斜率对绕射因子和折射因子分别进行修正。最终的 SSFT 解为

$$u(x+\Delta x,z) = \mathrm{e}^{\mathrm{i}k\Delta x(\sqrt{n^2-\sin^2\beta}-2)}\mathscr{F}^{-1}\{\mathrm{e}^{\mathrm{i}\Delta x(\sqrt{k^2\cos^2\beta-p^2})}\mathscr{F}[u(x_0,z)]\} \tag{2.119}$$

式中：$\sqrt{n^2-\sin^2\beta}$ 为对折射因子进行修正；$\sqrt{k^2\cos^2\beta-p^2}$ 为对绕射因子进行修正。

在使用分段线性平移法时还需要对边界条件进行修正，使用和 2.3.2.2 节中

相同的方法,可得修正后的边界条件为

$$\alpha' = \cos(\beta)[\alpha + \tan\beta(1-\cos\theta)] \quad (2.120)$$

式中 $\alpha$——平坦地形边界条件;

$\theta$——电磁波掠射角,也就是图 2-50 中的 $\gamma$。

下一步结合 2.3.2 节抛物方程的 SSFT 解法步骤就可以计算复杂地形环境下的电波传播场值分布,可计算电磁波在不规则地形环境下的传播特性。

2) 模型验证与仿真分析

在上述理论模型下进行实验仿真,仿真条件如表 2-2 所列,所验证的不规则地形为类正弦地形和金字塔地形两种,如图 2-51 所示。

表 2-2 不规则地形电磁波传播仿真条件

| 天线极化方式 | 频率/GHz | 天线高度/m | 地表边界 | 大气环境 |
| --- | --- | --- | --- | --- |
| 水平 | 2 | 25 | 中等干燥地面 | 标准大气 |

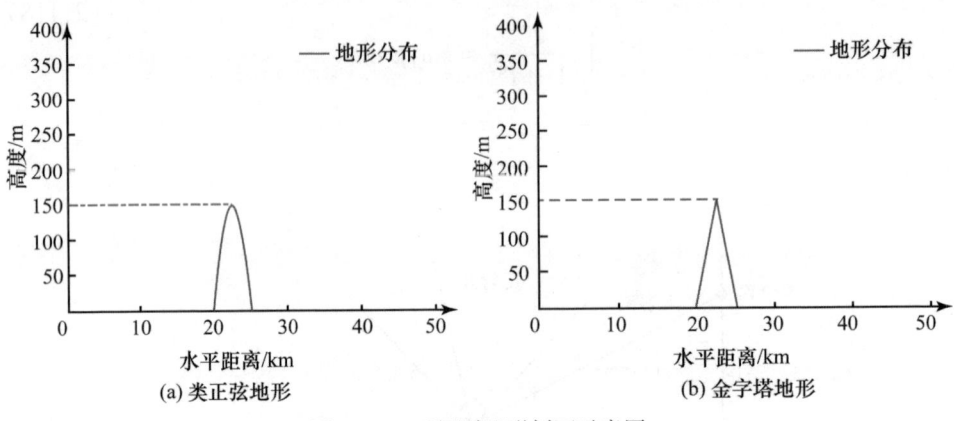

(a) 类正弦地形

(b) 金字塔地形

图 2-51 不规则地形剖面示意图

地形的高程分布如图 2-51 所示,两种地形的最大高度都为 150m,不规则地形在 20~25km 内,宽度为 5km,计算的最大传播距离为 50km、最大传播高度为 400m。

按照抛物方程的 SSFT 解法步骤及表 2-2 所列的仿真条件对实验结果分析。

(1) 类正弦地形。

如图 2-52(a)是类正弦地形传播因子二维伪彩色图,图 2-52(b)是水平距离 27km 处传播因子随高度变化曲线。

(a) 传播因子二维伪彩色图　　　　　(b) 水平距离27km处传播因子

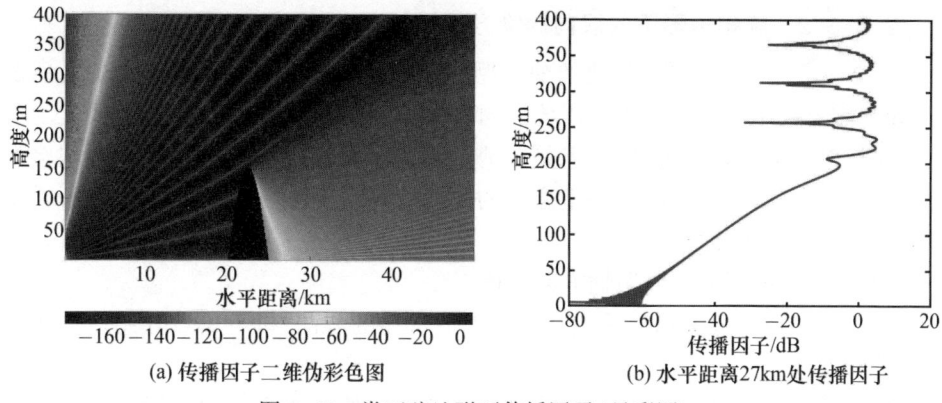

图 2-52　类正弦地形下传播因子(见彩图)

从图 2-52(a)可以看出,在不规则地形的前向区域出现明显的电磁波传播绕射现象。从图 2-52(b)中可以看出,由于电磁波前向区域地形的阻挡,在其阻挡区域的传播因子下降迅速,形成电磁波传播的阴影区,且在较低区域形成强干涉效应。

(2) 金字塔地形。

图 2-53(a)所示是金字塔地形下的传播因子二维伪彩色图,图 2-53(b)所示是水平距离 27km 处传播因子随高度变化的曲线。

(a) 传播因子二维伪彩色图　　　　　(b) 水平距离27km处传播因子

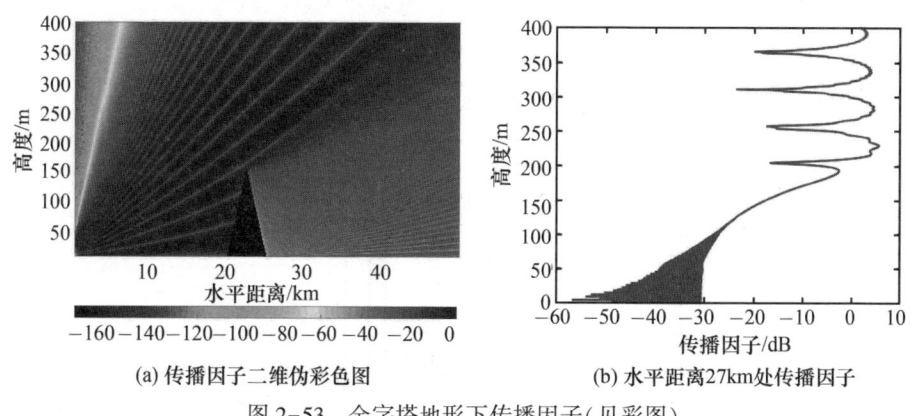

图 2-53　金字塔地形下传播因子(见彩图)

如图 2-53(a)、图 2-53(b)所示,金字塔地形下的传播因子与类正弦地形下的传播因子变化规律是类似的,只是地形的结构不同导致电磁波绕射时有差异。通过两个典型不规则地形的仿真,可以看出抛物方程对不规则地形下的传播特性描述较为准确,并且相对于其他光学方法,抛物方程模型能够适应不同的地形结构、求解效率高。

### 2.3.3.2 陡峭地形下的双向抛物方程

在 2.3.2 节中曾指出,经典的前向抛物方程在解算时忽略了电磁波的后向散射,如果需要精确的计算结果就需要同时计算前、后抛物方程组,而一般情况下忽略后向散射不会带来较大误差;但是在地形起伏较大、或者经过垂直建筑物时会产生较强的后向反射波,这时忽略电磁波的后向散射则会出现较大的误差,所以需要进行双向抛物方程建模。

1) 陡峭地形下的双向抛物方程建模

前向场的计算方法仍然采用 2.3.2.1 节所述的方法,以下重点介绍后向散射场的求解方法。

定义前向、后向场的传播方向分别为 $+x$ 和 $-x$,那么波函数可以分别表示为

$$\begin{cases} u_F = e^{-ikx}\varphi_F(x,z) \\ u_B = e^{ikx}\varphi_B(x,z) \end{cases} \quad (2.121)$$

式中 $\varphi_F$——前向场量;

$\varphi_B$——后向场量。

在考虑后向散射时,前后向叠加的总场值为

$$\varphi(x,z) = \varphi_F + \varphi_B = e^{ikx}u_F(x,z) + e^{-ikx}u_B(x,z) \quad (2.122)$$

假设有如图 2-54 所示的单刃峰条件,刃峰处于 $x=x_0$ 位置,刃峰高度为 $H$,由于在切向处的场值为 0,所以式(2.122)中 $\varphi(x_0,z)=0$,即可得

$$u_B(x_0,z) = -u_F(x_0,z)e^{2ikx_0} \quad (2.123)$$

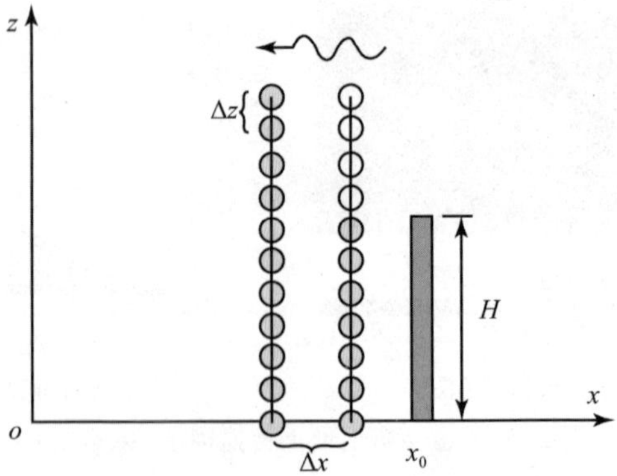

图 2-54 单刃峰条件下后向传播示意图

由于后向散射只出现在地形高度 $H$ 以下,所以,式(2.123)可以限定为

$$u_B(x_0,z) = \begin{cases} -u_F(x_0,z)e^{2ikx_0}, & 0 < z < H \\ 0, & z \geq H \end{cases} \quad (2.124)$$

得到了后向初始场后,结合波动方程

$$\frac{\partial^2 u_B}{\partial x^2} - 2\mathrm{i}k\frac{\partial u_B}{\partial x} + k^2(n^2 - 1)u_B = 0 \qquad (2.125)$$

得到 Feit-Fleck 型后向抛物方程,即

$$\frac{\partial u_B(x,z)}{\partial x} = -\mathrm{i}k\left[\sqrt{1 + \frac{1}{k^2}\frac{\partial^2}{\partial z^2}} - 1\right]u_B(x,z) - \mathrm{i}k(n-1)u(x,z)$$

(2.126)

同理,也可以 SPE 型后向抛物方程。

并且可知 Feit-Fleck 型后向抛物方程 SSFT 解为

$$u_B(x - \Delta x, z) = \mathrm{e}^{\mathrm{i}k(n-2)\Delta x}\mathscr{F}^{-1}\{\mathrm{e}^{-\mathrm{i}\Delta x(\sqrt{k^2-p^2}-k)}\mathscr{F}[u_B(x,z)]\} \qquad (2.127)$$

SPE 型后向抛物方程 SSFT 解为

$$u_B(x - \Delta x, z) = \mathrm{e}^{\frac{\mathrm{i}kn\Delta x}{2}}\mathscr{F}^{-1}\{\mathrm{e}^{\frac{-\mathrm{i}p^2\Delta x}{2k}}\mathscr{F}[u_B(x,z)]\} \qquad (2.128)$$

由式(2.127)、式(2.128)可知,后向与前向区别只是步进为 $-\Delta x$ 方向,其他解的方式都相同。由双向抛物方程与地形屏蔽理论,对于单刃峰情况下的场值计算公式可以表示为

$$\varphi = \begin{cases} \varphi_F(x,z) + \varphi_B(x,z), & x < x_0 \\ \varphi_F(x,z), & x > x_0 \\ 0, x = x_0, & z \leqslant h_0 \\ \varphi_F(x,z), x = x_0, & z > h_0 \end{cases} \qquad (2.129)$$

典型的双向抛物方程求解可表示如图 2-55 所示的过程。

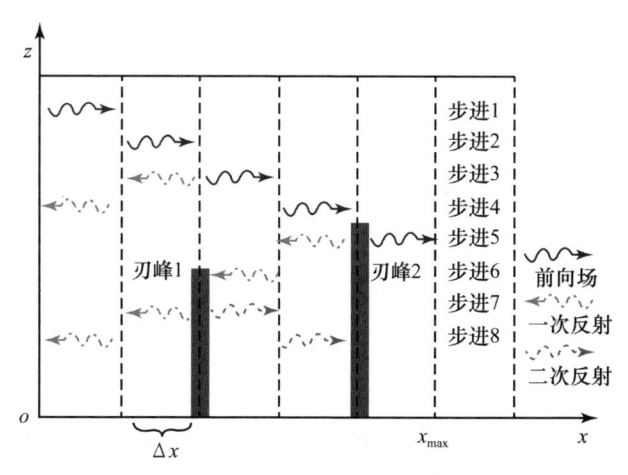

图 2-55 双刃峰反射示意图

对于图 2-54 所示的单刃峰情况只有单次反射,反射场的计算由 $x_0$ 直到初始场位置。对于多刃峰条件,对于图 2-55 所示的双刃峰条件,这时会产生二次反射甚至多次反射,那么每次反射都需要从刃峰计算到初始场。对于多刃峰反射,场值计算满足式(2.129)条件时终止反射计算。

$$\frac{\|\varphi_n - \varphi_{n-1}\|}{\|\varphi_{n-1}\|} < \varepsilon \qquad (2.130)$$

式中　$\varphi_n$——第 $n$ 次步进下的场值;

　　　$\varepsilon$——判定系数,可以根据需要设置。

2)模型验证与仿真分析

仿真条件如表 2-3 所列,陡峭地形为类正弦地形和金字塔地形组合,如图 2-56 所示。

表 2-3　陡峭地形电磁波传播仿真条件

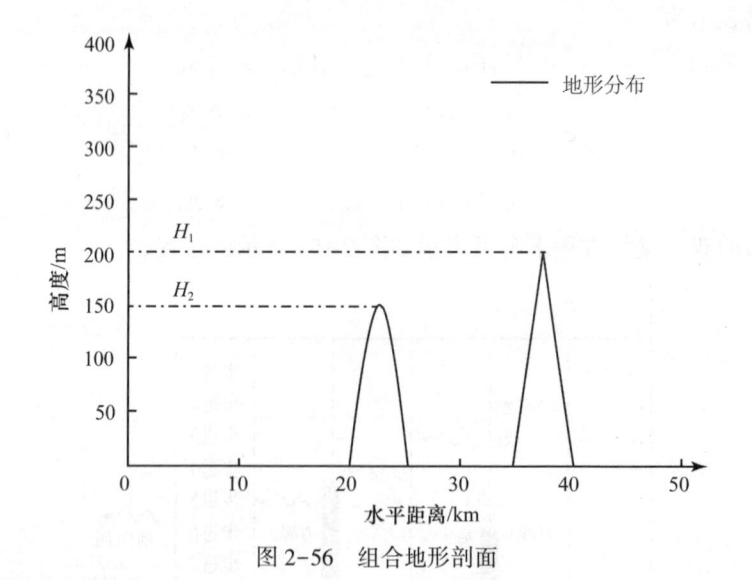

| 天线极化方式 | 频率/GHz | 天线高度/m | 地表边界 | 大气环境 |
| --- | --- | --- | --- | --- |
| 水平 | 2 | 25 | 中等干燥地面 | 标准大气 |

图 2-56　组合地形剖面

组合地形高程分布如图 2-56 所示,类正弦地形为 20~25km、最大高度 150m、金字塔地形为 35~40km、最大高度为 200m、仿真区域为 50km。

图 2-57 是单向抛物方程与双向抛物方程电磁波传播的传播因子伪彩色图,图 2-58 则是单、双向抛物方程在水平方向不同距离的传播因子。

(a) 单向抛物方程

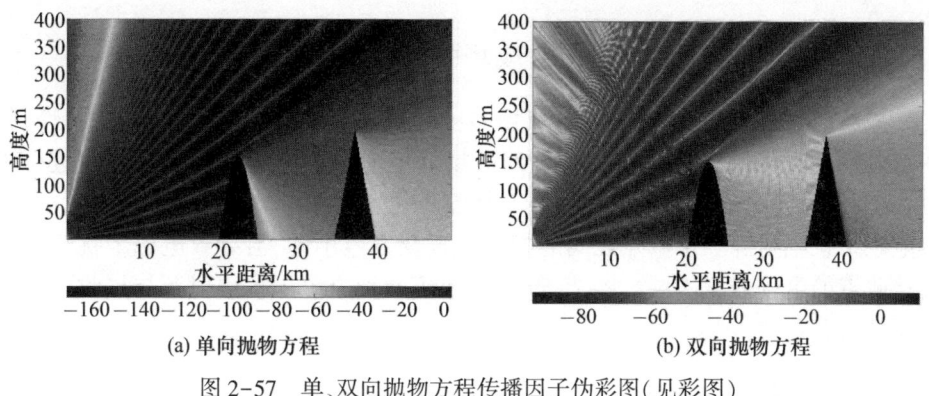

(b) 双向抛物方程

图 2-57　单、双向抛物方程传播因子伪彩图(见彩图)

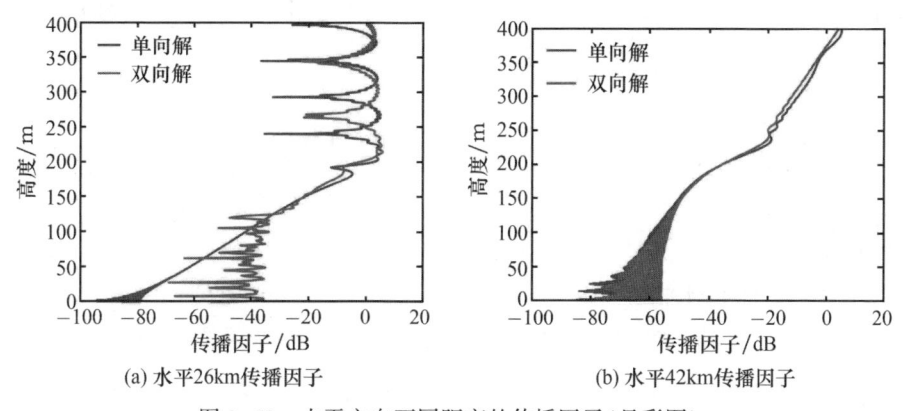

(a) 水平26km传播因子

(b) 水平42km传播因子

图 2-58　水平方向不同距离的传播因子(见彩图)

从图 2-57(a)和图 2-57(b)对比可以看出，由于类正弦地形的后向散射，在 0~20km 形成叠加场，而在两个刃峰地形之间的区域(25~35km)，因为多次反射叠加场变得更加复杂。从图 2-58 可以看出，考虑后向散射时，传播因子在水平 26km 处由于后向散射场的叠加，在地形的散射区双向解的传播因子明显大于单向解，而在 42km 时没有场的叠加，因此传播因子具有相同的分布。

## 2.4　电磁环境空间分布特性建模

电磁环境分布特性参数包括电磁信号类型、信号强度、频率重合度系数、空间覆盖率、时间占用度、信号密度、频谱占用度、背景信号强度系数、功率密度系数等，其中的大多参数在 1.2 节战场电磁环境的描述方法中已给出了其数学模型，可通过这些数学模型对相关特征参数进行解算，本部分重点对电磁环境空间中多路信号形成的合成场强进行建模。

## 2.4.1 电磁环境辐射源合成场强建模

战场电磁环境中,电磁信号合成场强度与各辐射源的信号强度、天线特性、频率、传播方向、相位等因素相关[42]。对战场环境中任一位置处的场强分布进行预测,需要考虑各电磁干扰辐射源天线与接收点位置处天线的空间角域关系[43]。由于电磁干扰辐射源和接收点之间的相对位置及方位不同,会导致电磁干扰辐射源在接收点的电场强度不同。图 2-59 中给出了两种电磁干扰辐射源与接收天线的空间位置关系[44-45]。

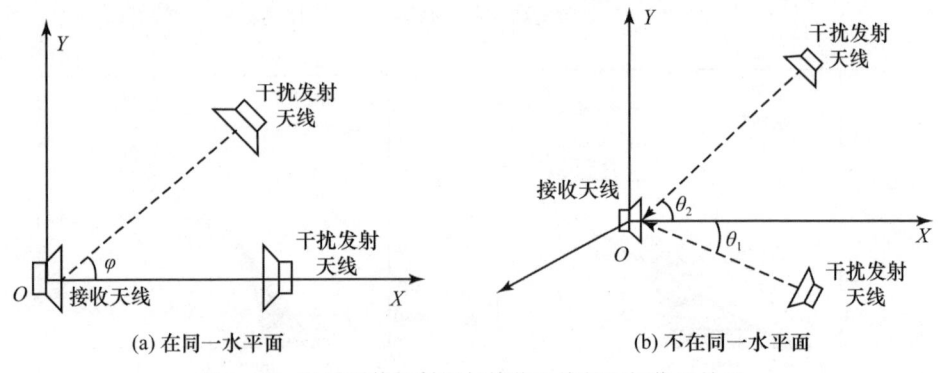

(a) 在同一水平面

(b) 不在同一水平面

图 2-59　电磁干扰辐射源与接收天线的空间位置关系

在自由空间中,在紧靠电磁辐射源的近区感应场与电磁辐射源之间,不但存在电场与磁场的交变传播现象,而且随接收点到电磁辐射源距离 $r$ 的增减,场强值会发生急剧的变化。只有距离增加到一定程度时（$r>\lambda/2\pi$）,电场强度与磁场强度随距离 $r$ 的增长而下降,电场强度与磁场强度之比(波阻抗 $Z_w$)也趋于稳定的 377Ω,这一区域称为远场区。

在远场区内电场与磁场方向互相垂直。由电场与磁场构成的坡印廷向量即为从电磁辐射源发出的功率密度 $P_d$。远场区内的电场强度 $E$ 与磁场强度 $H$ 之比即为自由空间的波阻抗 $\eta_0 = 377\Omega$,三者之间存在下述关系。

$$P_d = E \times H = E^2/\eta_0 \tag{2.131}$$

$$P_d = \frac{P_T G_T}{4\pi R^2} \tag{2.132}$$

式中　$P_T$——电磁辐射源发射功率;
　　　$G_T$——发射天线增益;
　　　$R$——接收点与辐射源之间的距离。

由 $\eta_0 = E/H$ 可知,电场强度与磁场强度的关系可以表示为

$$H_{A/m} = E_{V/m}/\eta_0 \tag{2.133}$$

以分贝形式可表示为

$$\begin{aligned}H_{\text{dB}A/m} &= 20\lg H_{A/m}\\ &= 20\lg(E_{V/m}/\eta_0)\\ &= 20\lg(E_{V/m}) - 20\lg(\eta_0)\\ &= E_{\text{dB}V/m} - 20\lg 377\end{aligned} \tag{2.134}$$

即

$$H_{\text{dB}A/m} = E_{\text{dB}V/m} - 51.5\text{dB} \tag{2.135}$$

由式(2.131)与式(2.132)可得,距离电磁干扰辐射源 $R$ 位置处的电场强度可以表示为

$$E = \frac{\sqrt{30 P_\text{T} G_\text{T}}}{R} \tag{2.136}$$

下面分别考虑在两种情况下,电磁干扰辐射源与接收点处于同一平面、以及电磁干扰辐射源与接收点不在同一平面,接收点电磁干扰信号合成场强度的计算方法。

1) 电磁干扰辐射源与接收点处于同一平面

设有两个电磁干扰辐射源,极化方向平行,辐射功率分别为 $P_1$、$P_2$,天线增益分别为 $G_1$、$G_2$,工作频率分别为 $f_1$、$f_2$,距离接收点的距离分别为 $x_1$、$x_2$,以接收点为坐标原点,以接收点与辐射源 1 的连线为坐标轴,建立空间笛卡儿坐标系(直角坐标系),辐射源 2 与辐射源 1 处于同一平面内,辐射源 2 与接收点到辐射源 1 连线之间的夹角为 $\theta$,如图 2-60 所示。

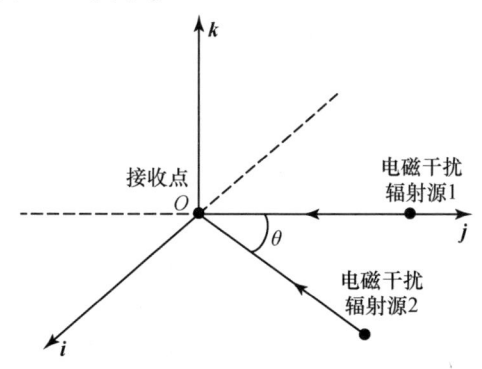

图 2-60 电磁干扰辐射源与接收位置处于同一平面

电磁干扰辐射源 1 的电场及磁场分布可以表示为

$$\boldsymbol{E}_1 = -\frac{\sqrt{60 P_1 G_1}}{x_1}\sin\left(2\pi f_1 t - \frac{2\pi}{\lambda_1}x_1 + \varphi_1\right)\boldsymbol{k} \tag{2.137}$$

$$H_1 = \frac{\sqrt{60P_1G_1}}{x_1\eta_0}\sin\left(2\pi f_1 t - \frac{2\pi}{\lambda_1}x_1 + \varphi_1\right)i \qquad (2.138)$$

电磁干扰辐射源 2 的电场分布可以表示为

$$E_2 = -\frac{\sqrt{60P_2G_2}}{x_2}\sin\left(2\pi f_2 t - \frac{2\pi}{\lambda_2}x_2 + \varphi_2\right)k \qquad (2.139)$$

电磁干扰辐射源 2 的磁场分布与坐标轴存在角度关系,将其进行坐标分解,可表示为

$$\left.\begin{aligned}H_{2x} &= -\frac{\sqrt{60P_2G_2}}{x_2\eta_0}\sin\left(2\pi f_2 t - \frac{2\pi}{\lambda_2}x_2 + \varphi_2\right)\cos\theta i \\ H_{2y} &= \frac{\sqrt{60P_2G_2}}{x_2\eta_0}\sin\left(2\pi f_2 t - \frac{2\pi}{\lambda_2}x_2 + \varphi_2\right)\sin\theta j\end{aligned}\right\} \qquad (2.140)$$

由平均功率密度计算公式 $S_{av} = \frac{1}{T}\int_0^T (E \times H)\mathrm{d}t$ 可得

$$\begin{aligned}S_{av} &= \frac{1}{T}\int_0^T ((E_1 + E_2) \times (H_1 + H_{2x} + H_{2y}))\mathrm{d}t \\ &= \left(-\frac{E_1^2}{\eta_0} + \frac{E_2^2\cos\theta}{\eta_0}\right)j + \frac{E_2^2\sin\theta}{\eta_0}i\end{aligned} \qquad (2.141)$$

又由 $|S_{av}| = \frac{E^2}{\eta_0}$ 可得,在接收点的合成场强可以表示为

$$E = \sqrt{\eta_0\left|\left(-\frac{E_1^2}{\eta_0} + \frac{E_2^2\cos\theta}{\eta_0}\right)j + \frac{E_2^2\sin\theta}{\eta_0}i\right|} \qquad (2.142)$$

电场强度、磁场强度随传播距离变化情况如图 2-61 所示。

(a) 电场强度随传播距离的变化

(b) 磁场强度随传播距离的变化

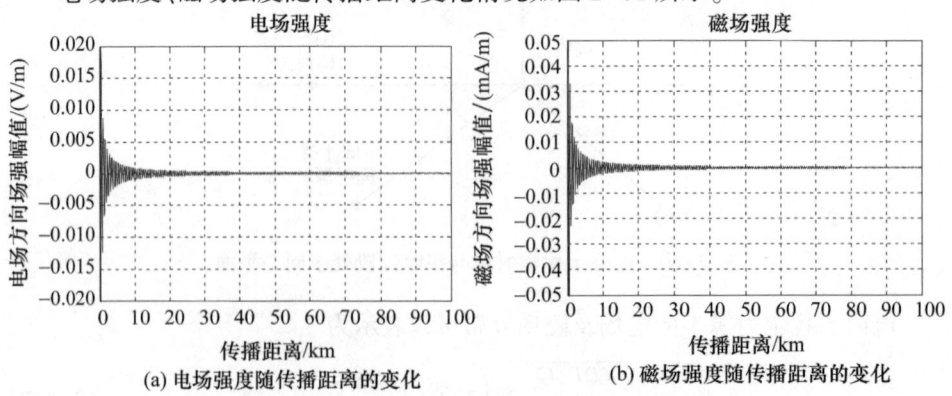

图 2-61 辐射源辐射强度随传播距离变化图

2)电磁干扰辐射源与接收位置不在同一平面

设两个电磁干扰辐射源与接收点处于不同平面内,其示意如图 2-62 所示。

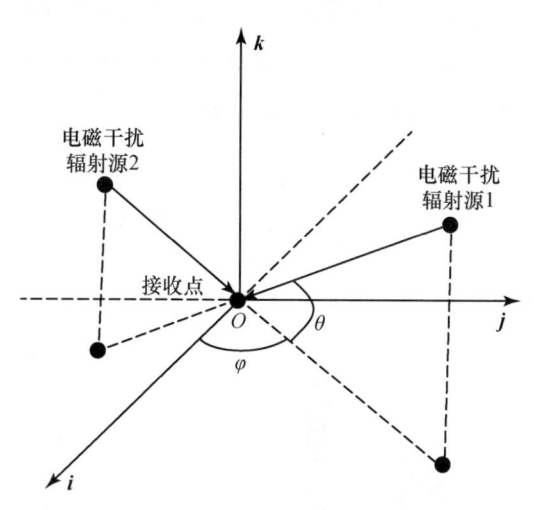

图 2-62 电磁干扰辐射源与接收位置不在同一平面

设两个电磁干扰辐射源发射的调制信号分别表示为 $m_1(t)$、$m_2(t)$,到接收点距离分别为 $r_1$、$r_2$,入射向量为 $v_{\lambda 1}$、$v_{\lambda 2}$,场强极化方向为 $v_{E_1}$、$v_{E_2}$,磁场方向为 $v_{H_1}$、$v_{H_2}$,辐射源载波频率为 $\omega_1$、$\omega_2$,相位为 $\varphi_1$、$\varphi_2$,辐射源的电场强度、磁场强度及方向性可分别表示为

$$\boldsymbol{E}_1 = E_{1m} m_1(t) \cos(\omega_1 t - k_1 r_1 + \varphi_1) \boldsymbol{v}_{E_1} \tag{2.143}$$

$$\boldsymbol{E}_2 = E_{2m} m_2(t) \cos(\omega_2 t - k_2 r_2 + \varphi_2) \boldsymbol{v}_{E_2} \tag{2.144}$$

$$\boldsymbol{H}_1 = H_{1m} m_1(t) \cos(\omega_1 t - k_1 r_1 + \varphi_1) \boldsymbol{v}_{H_1} \tag{2.145}$$

$$\boldsymbol{H}_2 = H_{2m} m_2(t) \cos(\omega_2 t - k_2 r_2 + \varphi_2) \boldsymbol{v}_{H_2} \tag{2.146}$$

$$\boldsymbol{v}_{H_1} = \boldsymbol{v}_{\lambda 1} \times \boldsymbol{v}_{E_1} \tag{2.147}$$

$$\boldsymbol{v}_{H_2} = \boldsymbol{v}_{\lambda 2} \times \boldsymbol{v}_{E_2} \tag{2.148}$$

$$H_{1m} = E_{1m}/\eta_0 \tag{2.149}$$

$$H_{2m} = E_{2m}/\eta_0 \tag{2.150}$$

则平均功率密度可以表示为

$$\boldsymbol{S}_{av} = \frac{1}{T} \int_0^T (\boldsymbol{E}_1 + \boldsymbol{E}_2) \times (\boldsymbol{H}_1 + \boldsymbol{H}_2) \mathrm{d}t \tag{2.151}$$

同频情况下会出现干涉效应,假定 $\omega_1 = \omega_2 = \omega$,则

$$\begin{aligned}S_{av} = \int_0^T &E_{1m}H_{1m}m_1^{\ 2}(t)\cos^2(\omega t - k_1r_1 + \varphi_1)\pmb{v}_{\lambda 1} + \\ &E_{2m}H_{2m}m_2^{\ 2}(t)\cos^2(\omega t - k_2r_2 + \varphi_2)\pmb{v}_{\lambda 2} + \\ &E_{1m}H_{2m}m_1(t)m_2(t)\cos(\Delta\Phi)(\pmb{v}_{E_1}\times\pmb{v}_{H_2}) + \\ &E_{2m}H_{1m}m_1(t)m_2(t)\cos(\Delta\Phi)(\pmb{v}_{E_2}\times\pmb{v}_{H_1})\mathrm{d}t\end{aligned} \qquad(2.152)$$

式中：$\Delta\varphi = -k_1r_1+\varphi_1-(-k_2r_2+\varphi_2)$。

设两个电磁干扰辐射源坐标分别为(0，0，0)、(0，2，1)，单位 km，天线为垂直极化，发射功率为 1000W，其空间合成场强分布如图 2-63(a)所示，水平面的场强分布如图 2-63(b)所示。

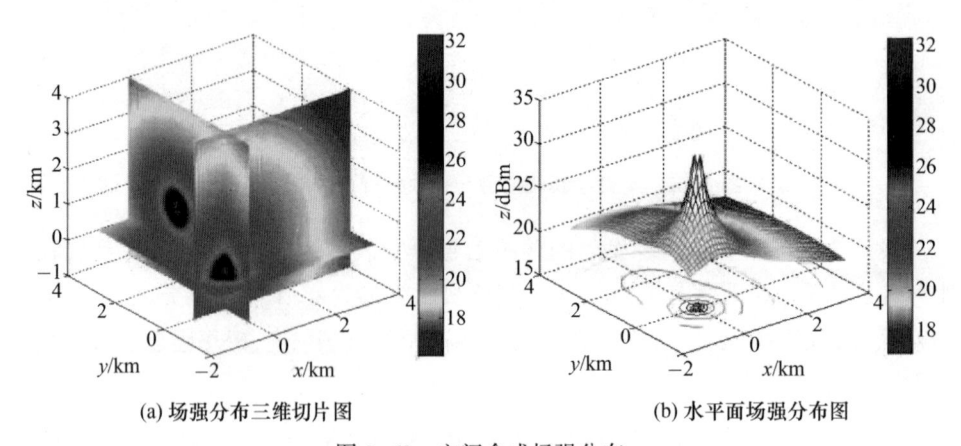

(a) 场强分布三维切片图　　(b) 水平面场强分布图

图 2-63　空间合成场强分布

## 2.4.2　仿真验证

### 2.4.2.1　实验验证方案

在实验室中，对电磁环境空间辐射源合成场强分布模型进行了实验验证，包括注入式和辐射式两种验证方法，实验验证方法流程如图 2-64 所示。

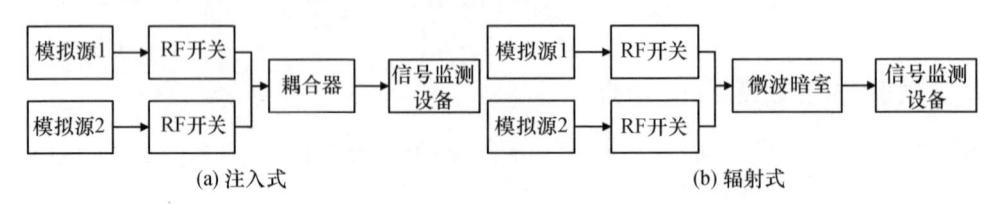

(a) 注入式　　(b) 辐射式

图 2-64　实验验证方法

注入式验证方法:通过信号模拟源 1、信号模拟源 2 产生所需的电磁干扰辐射信号,经耦合器进行合成,通过向量信号分析仪观测合成信号的功率,并与建模仿真结果进行比较。

辐射式验证方法:通过信号模拟源 1、信号模拟源 2 产生所需的电磁干扰辐射信号,在微波暗室中,通过两个双脊喇叭天线辐射输出,经过微波暗室空间,到达接收端;由全向天线接入向量信号分析仪观测合成信号的功率,并与建模仿真结果进行比较。

#### 2.4.2.2 实验验证结果

1) 第一组验证场景

设干扰辐射源位置固定,改变观测点进行测试,场景设置 1 如图 2-65 所示。

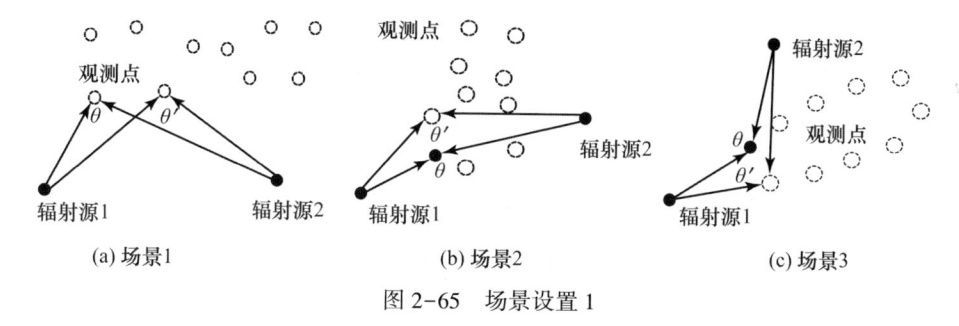

图 2-65 场景设置 1

图 2-65 场景设置 1 中的辐射源参数设置如表 2-4 所列。

表 2-4 辐射源参数设置 1

| 场景设置 1 | 辐射源 | 频率/MHz | 发射功率/dBm | 初始相位/(°) |
| --- | --- | --- | --- | --- |
| 场景 1 | 辐射源 1 | 1000 | 25 | 0 |
|  | 辐射源 2 | 1010 | 31 | 0 |
| 场景 2 | 辐射源 1 | 2000 | 40 | 20 |
|  | 辐射源 2 | 2005 | 47 | 20 |
| 场景 3 | 辐射源 1 | 5000 | 65 | 50 |
|  | 辐射源 2 | 5020 | 70 | 50 |

测试结果与模型理论计算结果比较如图 2-66 所示。

2) 第二组验证场景

干扰辐射源位置固定,改变测量点进行测试;然后改变辐射源位置,再改变测量点位置进行测试,场景设置如图 2-67 所示。

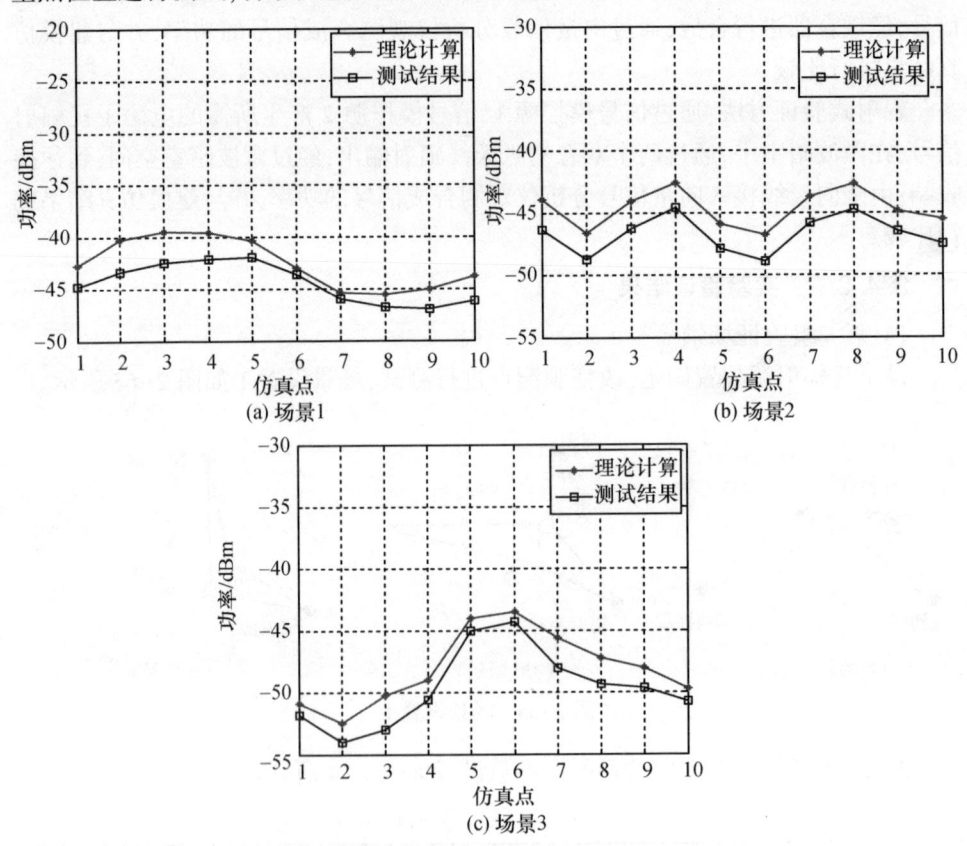

图 2-66 测试结果与模型理论计算结果对比

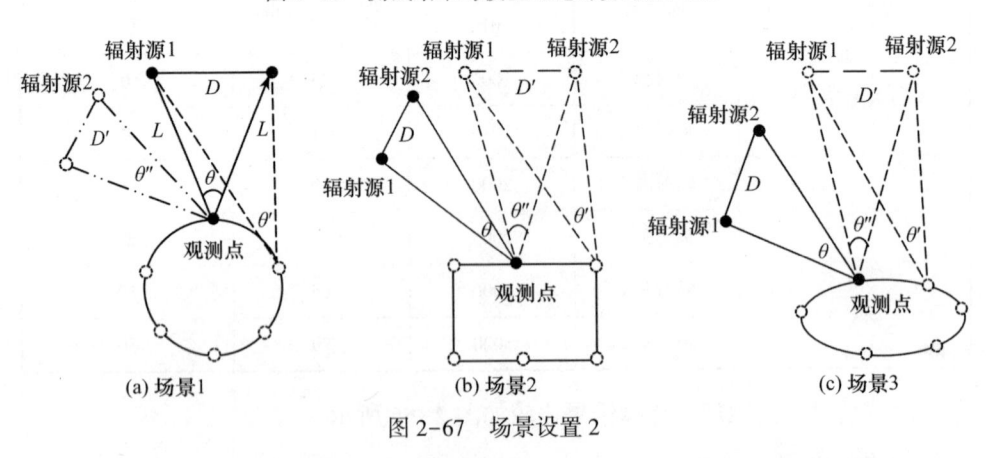

图 2-67 场景设置 2

图 2-67 场景设置 2 中的辐射源参数设置如表 2-5 所列。

表 2-5 辐射源参数设置 2

| 场景设置 2 | 辐射源 | 频率/MHz | 发射功率/dBm | 初始相位/(°) |
|---|---|---|---|---|
| 场景 1 | 辐射源 1 | 2260 | 25 | 0 |
| | 辐射源 2 | 2280 | 30 | 0 |
| 场景 2 | 辐射源 1 | 2300 | 45 | 15 |
| | 辐射源 2 | 2310 | 51 | 15 |
| 场景 3 | 辐射源 1 | 2500 | 53 | 40 |
| | 辐射源 2 | 2530 | 61 | 40 |

测试结果与模型计算结果比较如图 2-68 所示。

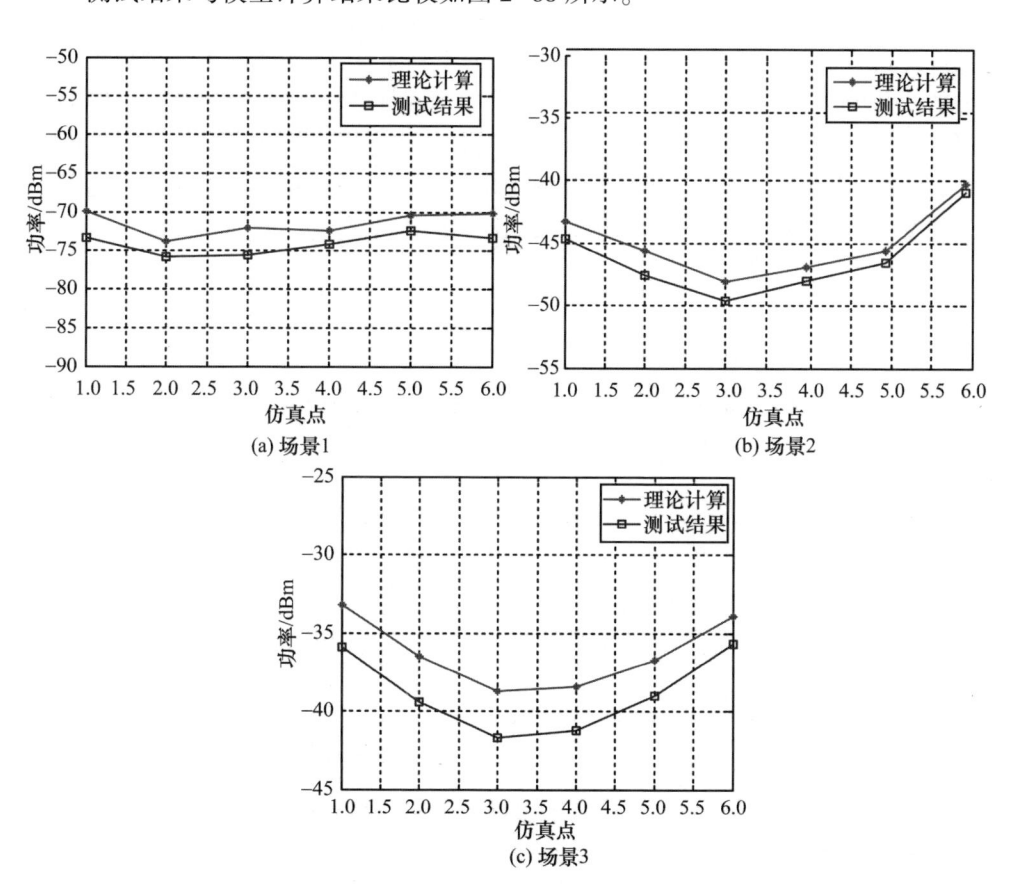

(a) 场景1

(b) 场景2

(c) 场景3

图 2-68 测试结果与模型计算结果对比

由上述 2 组测试结果与模型理论计算结果对比可知,测试结果与模型计算结果基本一致,两者的误差主要来自实验中所使用的微波线缆损耗以及信号模拟源的内部噪声等。

## 2.5 复杂电磁环境效应探索性仿真方法

### 2.5.1 探索性仿真分析原理

探索性仿真分析方法的基本思路是考察大量不确定性条件下各种方案的不同结果,理解和发现复杂现象背后数据变量之间的关系以及不确定性因素对想定问题的影响等[46]。

探索性仿真分析中的不确定性分为参数不确定性和结构不确定性,参数不确定性是指对于探索空间模型输入参数水平的不确定性,结构不确定性是指对于模型的内在描述和运行机理的不了解导致的不确定性[47]。对应于两种不同的不确定性类型,首先需要分析所关注的问题是具有结构不确定性还是具有参数不确定性,然后在仿真中针对不确定性类型构建其不确定性产生机制,从而形成不确定性探索空间,不确定性空间的仿真构建模式框图如图 2-69 所示[48]。

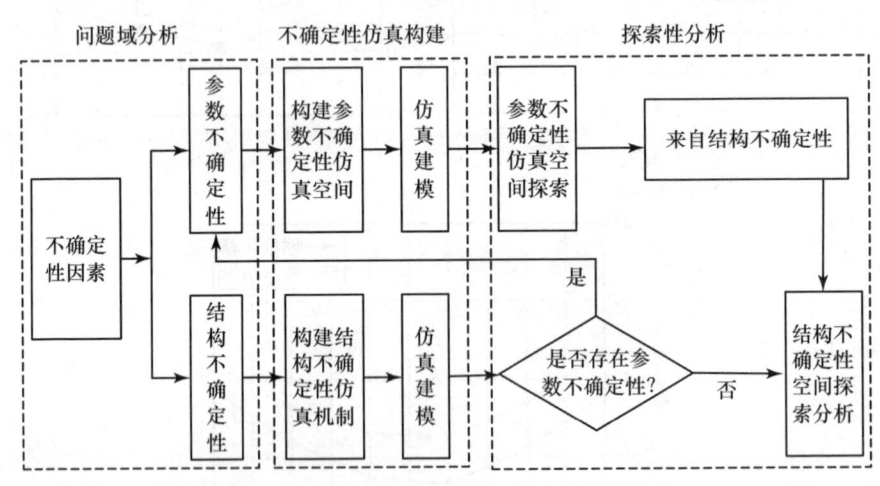

图 2-69 不确定性空间的仿真构建模式描述

从图 2-69 中可以看出,以仿真手段进行不确定性空间的探索性分析,可分为以下几个步骤。

(1) 问题分析:明确探索性分析的目标,获取关于系统和研究目标的信息,对问题域中的不确定性产生类型进行分析。

（2）不确定性因素分析：找出可能对问题结果有较大影响的不确定性因素，并分析各个不确定性因素可能的取值范围，形成由多种取值的组合方案构成的不确定性空间；在不确定性空间的构建过程中，如果来自参数不确定性，则在仿真中通过参数输入反映其特征；如果来自结构不确定性，则需要对问题结构形成探索机制，再来研究规定的问题结构下是否还具有参数不确定性[49-51]。

（3）探索性建模：构建反映系统宏观特征的高层低分辨率模型和反映系统细节特征的底层高分辨率模型，将各种不确定性因素与系统目标联系起来[52-53]。

（4）探索仿真实验：根据建立的探索性模型，进行探索性仿真计算，在不确定性空间内尝试各种不确定性因素组合导致的系统结果。

（5）结果分析：通过数据可视化等技术对实验计算结果进行分析，挖掘数据中隐藏的内在信息，通过交互式的双向探索分析不确定性因素与结果的关系[54-55]。根据分析结果，给出适应问题不同条件的措施。

探索性分析方法考察不确定性的结果，主要采用在一个问题域中得到一个宽的不确定性想定空间（例如，对于参数不确定性问题就是输入参数的可能取值空间的组合），进行大量的仿真来广泛地试探各种可能的结果。探索性分析的本质是处理不确定性，不确定性处理从问题分析开始就考虑问题中的不确定性，视不确定性为研究问题的本质。不确定性处理要求从多个视角对问题域中不确定性进行探索，分析关键的不确定性要素及其对结果的影响。

## 2.5.2 电磁环境效应探索性仿真方法

电磁环境效应探索性仿真方法是以仿真为主线，并综合电磁环境的不确定性表达、电磁环境建模、用频设备或武器平台受扰分析建模、可视化、探索性分析等多种方法为一体的仿真分析方法。在仿真分析中注重构造复杂电磁环境的不确定性，借助探索性分析手段揭示电磁环境的不确定性对用频设备或武器平台的影响；电磁环境效应探索性仿真分析框架如图2-70所示。

从图2-70可以看出，电磁环境效应探索性仿真分析框架主要由电磁环境参数不确定仿真空间定义、探索性仿真建模、多想定探索性仿真试验、用频设备或武器平台电磁环境效应结果分析等组成。其中，电磁环境参数不确定仿真空间定义主要完成待探索参数不确定性地表征与设置，探索性仿真建模给仿真试验提供基础模型与数据，多想定探索性仿真试验主要完成探索空间的运行计算任务，电磁环境效应结果分析主要对效应探索结果进行综合分析。电磁环境效应探索性仿真的核心在于：①确定电磁环境参数不确定空间；②电磁环境效应探索性仿真与效应模型构建。

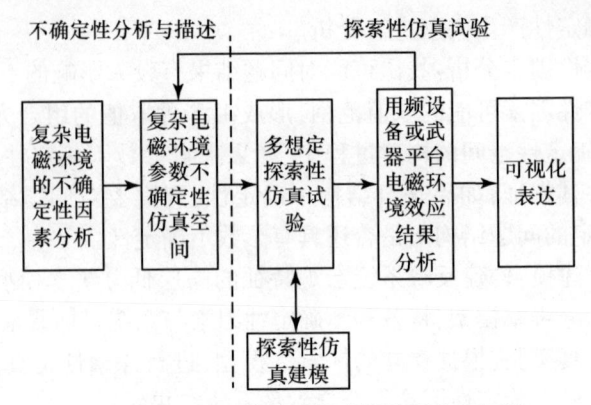

图 2-70 电磁环境效应探索性仿真分析框架

### 2.5.2.1 电磁环境参数不确定空间

复杂电磁环境整体不确定性的大小是对战场电磁空间复杂程度的客观反映，可以将电磁环境的不确定性理解为对战场电磁态势研判所需要的信息量[51]，可用 Shannon 概率熵表示。

设可能的电磁行为及其出现的概率分别为 $x_1, x_2, \cdots, x_N$ 和 $p_1, p_2, \cdots, p_N$，且满足：

$$0 \leq p_i \leq 1, i = 1, 2, \cdots, N, \sum_{i=1}^{N} p_i = 1 \qquad (2.153)$$

则电磁环境的不确定性可以表示为

$$H_s(p_1, p_2, \cdots, p_N) = -K \sum_{i=1}^{N} p_i \log p_i \qquad (2.154)$$

式中 $K$——正常数。

当对电磁态势没有任何先验知识时，设所有的电磁行为都以相同的概率发生，此时电磁环境不确定性达到最大值，即

$$H_s\left(\frac{1}{N}, \frac{1}{N}, \cdots, \frac{1}{N}\right) = K \log N \qquad (2.155)$$

借助电磁环境的时域、空域、频域、能域特征划分，战场中的电磁行为可形式化描述为：电磁行为={行为主体(干扰源、传输环境)，行为客体(用频设备)，电磁行为模式(欺骗式、压制式)，时域特征、空域特征、频域特征、能域特征}。通过基于 Shannon 概率熵的电磁环境不确定性表述发现，复杂电磁环境的不确定性类型主要是参数不确定性，结构不确定性相对较少。因此，构造电磁环境的不确定性就是面向电磁行为构造其参数不确定性，电磁环境参数不确定性空间示意如图 2-71 所示。

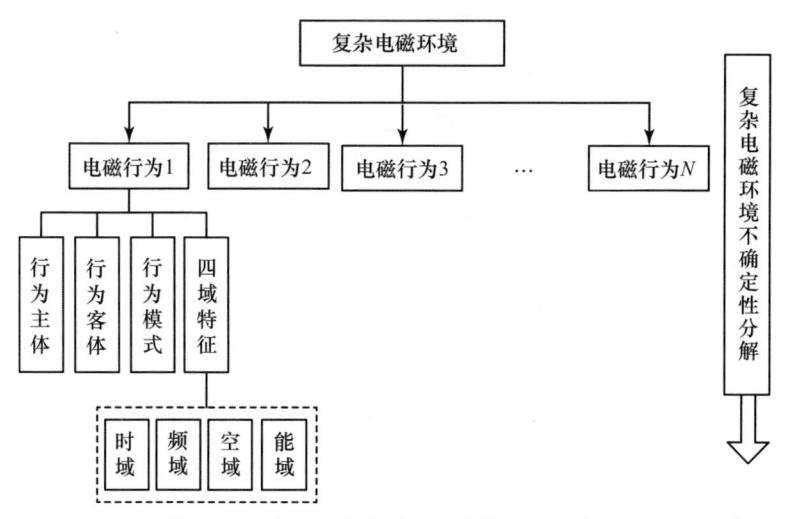

图 2-71　电磁环境参数不确定性空间示意图

以雷达系统在战场电磁环境下的受扰分析为例,其电磁环境参数不确定性空间示意图如图 2-72 所示。

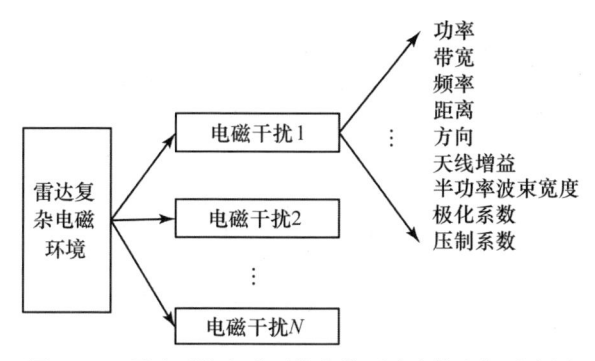

图 2-72　雷达系统电磁环境参数不确定性空间示意图

从图 2-72 可以看出,雷达系统电磁环境参数不确定性空间由若干电磁干扰源的特征参数来表示,具体包括:功率、带宽、频率、距离、方向、天线增益、半功率波束宽度、极化系数、压制系数等;这些参数中的相当一部分参数在现实的电磁环境中具有时变不确定性的特点。

### 2.5.2.2　电磁环境效应探索性仿真模型构建

电磁环境效应探索性仿真模型即要满足探索性仿真分析的要求,又要反映真实的电磁环境与用频设备的效应机理,可采用多分辨率建模方法进行模型构建,多分辨率模型的变量网络图如图 2-73 所示。

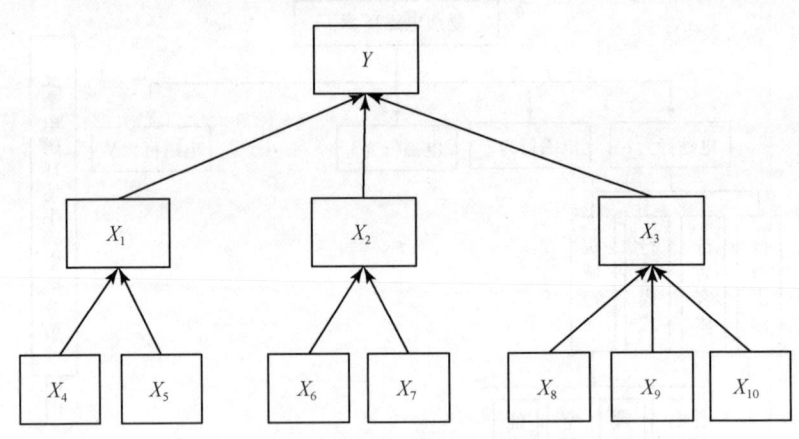

图 2-73 多分辨率模型变量网络图

在图 2-73 中,$Y$ 代表模型的输出,$X_1$、$X_2$、$X_3$ 代表低分辨率模型的输入变量,$X_4 \sim X_{10}$ 代表高分辨率的输入变量,则低分辨率模型关系可表示为

$$Y = F(X_1, X_2, X_3) \tag{2.156}$$

高分辨率模型关系可表示为

$$Y = F(G_1(X_4, X_5), G_2(X_6, X_7), G_3(X_8, X_9, X_{10})) \tag{2.157}$$

在对用频设备电磁环境效应的探索性仿真中,可能的两种模型形式如图 2-74、图 2-75 所示。

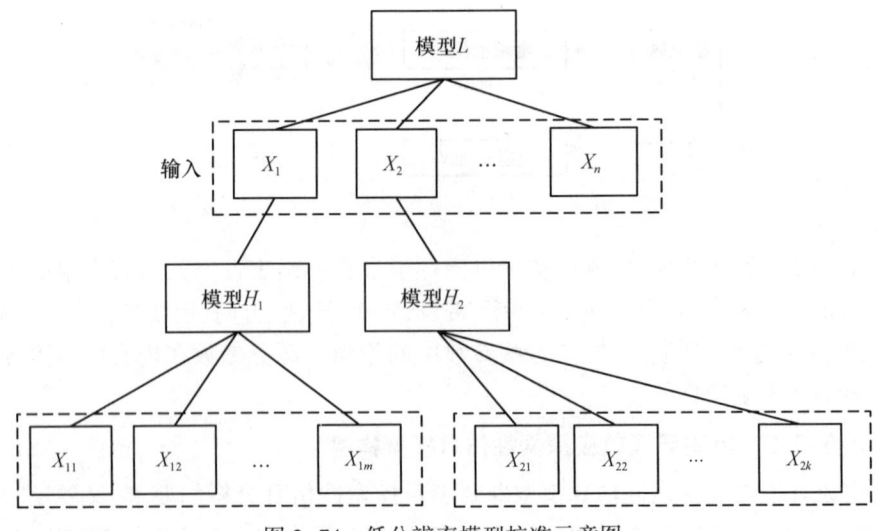

图 2-74 低分辨率模型校准示意图

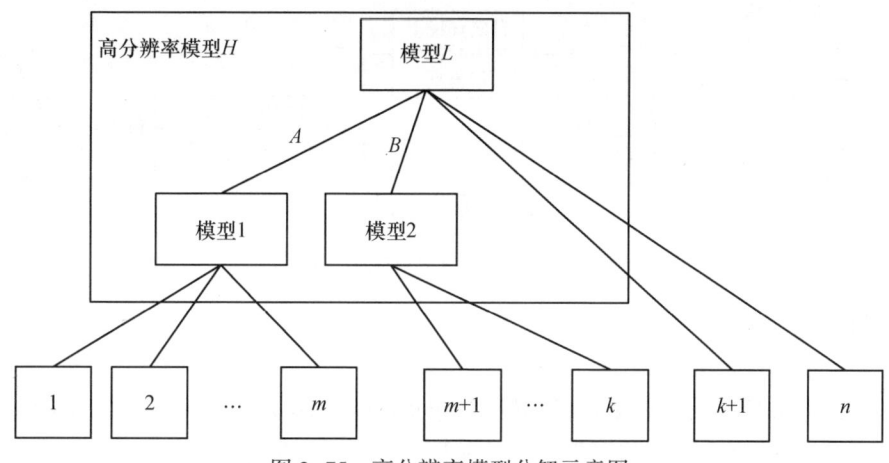

图 2-75　高分辨率模型分解示意图

图 2-74 对低分辨率模型采用高分辨率模型进行校准，可详细地反映真实的电磁环境；图 2-75 对高分辨率模型进行分解，可满足电磁环境效应探索性仿真分析的需求；探索性仿真分析法一般情况下参数空间的参数个数应小于 15，如果参数过多，会导致维度灾难，探索性仿真无法进行。

### 2.5.3　雷达电磁环境效应探索性仿真

本部分以雷达探测为例，进行雷达作用距离探索性仿真分析；首先构造电磁环境参数不确定性空间，通过探索性仿真建模，探索不同电磁环境参数组合对雷达作用距离的影响程度。

#### 2.5.3.1　雷达电磁环境效应探索性仿真原理

1）雷达电磁环境效应探索性仿真流程

雷达电磁环境效应探索性仿真流程如图 2-76 所示，首先构建雷达电磁环境参数不确定性空间；其次建立雷达作用距离受扰模型，分别构建雷达作用距离在自然干扰、单干扰和多干扰情况下的受扰分析模型；最后在电磁环境参数不确定性空间中进行雷达作用距离的仿真分析，给出电磁环境参数不确定性对雷达作用距离的影响程度。

（1）电磁环境参数不确定性空间。

雷达电磁环境参数不确定性空间由若干电磁干扰源组成，每个干扰源的不确定性参数主要包括：功率、带宽、频率、距离、方向、天线增益、半功率波束宽度、极化系数、压制系数等；因此雷达电磁环境参数不确定空间＝（干扰源 1 的不确定性参数，干扰源 2 的不确定性参数，……，干扰源 n 的不确定性参数，自然环境的不确定

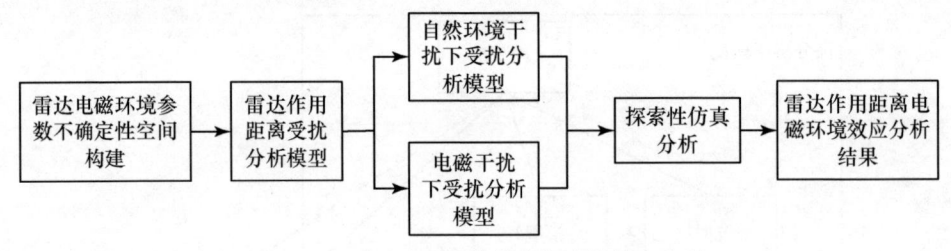

图 2-76 雷达电磁环境效应探索性仿真流程

性参数等）。

（2）探索性仿真模型。

雷达电磁环境效应探索性仿真模型，包括两部分模型，自然环境干扰下的探索性仿真模型，电磁干扰下的探索性仿真模型，具体描述如下。

雷达受到自然环境干扰时，其最大作用距离为

$$R_0 = \left[\frac{P_t G_t G_r \sigma \tau \lambda^2}{(4\pi)^3 k T_o F_o D_o L}\right]^{1/4} \quad (2.158)$$

式中　$P_t$——雷达发射功率；

　　　$G_t$——发射天线增益；

　　　$G_r$——接收天线增益；

　　　$\sigma$——目标雷达截面积；

　　　$\tau$——雷达脉冲带宽；

　　　$\lambda$——波长；

　　　$k$——玻耳兹曼常数；

　　　$T_0$——标准温度；

　　　$F_0$——接收机噪声系数；

　　　$D_0$——雷达检测因子；

　　　$L$——自然环境对信号引起的衰减。

其中，$L$ 是云、雨、雾、沙尘等自然环境因素对信号产生的影响，云、雨、雾、沙尘等特征参数可作为探索性仿真的输入参数。

雷达受到电磁干扰时，其最大作用距离为

$$R_{tmax}^4 = \frac{P_t G_t G_r \sigma \lambda^2 K_r}{(4\pi)^3 \text{SNR}_{min} L \left(\sum_{i=1}^{N} \frac{P_{ji} G_{ji} G'_{ri} \gamma_{ji} \lambda^2 B_r}{(4\pi)^2 R_{ji}^2 L_{ji} B_{ji}} + P_n\right)} \quad (2.159)$$

式中　$K_r$——雷达抗干扰因子；

　　　$\text{SNR}_{min}$——雷达检测目标所需的最小信干比；

$P_{ji}$——第 $i$ 个干扰天线发射功率；

$G_{ij}$——第 $i$ 个干扰天线增益；

$\gamma_{ji}$——第 $i$ 个干扰天线对雷达天线的极化系数；

$B_r$——雷达接收机带宽；

$R_{ji}$——第 $i$ 个干扰与雷达间的距离；

$L_{ji}$——干扰机的系统损耗；

$B_{ji}$——干扰机发射带宽；

$P_n$——第 $i$ 个干扰天线发射功率；

$G'_{ri}$——雷达天线在第 $i$ 个干扰机方向上的有效增益。

$$\begin{cases} G'_r(\theta) = G_t, 0 \leqslant \theta \leqslant \dfrac{\theta_{0.5}}{2} \\ G'_r(\theta) = K \times \left(\dfrac{\theta_{0.5}}{\theta}\right)^2 G_t, \dfrac{\theta_{0.5}}{2} < \theta < 90° \\ G'_r(\theta) = K \times \left(\dfrac{\theta_{0.5}}{90}\right)^2 G_t, \theta \geqslant 90° \end{cases} \quad (2.160)$$

式中 $\theta$——干扰偏离雷达天线最大方向的角度；

$\theta_{0.5}$——半功率波速宽度；

$K$——与雷达天线特性有关的常数，一般取 0.04~0.1。

### 2.5.3.2 雷达电磁环境效应探索性仿真试验

1) 雷达电磁环境效应探索性仿真分析软件

在构建雷达电磁环境参数不确定性空间、建立探索性仿真模型的基础上，编制了雷达复杂电磁环境探索性仿真软件，其软件界面如图 2-77 所示。

雷达复杂电磁环境探索性仿真软件具有：①电磁环境参数不确定性空间构建；②探索性仿真处理；③探索性仿真结果可视化与分析等功能。

2) 探索性仿真试验

（1）自然环境干扰下的探索性仿真。

设自然环境干扰下的不确定参数主要包括：降雨强度、云雾水含量、水汽密度。设其取值范围分别为：降雨强度为 0.25~150mm/h；云雾水含量为 0.001~1g/m³；水汽密度为 0.1~50g/m³。分以下几种情况，探索上述参数的变化对雷达作用距离的影响。

① 降雨强度的不确定性对雷达作用距离的影响。

设降雨强度分别为：0.25mm/h、25mm/h、50mm/h、75mm/h、100mm/h 时；降雨强度对雷达作用距离影响的探索性仿真结果如图 2-78 所示。

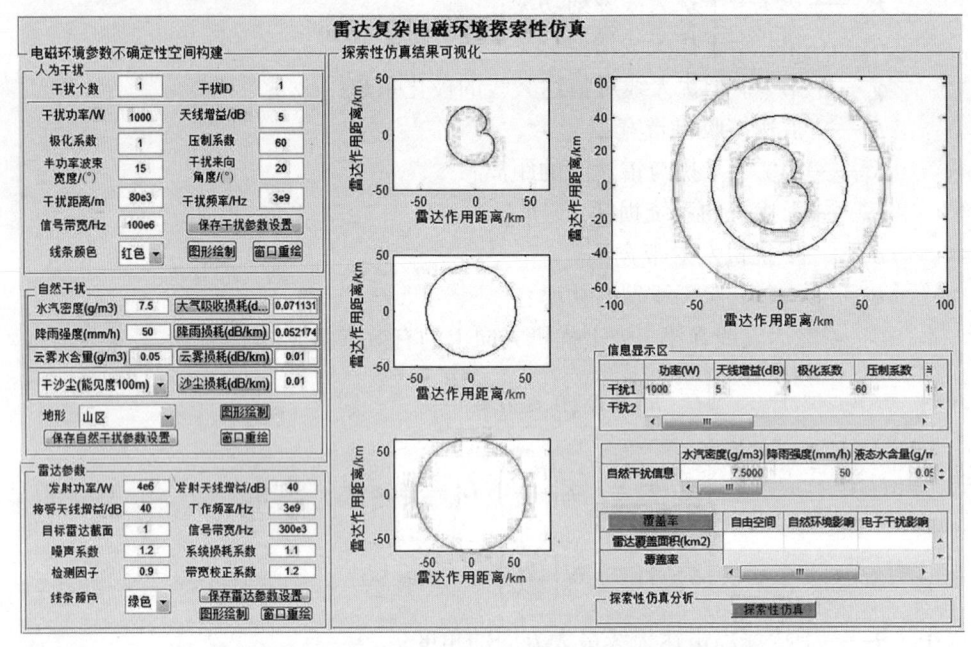

图 2-77 雷达复杂电磁环境探索性仿真软件界面

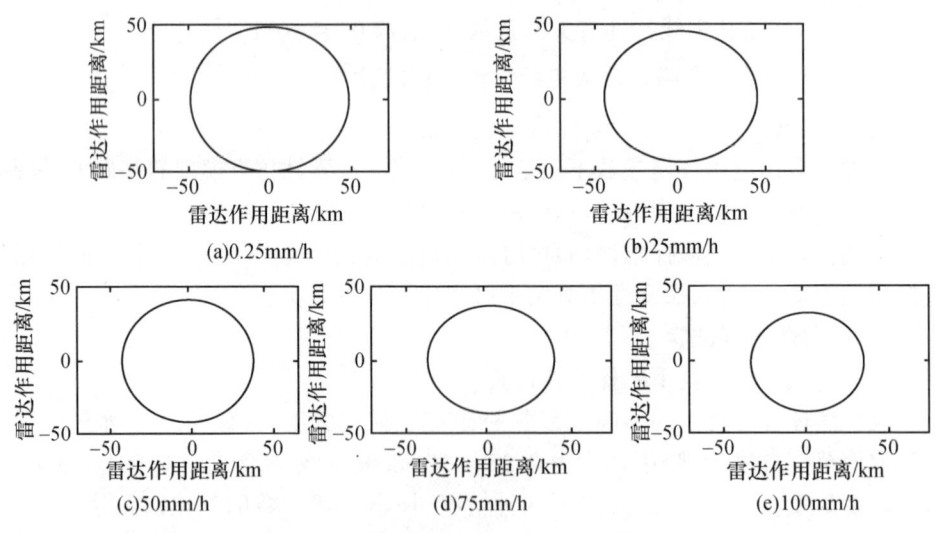

图 2-78 降雨强度对雷达作用距离的影响

② 云雾水含量的不确定性对雷达作用距离的影响。

设云雾水含量分别为:$0.001 \mathrm{g/m^3}$、$0.25 \mathrm{g/m^3}$、$0.5 \mathrm{g/m^3}$、$0.75 \mathrm{g/m^3}$、$1 \mathrm{g/m^3}$ 时,云雾水含量对雷达作用距离的探索性仿真结果如图 2-79 所示。

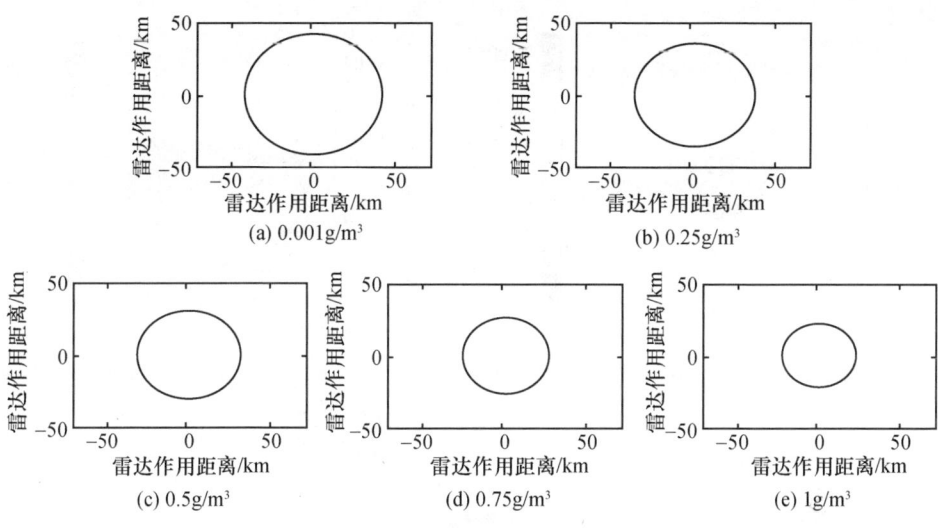

图 2-79　云雾水含量对雷达作用距离的影响

③ 水汽密度的不确定性对雷达作用距离的影响。

设水汽密度分别为：$0.1g/m^3$、$2.5g/m^3$、$10g/m^3$、$25g/m^3$、$50g/m^3$ 时，水汽密度对雷达作用距离影响的探索性仿真结果如图 2-80 所示。

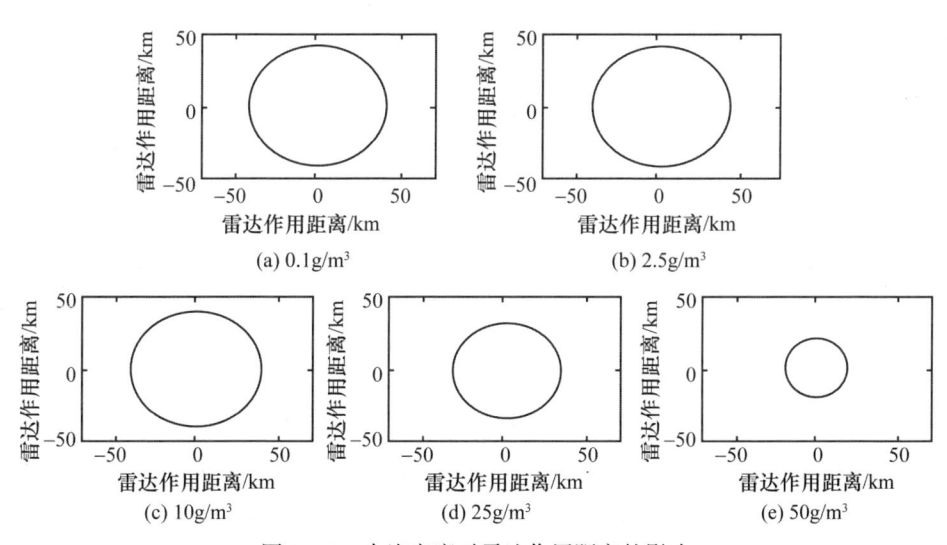

图 2-80　水汽密度对雷达作用距离的影响

④ 两个参数同时变化对雷达覆盖面积的影响。

两个参数同时变化对雷达覆盖面积影响的探索性仿真结果如图 2-81 所示。

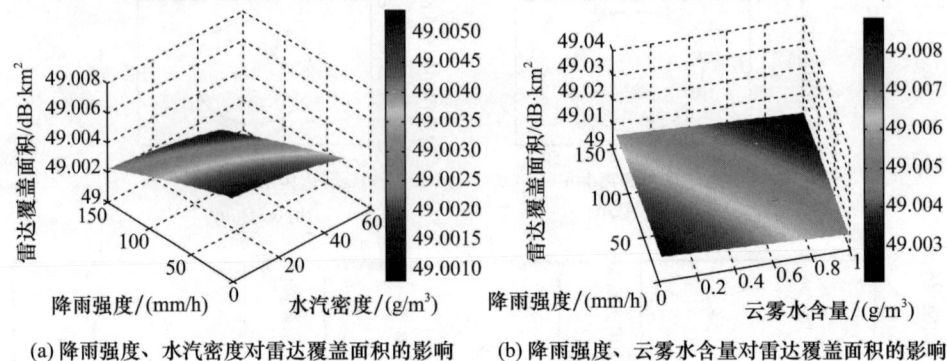

(a) 降雨强度、水汽密度对雷达覆盖面积的影响　　(b) 降雨强度、云雾水含量对雷达覆盖面积的影响

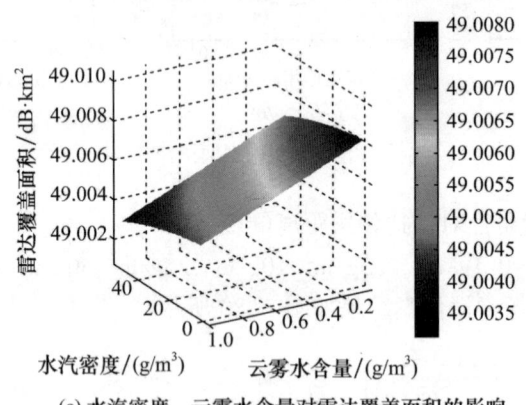

(c) 水汽密度、云雾水含量对雷达覆盖面积的影响

图 2-81　两个不确定参数同时变化时的探索性仿真结果

从图 2-79、图 2-80、图 2-81 可以看出,随着降雨强度、云雾水含量、水汽密度的增大,雷达作用距离变小。从图 2-81(a)可看出,降雨强度越强,水汽密度越大,雷达覆盖面积越小。从图 2-81(b)可看出,降雨强度越强,云雾水含量越大,雷达覆盖面积越小。从图 2-81(c)可看出,水汽密度越大,云雾水含量越大,雷达覆盖面积越小。所以降雨强度、云雾水含量和水汽密度对雷达探测性能有一定影响。

(2) 电磁干扰下的探索性仿真。

电磁干扰下的电磁环境不确定参数主要包括:干扰功率、极化系数、干扰频率、压制系数以及干扰来向等,下面以干扰功率、极化系数为例,分析干扰参数的不确定性对雷达作用距离的影响。

设干扰源初始参数设置如下:发射天线增益为 5dB;半功率波束宽度为 15°;干扰与雷达之间的距离为 80km;带宽为 100MHz。干扰功率变化范围为 100~2200W;极化系数变化范围为 0.1~1。

① 干扰功率的不确定性对雷达作用距离的影响。

设干扰功率分别为100W、400W、700W、1300W、1600W时,干扰功率对雷达作用距离影响的探索性仿真结果如图2-82所示。

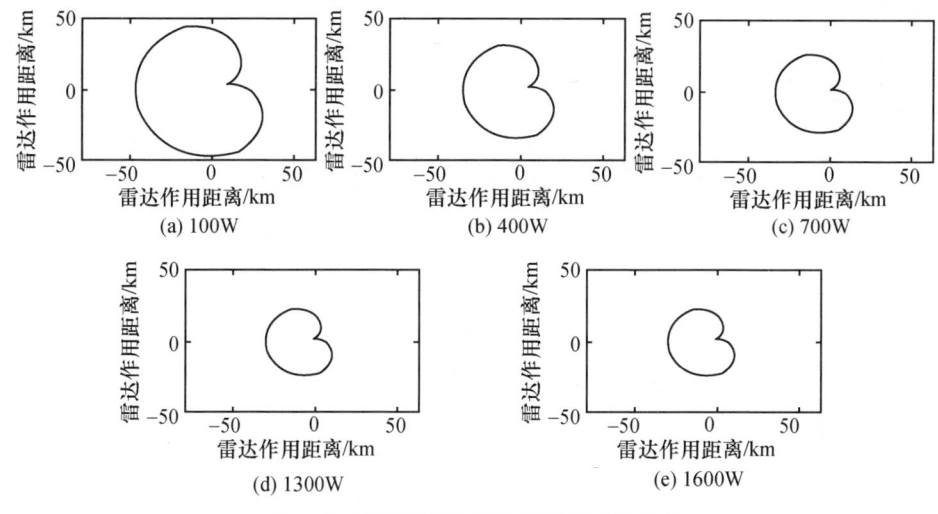

图 2-82 干扰功率对雷达探测范围的影响

② 极化系数的不确定性对雷达作用距离的影响。

设极化系数分别为0.1、0.3、0.5、0.6、0.8时,极化系数的不确定性对雷达作用距离影响的探索性仿真结果如图2-83所示。

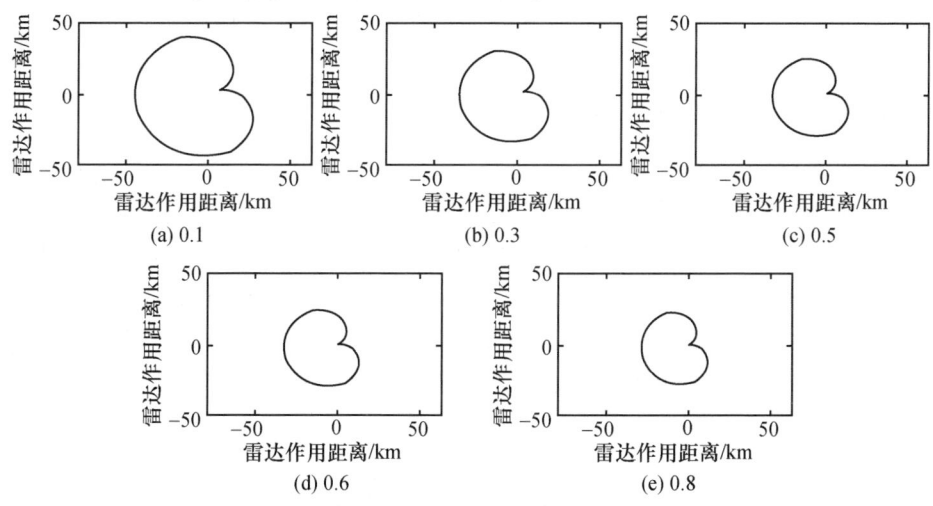

图 2-83 极化系数对雷达探测范围的影响

从图2-82、图2-83可看出,雷达作用距离随干扰功率、极化系数的增大而减小。

# 第 3 章 电磁环境快速构建技术

在电磁环境建模与仿真方法研究的基础上,通过电磁环境快速构建技术,可进行电子对抗战场电磁环境的构建仿真,再现用频设备对抗过程并为评估用频设备的效能提供支撑。

## 3.1 电磁环境构建要素分析

战场电磁环境的构建要素主要包括:自然要素、人为要素、战场中存在的作战单元(作战装备)[56-57];自然要素主要是战场所处的自然环境,如地形、地物、大气环境等[58-59],人为要素重点是战场中存在的人为电磁干扰[60-61],作战单元是战场中我方的作战装备,下面以陆战场、海战场为例进行具体的分析。

### 3.1.1 自然要素

1) 陆战场的自然环境

陆战场的自然环境中主要的元素是地形,陆战场环境构建离不开对地形模型的运用,地形模型是对真实地形属性的一种抽象表述。美国国防部在地形建模与仿真计划中这样定义"地形",地形是对地球表面的外形、组成及其特性的表示,包含地貌、自然特征、永久或者半永久的人造特征,以及动态过程对地形的改变效果;对于陆战场的自然环境要素而言,主要包括山地、山丘、地面起伏、建筑、道路等[63]。

2) 海战场的自然环境

海战场的自然环境主要包括海洋构成、海洋水文和海洋气象三部分。海洋构成是指海岸、岛礁、海峡、海洋水体及海底地貌;海洋水文是指表示和反映海水深度、温度、盐度、水色、透明度和海流、海浪、潮汐等状况的物理量和现象;海洋气象主要指影响作战行动的海雾、风、降雨和降雪等[64]。

## 3.1.2 人为要素

人为要素主要包括各类辐射电磁干扰的电磁辐射源,以及相关用频设备等;各类电磁辐射源是构成复杂电磁环境的主体,在电子对抗战场环境的构建中,人为要素的构建是研究的重点[57]。对陆战场、海战场中的人为电磁干扰要素分析如下。

陆战场中的各种电磁辐射源包括:各类陆基雷达,通信电台,车载、机载干扰设备,数据链、敌我识别器和导航信号等;通过查阅公开文献资料并进行归纳整理[64-66],陆战场中部分用频设备的工作频段分布情况如表3-1所列。

表3-1 陆战场中电磁辐射源工作频段分布

| 名称 | 工作频段 |
| --- | --- |
| 陆基预警雷达/MHz | 30~300 |
| 陆基被动探测雷达/GHz | 1.0~18 |
| 火控雷达/GHz | 8.0~15 |
| 警戒雷达/GHz | 2~4 |
| 跟踪雷达/GHz | 2~4 |
| 短波电台/MHz | 1.6~30 |
| 超短波电台/MHz | 30~88 |
| 高速电台/MHz | 225~512 |
| 敌我识别系统/MHz | 1030~1090 |
| 战术信息分配系统/MHz | 969~1206 |
| 卫星通信系统/GHz | 3.4~4.2;5.85~6.65;<br>12.25~12.75;14.0~14.5;<br>17.7~21.2;27.5~31 |
| 车载通信干扰设备/MHz | 20~200 |
| 车载雷达干扰设备/MHz | 8000~20000 |
| 反辐射寻的器/MHz | 2000~35000 |
| 机载通信干扰/MHz | 20~1000 |
| 机载雷达告警系统/kHz | 1~18 |
| 机载雷达干扰设备/MHz | 500~20000 |

续表

| 名称 | | 工作频段 |
|---|---|---|
| 机载通信系统/MHz | | 30~512 |
| 机载测距设备/MHz | | 962~1213 |
| 无线电导航系统/MHz | | 962~1213 |
| 导航信号 | 北斗卫星导航系统/MHz | B1:1559~1592<br>B2:1166~1217<br>B3:1251~1286 |
| | GLONESS/MHz | L1:1602.0~1615.5<br>L2:1246.0~1256.5 |
| | GPS/MHz | L1:1575.42~1578.42<br>L2:1224.6~1230.6<br>L5:1573.45~1179.45 |

海战场中可能存在的各种电磁辐射源包括：各类舰载雷达、舰载通信电台、舰载数据链、敌我识别系统、导航信号等；通过查阅公开文献资料并进行归纳整理[65-67]，海战场中部分电磁辐射源工作频段分布情况如表3-2所列。

表3-2 海战场中电磁辐射源工作频段分布

| 名称 | 工作频段 |
|---|---|
| 舰载相控阵雷达/GHz | 3.1~3.5 |
| 舰载对空警戒雷达/GHz | 4~8 |
| 舰载对海警戒雷达/GHz | 3~15 |
| 舰载火控雷达/GHz | 1.5~4 |
| 舰载导航雷达/GHz | 9.05~10.0 |
| 舰载远程预警雷达/MHz | 60~95 |
| 岸对潜、岸对舰通信/kHz | 3~30 |
| 气象通信等远距离通信/kHz | 30~300 |
| 潜对岸、舰对岸、舰对舰、应急救难等中距离通信/kHz | 40~535 |
| 舰对岸远距离通信/MHz | 1.6~4;4~28 |
| 舰对舰战术通信/MHz | 1.6~4;4~28 |
| 国际海事远距离通信/MHz | 1.6~4;4~28 |
| 潜对岸、舰对岸远距离通信/MHz | 1.6~4;4~28 |
| 气象通播/MHz | 1.6~4;4~28 |

续表

| 名称 | 工作频段 |
| --- | --- |
| 岸对舰通信/MHz | 1.6~4;4~28 |
| 舰对空战术通信/MHz | 100~156 |
| 舰对舰、舰对岸通信/MHz | 156~174 |
| 舰对空战术通信/MHz | 225~400 |
| 舰对岸通信/MHz | 225~400 |
| 卫星对舰通信/MHz | 225~400 |
| 岸对舰卫星通信/GHz | 7~8;20~44 |
| 舰载通信干扰设备/MHz | 20~240 |
| 舰载雷达干扰设备/MHz | 3000~20000 |
| 舰载电子战干扰机/MHz | 20~1000 |
| 舰载数据链/MHz | 225.000~399.975 |
| 敌我识别系统/MHz | 1030~1090 |

## 3.2 电磁环境快速构建方法

战场电磁环境的快速构建是通过战场数据制作、实时动态显示加速等技术,实现电子对抗战场环境的有效快速构建,主要实现战场环境要素的快速设置、仿真实体模型配置、以及大场景大地形的切换及管理等场景构建功能。

### 3.2.1 基于符号库分类管理的快速构建技术

在战场电磁环境构建中,通过建立二/三维相对应的符号库和模型库,设计三级管理模式,实现作战单元符号库的分类管理与场景构建[67],并提供方便易用的符号库拓展功能,完成作战单元的新增、编辑、修改、删除操作,保证仿真系统构建的二/三维模型的一致性与快速性,可为电子对抗战场环境构建及修改提供支撑。

#### 3.2.1.1 通用作战单元符号库的设计

在复杂的战场电磁环境中,作战单元数量、种类繁多,不同作战单元的符号有不同的结构特点和构图规律。采用分类设计作战单元的思想,根据作战场景想定需要,将作战单元符号库具体分为:信号类型库、典型自然场景库、干扰属性信息库、武器平台库等,便于作战场景构建时的大量使用,如图 3-1~图 3-6 所示。

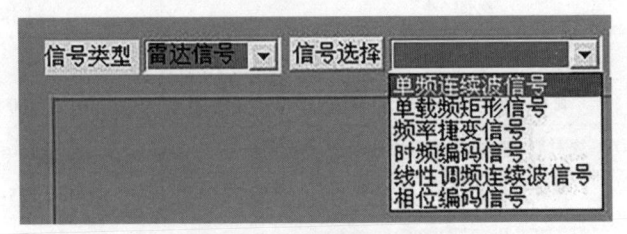

图 3-1 雷达信号类型库

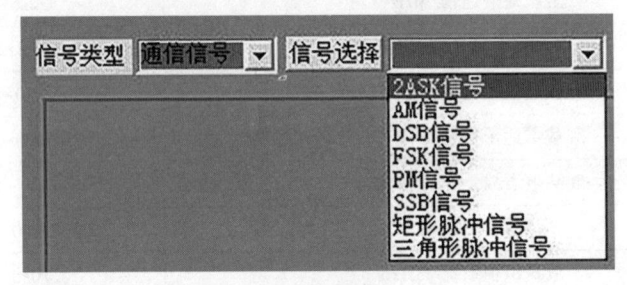

图 3-2 通信信号类型库

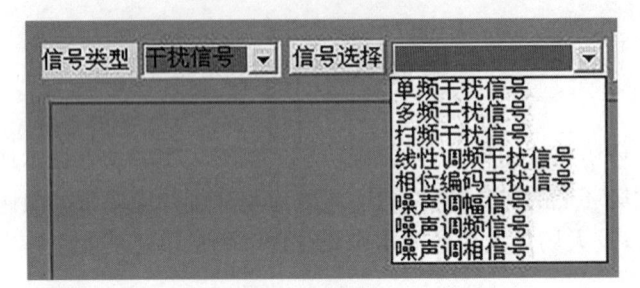

图 3-3 干扰信号类型库

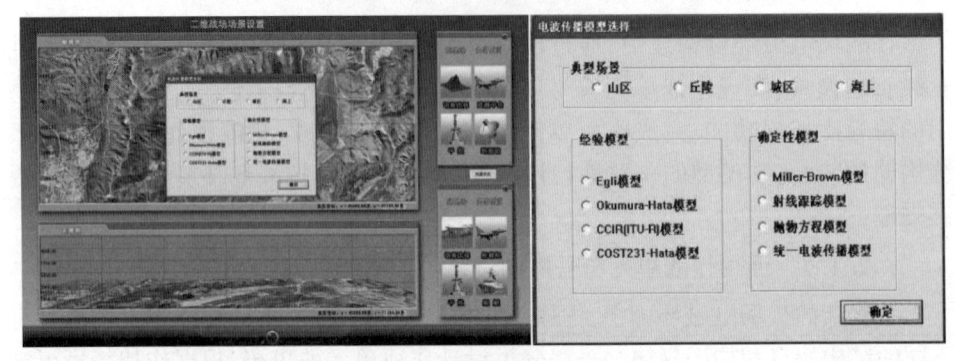

图 3-4 典型自然场景库

图 3-5　干扰属性信息库

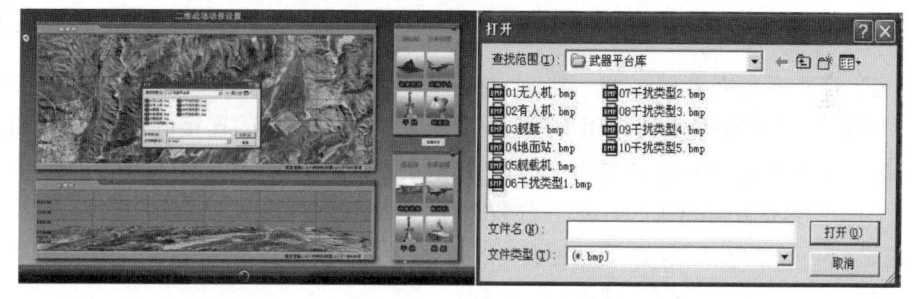

图 3-6　武器平台库

#### 3.2.1.2　符号库管理

为了实现大量不同种类作战单元的快速调用,需要对作战单元符号进行分类管理。由于符号编码是符号识别的唯一依据,因此在作战单元符号库设计中采用自定义编码方式对符号进行标识;符号编码定义为:一级分类 2 位;二级分类 4 位;三级分类 6 位。编码数字依次反映了符号的分类和制作顺序:一级分类编码按照分类顺序依次编码;二级分类编码前 2 位为所属的一级分类编码,后 2 位代表分类顺序;三级分类编码前 4 位为所属的二级分类编码,后 2 位代表符号制作顺序。

1）符号库存储

目前许多软件的符号制作系统大部分采用文件管理方式,并采用文件索引方式。这种文件管理方式无论是对符号的共享,还是数据的统一管理都存在着一定缺陷。由于数据库对数据的管理具有持久性、有效性和共享性的特点,极大地减少了数据的冗余,消除了数据不一致的隐患,提高了数据存储和查询效率。因此作战单元符号库采用 SQL Server 数据库对符号进行存储。图 3-7 中描述了作战单元数据库的数据模型,该模型映射到关系数据库时,一个实体类型对应一张表,每张表采用主键 PK(Private Key)索引,图 3-7 中 FK(Foreign Key)在数据库设计中称为外键。

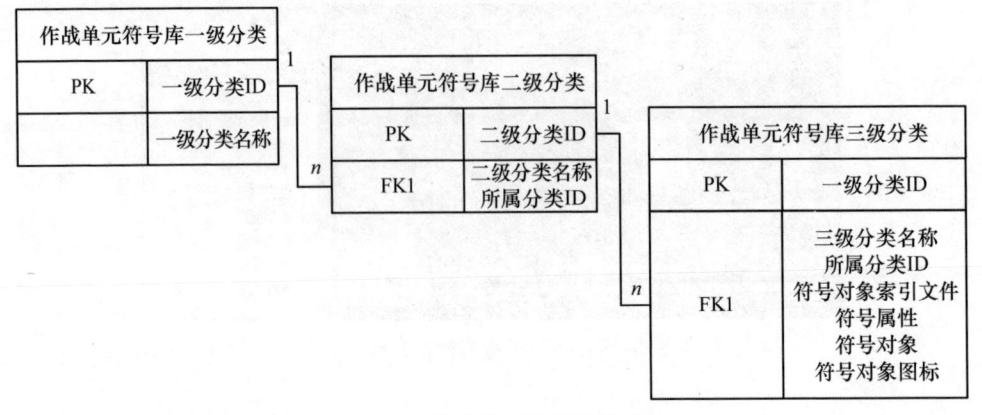

| 作战单元符号库一级分类 | |
|---|---|
| PK | 一级分类ID |
| | 一级分类名称 |

| 作战单元符号库二级分类 | |
|---|---|
| PK | 二级分类ID |
| FK1 | 二级分类名称<br>所属分类ID |

| 作战单元符号库三级分类 | |
|---|---|
| PK | 一级分类ID |
| FK1 | 三级分类名称<br>所属分类ID<br>符号对象索引文件<br>符号属性<br>符号对象<br>符号对象图标 |

图 3-7　作战单元符号库模型

2) 符号库数据管理

在设计基于数据库的应用程序时，首先应考虑数据库的连接问题，Visual Studio 提供了多种数据库连接方式。在设计时可采用数据访问技术(Active Data Object,ADO)技术访问 SQL Server 后台数据库，由于 ADO 是一组动态链接库，所以在使用之前必须要导入 ADO 并初始化。

（1）导入 ADO 数据链接库。

为了能够在 Visual Studio 开发平台下使用微软基础类库(Microsoft Foundation Classes,MFL)和 ADO 技术访问数据库，需要将 ADO 库引入工程。

（2）初始化对象连接与嵌入(Object Linking and Enbedding,OLE)库环境。

在 MFC 应用调用 ADO 之前，通常在应用类的 InitInstance 成员函数中使用 AfxOleInitQ 函数初始化 OLE/COM 库环境。

（3）连接数据库。

作战单元符号库的数据管理包括数据库中符号的建立、修改、删除、显示和查询等多种功能，利用外接 SQL Server 数据库的方式，使用 SQL Server 数据库的强大数据库管理功能，以及采用 ADO 数据访问方法对数据库进行访问和维护。

### 3.2.2　基于脚本的电磁环境快速构建方法

脚本语言又称为动态语言或扩建的语言，与编程语言相比，是一种只有在程序运行时才进行解释或编译的语言。其优点是可以极大地简化程序开发的周期过程，达到快速开发[68]目的。基于脚本的战场电磁环境快速构建方法是通过获取战场电子对抗环境信息，使用 LynX Prime 加载战场作战单元的三维实体仿真模型、设置模型的属性参数(如位置、姿态、尺寸)、信号特征信息等，以及加载影响战场环境的自然因素(如云、雨、雾、雪),完成战场环境的预设,并保存为 *.ACF(Application Configuration File)脚本文件。在战场环境仿真初始化过程中,通过调用 *.ACF 脚本文件,实现三维实体仿真模型的批量加载,大大缩短了加载三维实体仿真模型的时间,实现战场环境的快速构建。

#### 3.2.2.1 配置 *.ACF 文件

基于 *.ACF 文件的快速构建方法以 Lynx Prime 图形用户界面配置工具为依托,通过 Vega Prime 的 API 函数来实时配置 *.ACF 文件的初始化信息和系统运行信息,三维实体仿真模型可以通过拖拽、摆放等简单操作完成导入参数的设置,实现如同"搭积木"般的搭建战场作战环境,从而实现电磁环境场景的快速构建。

Lynx Prime 图形用户界面配置工具是一个添加类实例和定义实例初始参数的编辑器。初始配置参数存储在 Lynx Prime 创建的 ACF 文件中,*.ACF 文件包含所有的 Vega Prime 初始化信息和部分系统运行信息,在 Vega Prime 的 Lynx Prime GUI 中定义并设置,并可自动翻译成 C++程序。Lynx Prime 图形用户界面配置如图 3-8 所示。

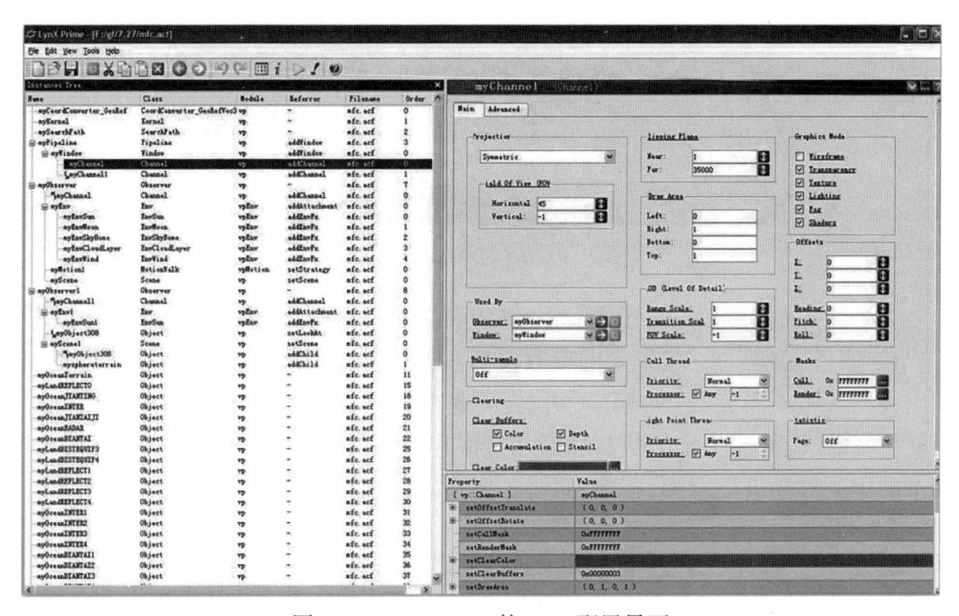

图 3-8  Vega Prime 的 Lynx 配置界面

#### 3.2.2.2 图形化界面菜单设计

战场电磁环境快速构建仿真系统为参战单元模型的快速调用设计了图形化界

面,图形化界面菜单如图 3-9 和图 3-10 所示,仿真系统提供了免编程的战场快速构建应用功能,用户可随时调用参战单元模型,即时改变作战环境的场景内容。

图 3-9 仿真系统图形化界面

图 3-10 仿真系统功能菜单

为了达到电磁环境场景快速构建的目的,可将预设的战场电磁环境场景 *.ACF 文件保存起来,场景中的参数包括:场景中的用频对象(如电磁干扰源、我方用频设备)、对象参数(如频率、功率、调制模式),以及对象平台的运动轨迹等。根据仿真需求,构建想定的仿真场景并且保存,并可针对仿真需求的变化对仿真场景中的用频对象进行添加、删除、修改等操作。

### 3.2.3 基于二/三维联动的拖拽式电磁环境快速构建

通过调用战场环境中的作战单元、用频对象以及符号库,采用鼠标拾取、拖拽的方式,可实现二维作战场景中作战单元、用频对象以及符号库的快速放置;读取数据库加载作战单元属性参数,实现属性设置;依据实际作战场景绘制作战单元运行轨迹,并可以通过鼠标拖拽进行航迹修改;采用基于 Socket 的网络传输技术,能够实现二/三维数据信息的批量交互;结合碰撞检测技术,实现二/三维作战场景之间的一一对应,最终实现二/三维战场场景的快速联动构建。

#### 3.2.3.1 二/三维作战场景联动构建

二/三维作战场景联动构建是综合表现战场态势信息的关键。二维作战场景是以场景基本元素符号为对象,通过以鼠标移动、点击、拖动等交互手段实现二维场景的快捷设计;并通过对元素符号定义的数据模型,再通过二维作战场景的映射并快速生成三维场景,能够实现二/三维电磁环境场景的联动仿真,战场态势信息以二维形式和三维形式同时分别予以体现,主要表现如下。

(1) 显示同步:在二/三维场景联动仿真时,可同步显示一个点、一个场景、一个区域的电磁态势信息。

(2) 数据同步:在体现二/三维场景联动仿真时,态势信息的表示准确统一,在数据表现上,一个是二维形式的图标,一个是三维形式的模型[69]。

(3) 过程控制同步:在对二维或三维场景的电磁态势信息分别进行改变时,另一个电磁态势信息也进行同步响应,保证了两个场景态势仿真信息的统一协调[70]。

#### 3.2.3.2 基于数据驱动的拖拽联动技术

1) 拖拽联动技术分析

目前,二/三维联动仿真多用于视景仿真应用系统中,不仅需要系统具有强有力的三维沉浸感,而且还需要提供清晰的二维平面图,并且能够实现二/三维位置的联动定位和信息查询;二/三维联动的实现方式基本为两大类:统一数据模型和消息驱动。

采用统一数据模型投影得到的二维和三维数据,是纯物理性质的数据类型,无论是三维模型的几何信息、特征、属性等数据,还是二维平面图的视图、标注、属性等数据,只是用来描述三维模型或二维平面图的外部特征;因此,采用统一数据模型实现二/三维联动,只是保证了二维和三维模型在视图、形状等方面的一致关联,并不能满足仿真对场景、空间实体以及实体运动等方面的要求。采用消息传送和关联关系表即消息驱动方式实现的二/三维联动方法,相对于统一数据模型方法具有实现容易,耦合关系少,便于系统扩展等优点,该方法在一定程度上可满足仿真系统中二/三维联动以及系统的多文档数据关联需求。

2) 数据驱动的拖拽维联动技术原理

消息驱动方式在实现战场场景、作战实体的三维特性上难以满足大规模场景的构建要求,基于数据驱动的二/三维联动方法可解决此问题。

在三维战场仿真场景中,地形、地物、作战单元等模型都具有真实的地理信息[71],同样,基于二维数字地图的二维场景也具有真实的地理信息,两者的数据类型是一致的,不同之处是三维场景数据是以三维大地坐标形式表现的,而二维场景数据则是以二维平面直角坐标形式表现的。因此,在实现作战场景的二/三维联动仿真时,为保持二/三维数据的一致性,可进行数据坐标的传递和变换,通过数据来驱动二/三维联动仿真。

在二/三维联动仿真过程中,所有数据的形成、变换、传递等都是在联动过程中完成的,是同一个数据的不同表现形式;因此,采用数据驱动的二/三维联动,保证了联动过程中数据的绝对一致。数据驱动的二/三维联动仿真流程如图3-11所示。

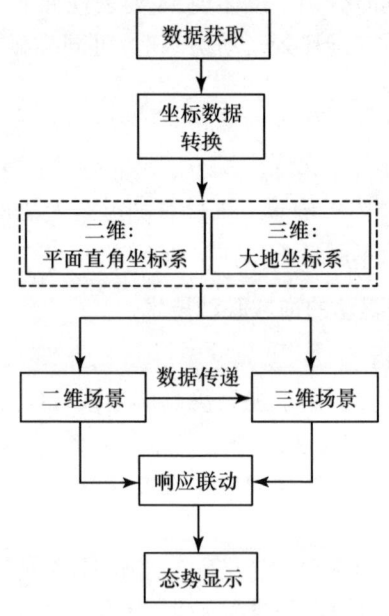

图3-11 数据驱动的二/三维联动仿真技术流程

数据驱动的二/三维联动技术流程主要分四步进行。①数据获取:首先获取系统中的相关地形数据,以及实体模型或作战单元的空间地理数据、实体或作战单元的运行数据等;②坐标数据转换:由于二维场景是平面直角坐标系数据,而三维场景是大地坐标系数据,需采用投影变换将数据类型转换为各自所能识别和响应的数据,同时保持二/三维场景的数据一致性;③数据传递:以消息或函数参数的形式将转换后的数据传递给需联动的仿真系统响应函数;④响应联动:对接收到的数据,通过解析来响应需要联动的动作,如数字地图或三维场景视角变换、添加、删除或修改模型与作战单元、描述模型或作战单元运动特性等。具体实现方法描述如下。

(1) 数据获取。

电磁态势仿真中的数据包括二/三维场景的显示数据、场景实体的坐标数据、目标实体的属性数据等;涉及二/三维联动的数据主要是二/三维场景的显示数据,主要实现二/三维联动的显示联动,即保证二/三维系统场景展示的是一个区域的电磁态势;场景实体的坐标数据,主要实现二/三维联动的控制联动,以保证场景实体的动作联动运行。基于 Vega Prime 平台的三维电磁态势仿真中的数据获取主要是通过其提供的应用程序接口函数实现的,具体表示如下。

```
vpScene * scene = vpScene::get(0);
vpObject *vpBox= vpObject::find("myObject");
scene->addChild(vpBox);
vpBox->getTranslate(&x, &y, &z);
vpBox->setTranslate(x, y, z);
```

通过 API 函数可以获取三维场景中物体的三维坐标,可获得物体为 myObject 实体的其他相关数据信息及参数,也可获取二维场景中窗口或实体的有关信息,从而完成二/三维联动的数据获取工作。

(2) 坐标数据转换与数据传递。

由于三维电磁态势数据一般采用 WGS-84 大地坐标系,二维态势数据为高斯平面直角坐标系。为保持二/三维数据的一致性,必须将这两个不同坐标系下的坐标数据进行统一;须将高斯平面直角坐标转换为大地坐标,将转换后的数据传递给需联动的仿真中,通过转换后的数据来驱动三维电磁态势仿真系统的运行,实现电磁态势展示同步、目标实体控制同步。

(3) 响应联动。

经过投影转换后的数据,是需联动的另一个仿真中所要运行的数据。在响应联动的过程中,二/三维电磁态势仿真系统在自己的运行平台上,可完成联动的相关功能,如数字地图或三维场景视角变换、添加、删除、或修改模型与作战单元等。

采用统一数据模型方式实现的二/三维联动中,保持数据的一致性只是用来描述三维模型或二维平面图的外部特征数据,这些数据并不能够满足仿真对场景、空间实体、实体运动等方面的需求,也不满足基于三维真实场景中的三维地理数据。采用以数据驱动方式来实现二/三维联动,通过对二维电磁态势仿真与三维电磁态势仿真的原始数据进行获取,确保了仿真系统在表现态势信息时的真实可靠性;同时,在保持二/三维电磁态势数据的一致性上,运用高斯投影变换,将两种不同坐标系下的数据进行统一,实现了联动过程中真正意义上的数据同步;因此,采用数据驱动方式下的基于三维真实场景的二/三维联动技术,是以数据为媒介,真正保持了二/三维数据的一致性,保证了二维电磁态势展示与三维电磁态势展示的同步运行,二/三维场景联动效果示意图如图 3-12 所示。

图 3-12　二/三维场景联动效果示意图

基于数据驱动的拖拽联动技术进行战场仿真场景构建，具有良好的灵活性、扩展性、维护性特点，能够满足多种不同应用环境的复杂作战场景构建要求。

## 3.3　电磁环境快速构建仿真平台设计

### 3.3.1　仿真平台框架设计

战场电磁环境快速构建仿真平台基本框架如图 3-13 所示[72]。

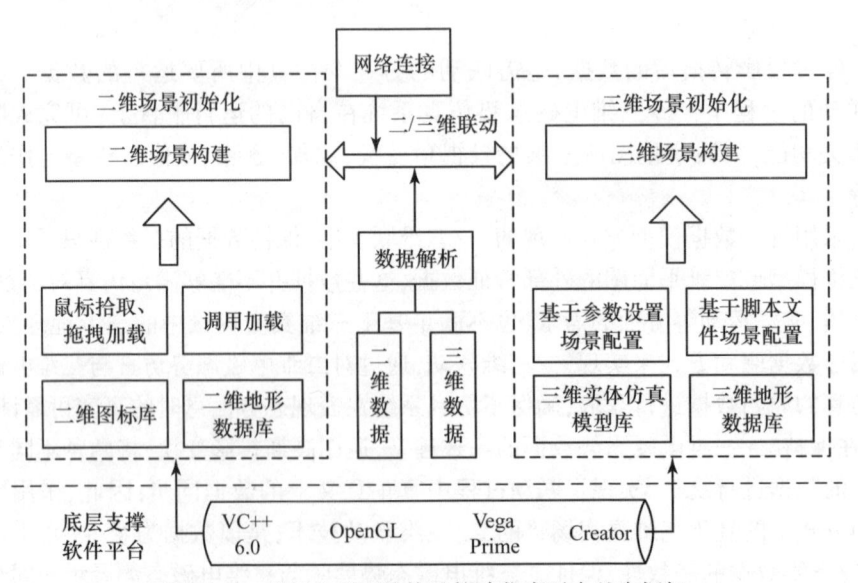

图 3-13　战场电磁环境快速构建仿真平台基本框架

如图 3-13 所示,战场电磁环境快速构建仿真平台主要由:二维场景构建、三维场景构建和二/三维联动场景构建三部分组成,各部分具体实现方式如下。

二维场景构建主要有两种方式:一是通过利用鼠标拾取、拖拽的方式对二维图标符号进行操作,实现仿真场景选择、地形切换、仿真单元加载、更改与删除,仿真单元属性参数设置,完成二维场景构建;二是通过调用系统数据库中的历史场景构建信息,进行修改,实现二维场景的快速构建。

三维场景构建主要有两种方式:一是对三维实体仿真模型库和三维地形模型库利用鼠标选取和快捷键设置的方式,进行三维场景的手动设置构建;二是利用基于 *.ACF 文件的脚本文件调用实现三维仿真场景的快速构建。

二/三维联动快速构建主要是通过网络连接的小型工作组,采用 Socket 网络编程技术,利用二维主控计算机实现二维仿真单元加载,属性参数设置对三维仿真平台的批量发送,实现三维场景的快速构建,并保持二维与三维仿真单元的数据一致性和显示一致性。

战场电磁环境快速构建仿真平台的开发环境为 Visual Studio 2008 平台,三维建模软件为 Creator Pro 3.0,图形管理软件为 Vega Prime 5.0,图形绘制软件为 OpenGL 4.2,仿真软件平台利用 Creator Pro 建模软件建立具有真实感的虚拟战场环境,生成逼真的地形特征物和虚拟作战单元;利用 Vega Prime 面向对象的三维虚拟现实软件开发平台,完成仿真驱动功能,实现场景驱动、地形处理及模型动态调用等。

在虚拟场景显示方面采用 Creator Pro 与 Vega Prime 相结合的方法实现三维战场场景设置,可同时加载多种不同的战场单元,如无人机、地面站、干扰、舰艇、电台等;通过航迹设置来控制战场单元的运动模式和状态;利用 OpenGL 的多线程绘制方法实现目标的位置坐标、姿态、方位角、俯仰角、速度及相对距离等信息的实时可视化显示,并实时计算相邻帧数的仿真数据,采用 OpenGL 的绘制方式,可加速渲染速度,提高仿真效率。

本仿真平台利用基于分布式网络的 Socket 编程技术来组建小型工作机组,由二维主控计算机与三维仿真计算机利用信息交互的方式,通过网络实时传输仿真数据,并应用相应的信息处理与解析算法,对仿真过程实时产生的数据进行优化,战场环境仿真平台的实质是利用数据驱动场景构建,从而实现战场环境的快速构建。战场电磁环境仿真场景快速构建流程如图 3-14 所示。

战场电磁环境仿真平台主要包含 4 个模块组成:二维场景构建模块、二维场景功能模块、三维场景构建模块、三维场景功能模块。二维场景构建模块利用二维 GIS 与图标符号库,通过鼠标拾取、拖拽的方式实现场景构建;三维场景构建模块

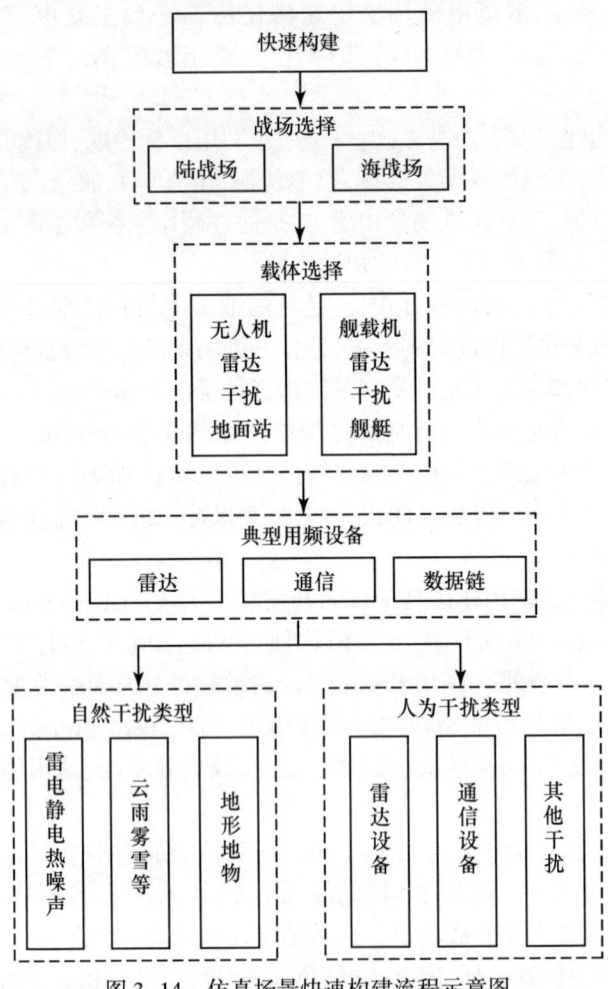

图 3-14 仿真场景快速构建流程示意图

是基于 *.ACF 脚本文件配置调用、作战单元符号库、二/三维联动的拖拽方式实现场景的快速构建；二维场景功能模块包括电磁态势预测、复杂度计算、信干比计算、误码率计算、适应性评估功能；三维场景功能模块包括辐射源可视化，电磁态势可视化，电磁环境效应可视化功能。仿真平台组成模块如图 3-15 所示。

## 3.3.2 仿真平台硬件拓扑图

仿真平台硬件拓扑图如图 3-16 所示。

仿真平台硬件拓扑结构为一个小型工作组，包括二维电磁态势仿真主控计算机，二维电磁态势显示计算机，三维电磁态势仿真仿真计算机，自然环境干扰模拟

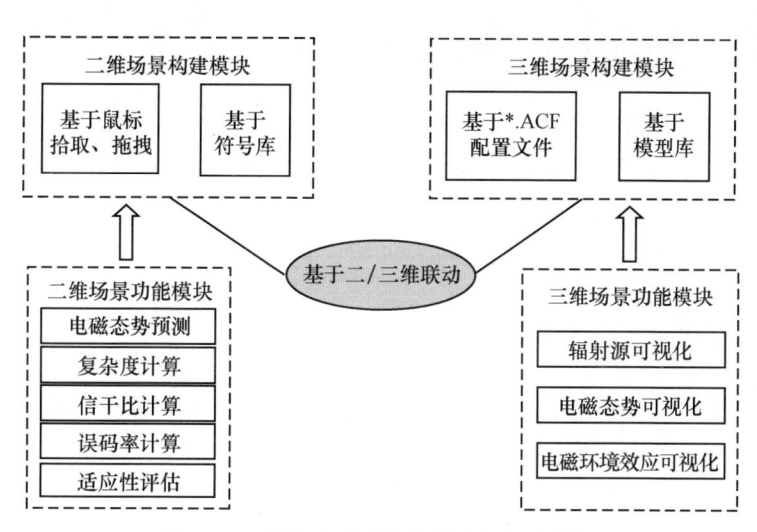

图 3-15　战场电磁环境仿真平台组成模块

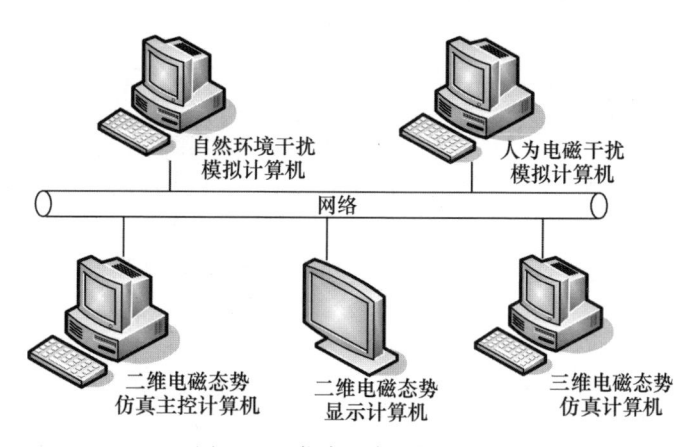

图 3-16　仿真平台硬件拓扑图

计算机,人为电磁干扰模拟计算机等。二维电磁态势仿真主控计算机作为仿真平台总控机,可实现仿真场景的总体构建,信息的发送和仿真过程控制,以及部分仿真功能实现;采用分屏显示模式,对仿真场景的战场电磁态势信息进行展示;三维电磁态势仿真计算机是对二维主控计算机的功能补充,也可独立运行,三维电磁态势仿真计算机具有良好的三维可视化显示功能,可以提供真实的场景沉浸感,展示战场电磁态势的细节信息;自然环境干扰模拟计算机主要是为场景构建提供自然环境干扰属性信息,人为电磁干扰模拟计算机主要是为场景构建提供人为电磁干扰属性信息数据。

### 3.3.3 仿真平台软件流程图

#### 3.3.3.1 仿真平台软件总体流程图

仿真平台软件总体流程如图 3-17 所示。

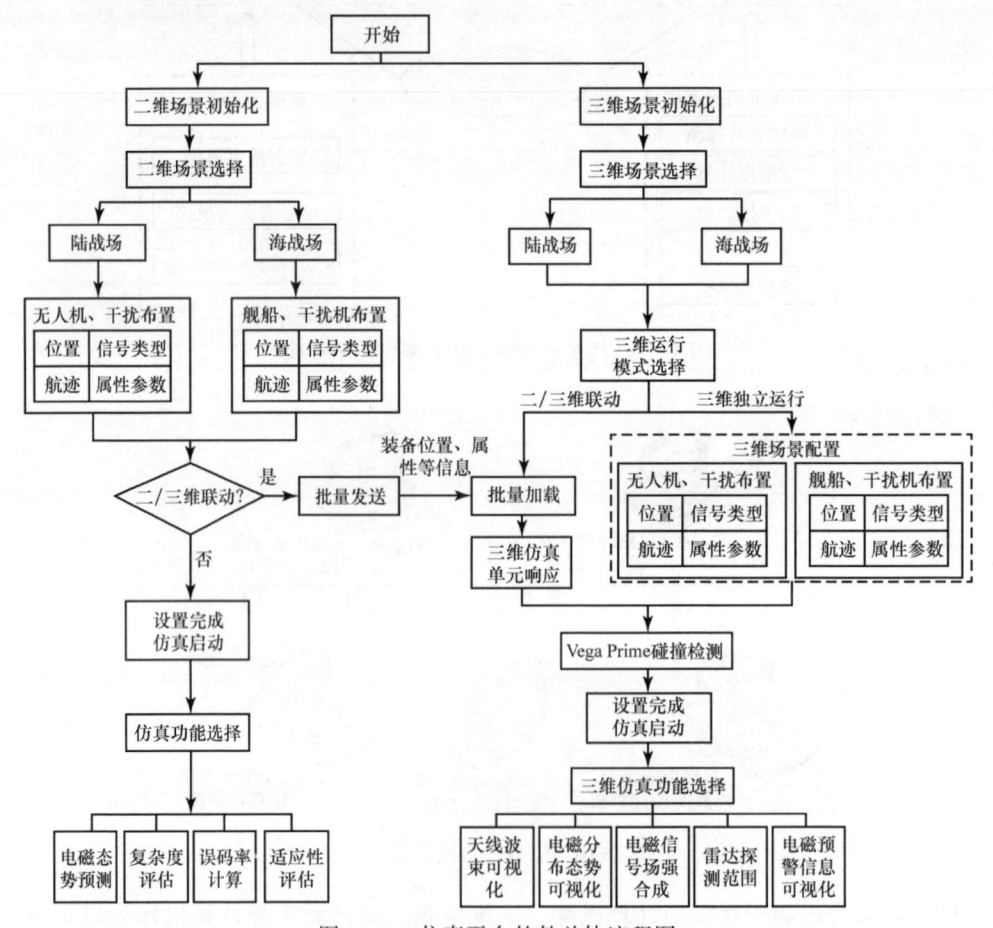

图 3-17 仿真平台软件总体流程图

本仿真平台软件提供陆战场和海战场两种场景,建立了仿真单元的二维图标符号库、三维实体仿真模型库,并与二维地理信息系统、三维场景模型有机结合,从而实现战场类型选择,仿真单元加载、修改和删除功能;利用构建的辐射源特性数据库、干扰属性信息库、电磁信号传播模型库,实现仿真单元属性参数设置,电磁环境特性表述以及战场电子对抗仿真场景的构建;利用基于网络连接的 Socket 网络编程技术,提供二/三维联动的仿真运行模式,实现二维仿真单元信息对三维仿真系统的批量发送与加载,在三维场景中引入 Vega Prime 碰撞检测技术,利用数据驱动方式进行场景构建,保证了二维仿真与三维仿真之间的数据一致性和显示一致性;通过调用软件平台中的相关数学模型及计算处理线程,实现仿真平台中的复杂电磁环境分布特性、信干比、合成场强、误码率解算等功能。

#### 3.3.3.2 三维场景构建软件流程

仿真平台中三维场景构建软件流程如图 3-18 所示,三维场景构建首先进行场景的初始化配置,即完成网络初始化连接、三维模型的加载、初始视点的设置和航迹等设定;其次进行场景可视化更新,将各种仿真单元的动态模式信息,以及对加入的各种自然环境和人为电磁干扰影响进行可视化动态刷新,使构建的三维场景具有动态真实性,提供良好的三维动态场景沉浸感;最后利用构建的仿真场景实现环境复杂度可视化显示,合成场强可视化,以及电磁态势可视化等功能。

在图 3-18 中,三维场景构建软件的工作流程为:主线程启动,进入场景参数模

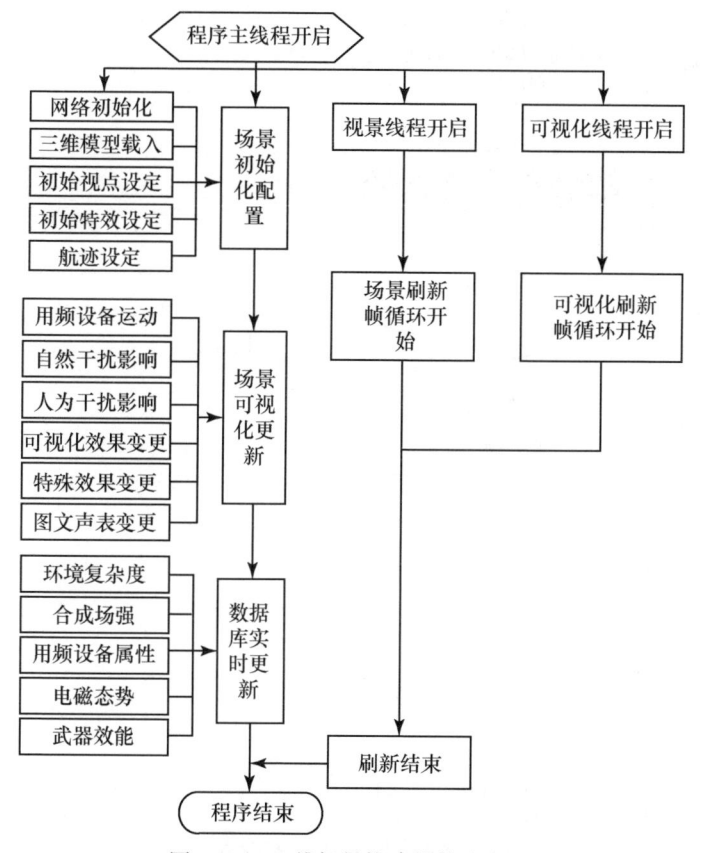

图 3-18 三维场景构建软件流程图

块,场景搭建结束后,开启场景显示线程对场景图进行遍历操作,同时主线程接受用户的交互信息进行场景参数的更新,并控制场景的绘制;用户可在主循环退出之前接收来自局域网的数据,数据经同步处理之后进入场景更新模块最终驱动场景绘制。

### 3.3.3.3 二维场景构建软件流程

二维场景构建过程主要包括:战场类型选择,仿真单元加载与属性参数设置,数据交互网络连接等。

1) 战场类型选择

在战场类型选择部分,二维场景构建软件提供两种战场类型,分别为陆战场与海战场,战场类型选择流程如图 3-19 所示。

战场类型选择过程是通过鼠标的操作响应函数来查找相应的资源位图,进行

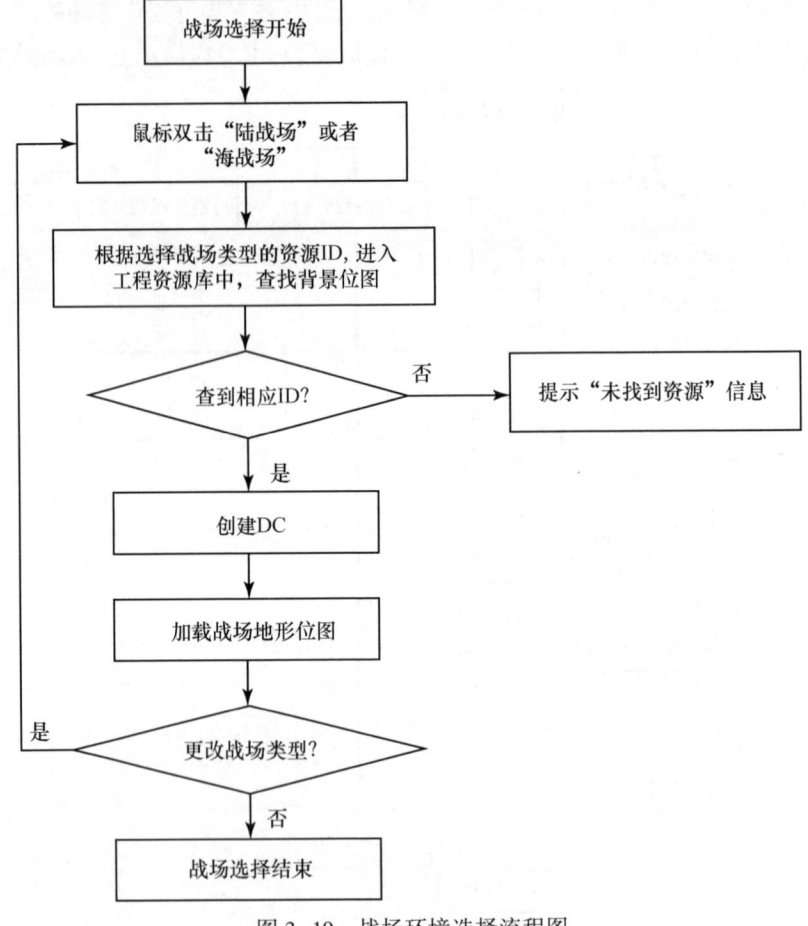

图 3-19 战场环境选择流程图

场景的加载与切换。根据选择战场类型的资源 ID 在资源位图中进行查找背景位图,如无相应的 ID,则提示未找到资源信息,否则就创建 DC(Device Context)资源,并加载相应位图,更改战场类型。

2) 仿真单元加载与属性参数设置

仿真单元加载是在场景构建完成后,选定特定的仿真单元(如无人机、舰船、干扰源等)加入仿真场景中;在二维场景构建软件中,仿真单元的加载也是通过对图标符号库利用鼠标的操作响应函数来实现的,其内部流程与战场类型选择的流程相似。

对仿真单元进行属性参数设置,是完成仿真场景初始化并进行仿真功能使用的前提。仿真单元属性参数可通过手动设置或调用历史数据库进行快速设置;这些属性参数包括仿真单元动态参数设置(如速度、加速度、运动航迹设置等),信号属性参数(主要包括信号发射功率、信号频率、调制类型、天线增益等参数)设置等。以用频设备作为仿真单元,其属性参数设置流程如图 3-20 所示。

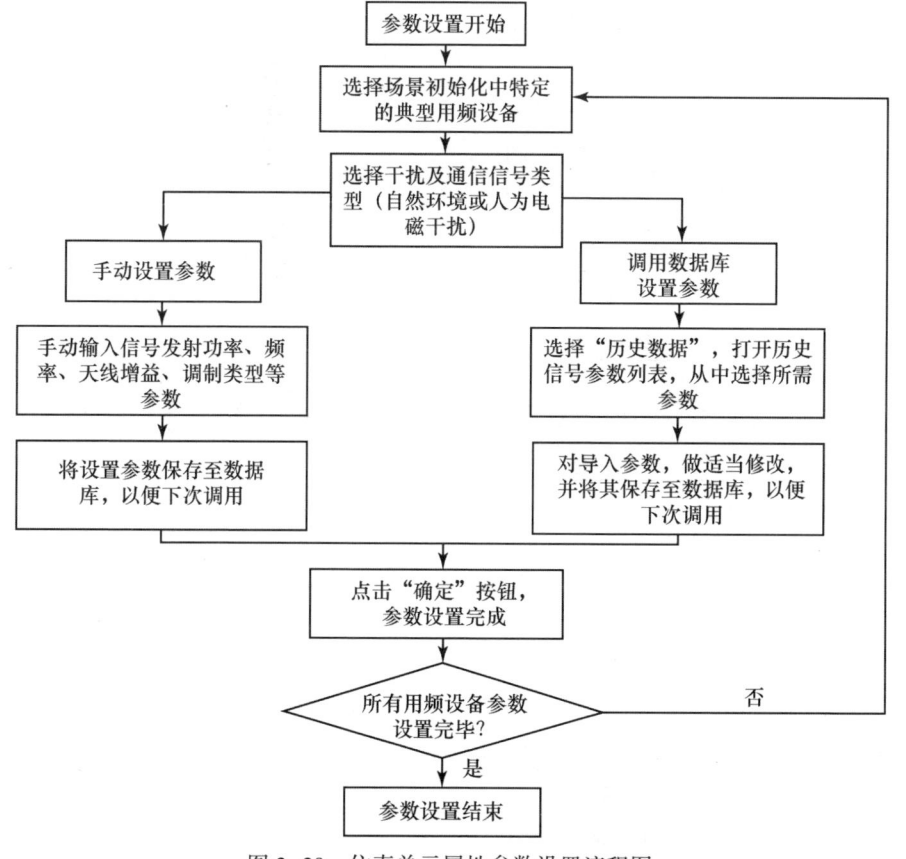

图 3-20 仿真单元属性参数设置流程图

3）数据交互网络连接流程

二/三维场景构建软件中的数据交互网络连接关系如图 3-21 所示，数据交互网络连接流程如图 3-22 所示。

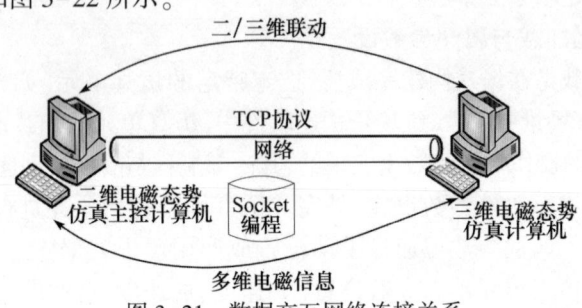

图 3-21　数据交互网络连接关系

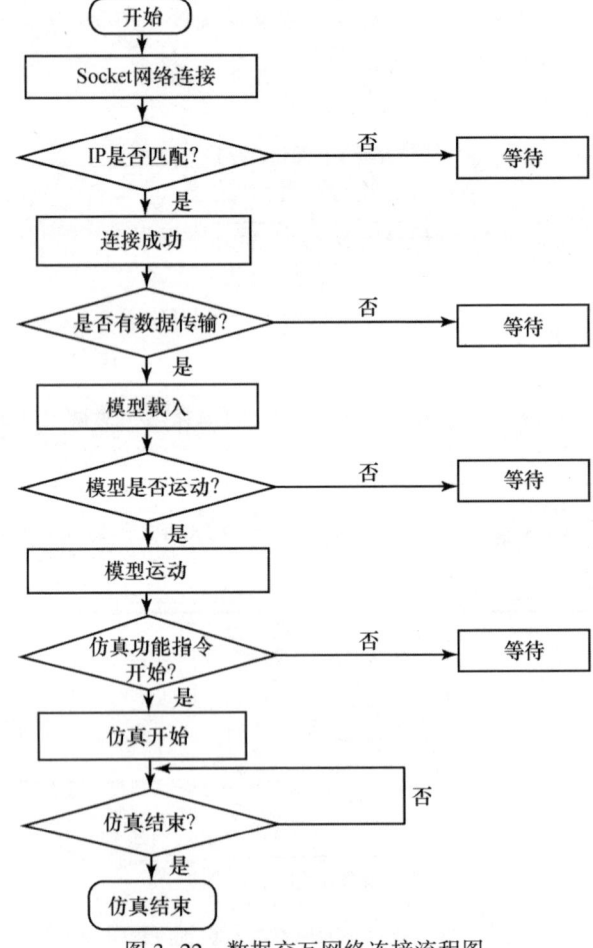

图 3-22　数据交互网络连接流程图

仿真平台启动之后,二维电磁态势仿真主控计算机与三维电磁态势仿真计算机之间利用 TCP/IP 网络通信传输协议进行自动网络连接;在确认网路连接成功之后,二/三维电磁态势仿真计算机之间的网络传输线程均处于等待状态,当二维主控线程有操作时,便产生相应的消息来驱动三维线程的开启,并进行数据传输,否则三维线程一直处于等待状态。基于网络连接的二/三维联动场景构建初始化流程如图 3-23 所示。

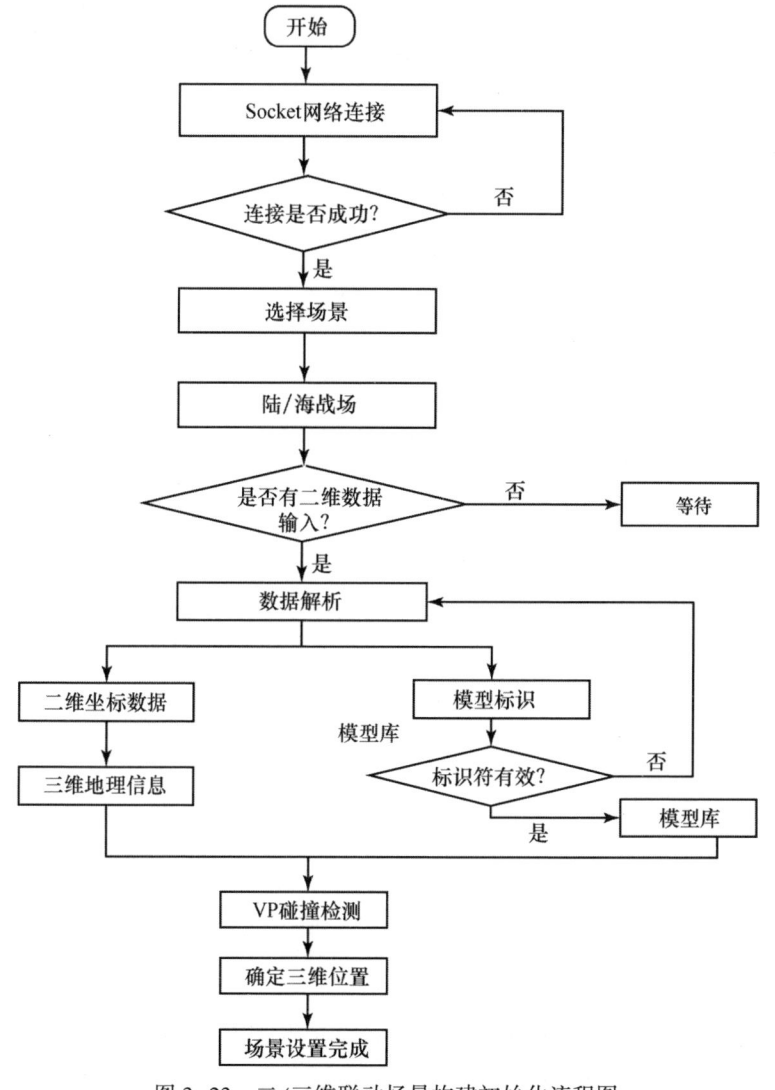

图 3-23 二/三维联动场景构建初始化流程图

### 3.3.3.4 仿真平台主要子模块软件流程图

仿真平台子主要模块包括:干扰功率、合成场强计算,误码率计算,电磁环境分布特征参数解算。各子模块具体实现流程如下。

1) 干扰功率、合成场强计算流程图

在场景初始化、参数设置完成后,根据装备所在区域选择相应的传播模型,单个干扰直接计算到达接收机天线口面的接收功率,多个干扰时进行多信号场强叠加,获得多干扰信号到达接收机天线口面接收功率,然后根据接收功率来进行信干比的步进仿真,绘制信干比参数曲线;干扰功率、合成场强计算流程如图3-24所示。

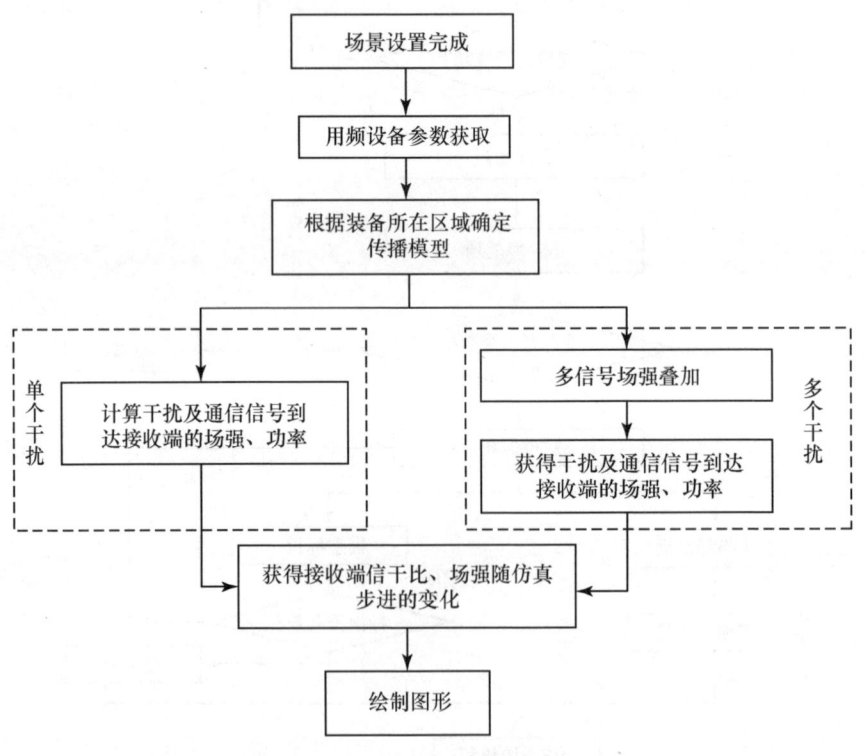

图3-24 信干比、合成场强计算流程图

2) 误码率计算流程图

仿真场景构建完成后,仿真平台可以根据获取的用频设备的属性参数,以及相应选择的信号传播衰减数学模型,对到达接收端口面的信号功率和干扰功率进行计算,结合信号接收端的特性,利用误码率计算模型,完成误码率解算,输出误码率变化曲线。误码率计算流程如图3-25所示。

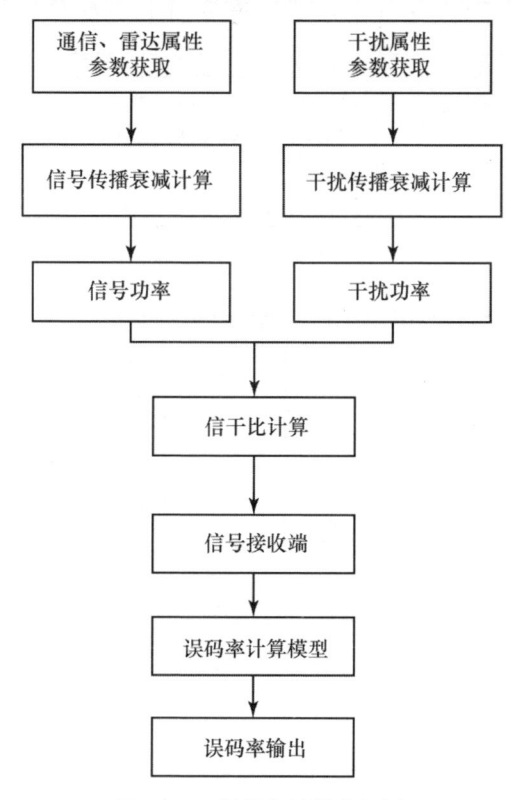

图3-25 误码率计算流程图

3）电磁环境分布特征参数解算流程图

电磁环境分布特征参数是对战场电磁环境从时域、能域、空域和频域的全面特性表征，也是电磁环境复杂度的重要评估指标。电磁环境分布特征参数包括：时间占有度、空间覆盖率、信号样式种类、频率占用度、频率重合度系数、电磁信号密度系数、信号强度、背景信号强度系数等指标。对电磁环境分布特征参数的解算，首先从仿真平台系统数据库中获取用频设备属性参数，电磁环境场景信息，以及相应电磁信号传播模型；再通过构造电磁环境参数矩阵，判断参数矩阵一致性，利用正确的参数矩阵，通过调用仿真平台分布特征计算模型，实现对电磁环境分布特征参数解算，计算流程如图3-26所示。

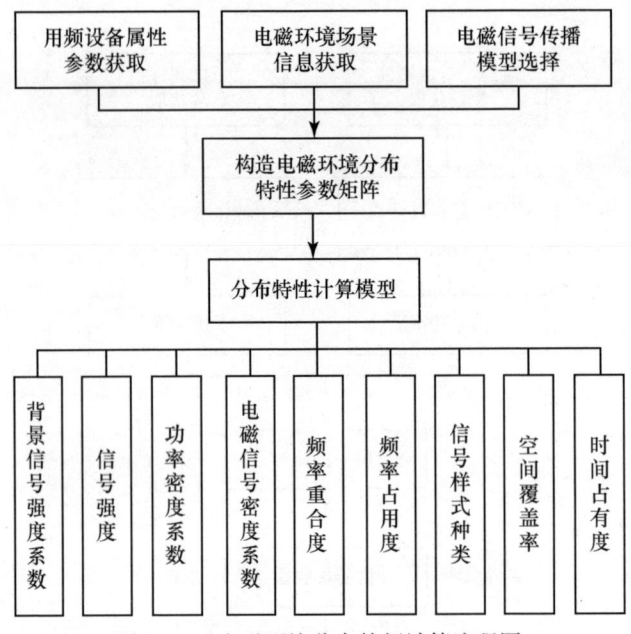

图 3-26　电磁环境分布特征计算流程图

# 第 4 章 多维复杂电磁环境可视化技术

## 4.1 仿真可视化方法

### 4.1.1 仿真可视化概念

科学计算可视化是指运用计算机图形学和图像处理技术,将科学计算过程中及计算结果的数据转换为图形及图像在屏幕上显示出来并进行交互处理的理论、方法和技术[73]。科学计算可视化的研究领域涉及多个学科,它与图形学、数字图像处理、计算机视觉、计算机辅助设计等学科紧密相连[74],并有着极强的应用背景,能将来自各个研究领域中的海量数据从不同的侧面揭示物质和各种现象在一定条件下的物理属性[75],科学计算可视化技术正是深入到这些领域中,挖掘数据之间的相关性及规律并以可视化方式进行描述及表达。

科学计算可视化目标是把科学研究中由数值计算及科学实验获得的大量数据转换成人的视觉可以接受的计算机图像。一幅图像能把海量的抽象数据有机地结合在一起,展示数据所表现的内容及其相互关系[76],使人们能够摆脱直接面对大量抽象数字组合成的各种复杂情形,从而可以把握数据的全局及其局部;科学计算可视化提供了理解与洞察科学计算过程中所发生的事件,并可以发现通常情况下发现不了的现象及本质,从此丰富了科学发现的途径,可获得意料之外的启发与见解,从而提高科研工作水平与效率,缩短获得研究成果的周期。

仿真可视化就是在仿真过程中采用科学计算可视化方法,将仿真计算、实验以及测量所产生的海量数据转换为具有真实感的图形、图像并进行实时性可视化显示,将研究领域不可见的空间环境及物理现象变为可见。仿真可视化是洞察数据内涵信息关系和规律的有效方法,使研究者们以直观、形象的方式揭示、理解数据中的规律,从而摆脱直接面对大量无法理解的抽象数据的被动局面。

### 4.1.2 仿真可视化方法及流程

#### 4.1.2.1 仿真可视化方法分类

在仿真环境中产生的大量数据,无外乎可以分为三类:标量场数据、向量场数据及张量场数据[77]。对标量场数据常见的可视化方法有面绘制方法和体绘制等方法[78];对向量场数据常见的可视化方法有箭头、时线、流线、迹线、脉线、质点轨迹、粒子跟踪、张量探测和场拓扑结构等[79-80];对张量场数据的可视化方法有图元法等,图元法利用包含信息的图像符号表示每个张量数据点。仿真可视化的分类方法有很多,表4-1给出了一种按数据类型、空间维数和信息表示层次划分的可视化分类方法。

表4-1 标量场、向量场及张量场的可视化方法分类

| 可视化方法 | 数据类型 | 空间域 | 信息表示层次 |
| --- | --- | --- | --- |
| 体光线投射 | 标量 | 体 | 基本数据 |
| 等值面 | 标量 | 面 | 基本数据 |
| 箭头 | 向量 | 点 | 基本数据 |
| 流面 | 向量 | 面 | 基本数据 |
| 粒子跟踪 | 向量 | 点 | 基本数据 |
| 张量探测 | 向量 | 点 | 局部数据 |
| 拓扑结构 | 向量 | 体 | 整体数据 |
| 超流线 | 张量 | 线 | 基本数据 |
| 图元法 | 张量 | 面 | 基本数据 |
| 特征法 | 张量 | 体 | 局部数据 |

战场复杂电磁环境具有复杂、多维、时变的特点,电磁环境可视化的目的是给电子对抗指挥员提供作战指挥所需要的战场电磁信息。首先,战场电磁环境是纷繁复杂的,由于使用的电磁设备数量越来越多,类型广泛、占用频谱范围宽、频率需求量大,电磁空间环境极为复杂;其次,战场电磁环境中任何单一因素都不可能独立存在并单独发挥作用,战场电磁环境既涉及通信电磁环境,又涉及雷达、光电等电磁环境;既要考虑电磁信号的时域特征,又要关注频域、空域、能量域特性等,缺少了任何一方面,都不能完整客观地反映战场电磁环境特性;最后,未来战场电磁环境不仅是时变的,而且电磁环境中的介质也会随时间发生变化;所以可利用可视化技术来展示电磁环境的上述特征变化[81]。

根据战场电磁环境的特点,在电磁环境可视化方法中,主要采用标量场可视化

方法来实现电磁环境的可视化,为了更好地展示电磁环境的时变特性,也可借鉴并采用向量场及张量场的相关可视化方法。目前国内外研究中,针对三维电磁体数据场处理及可视化的研究工作及应用实验十分活跃,建立电磁三维数据场主要有两种方法:面绘制(Surface Based Rendering,SBR)和直接体绘制(Direct Volume Rendering,DVR,简称体绘制)方法。

面绘制最常用的等值面提取方法[82],可将原始数据场中某单个属性值抽取特定大小范围的轮廓,有效地绘制三维数据的某个表面,清晰地反映原始数据场的表面轮廓信息,但等值面提取技术缺乏展示数据内部信息的能力,不能反映原始数据场的整体及细节信息;直接体绘制方法直接由数据生成三维图像,不用构造中间的几何图元,以体素作为基本单元,不仅能够反映三维数据的整体信息,而且能够表示数据的内部信息,绘制图像质量高;体绘制方法包括数据的采样、重构、重采样、绘制等操作,其缺点是计算量大,过程复杂。按照可视化绘制原理,三维数据场可视化方法分类如图4-1所示。

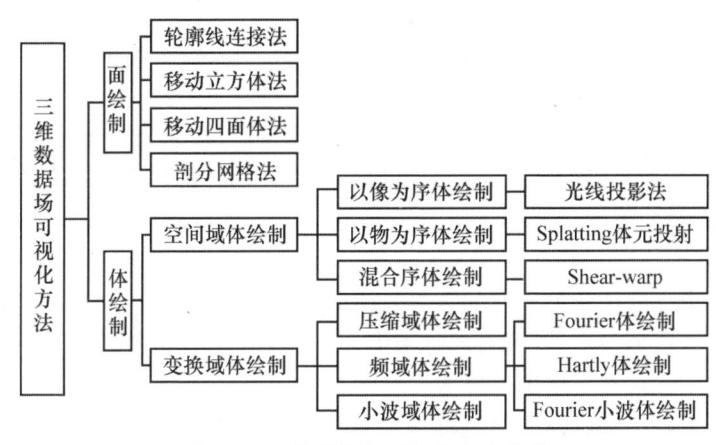

图4-1 三维数据场可视化方法分类

1)面绘制

在面绘制中,首先由三维空间数据场构造出中间几何图元(多边形或三角形面片)来逼近等值面,即逼近数据场中满足某一特性的物质,然后利用已有的算法对等值面进行光照计算和渲染。面绘制方法可以利用现有的图形处理硬件对绘制进行加速,使生成图像及其变换的速度加快,并且产生的等值面图像较为清晰,然而面绘制方法生成的图像只能反映原始三维数据场的局部信息,不能反映其全局信息,生成的图像也不够精细,而且该方法需要对数据进行二值分割来生成等值面[83],分割精度要求较高。目前常见的面绘制方法主要有以下4种:轮廓线连接法、移动立方体法、移动四面体法和剖分立方体法。

(1) 轮廓线连接法:首先提取每层图像的轮廓线,然后选取不同图像层间轮廓线上的顶点,连接这些顶点形成三角面片,最后通过光照计算进行渲染。轮廓线连接法存在对应问题、镶嵌问题和分支问题,因此只适用于层间等值面变化较小或者具有几何形状上比较相似,且绘制精度要求较低的场合,这些缺点限制了轮廓线连接法的进一步应用。

(2) 移动立方体法:该方法是进行规则体数据场等值面生成和绘制的经典算法。它由两层间 8 个相邻体素构成的体素内部构造代表等值面的三角面片,首先根据二值分割法确定等值面,然后在每一个体素内逐个比较其顶点值,判断其位于等值面内或等值面外。如果体素一条边的两个顶点一个在等值面内,一个在等值面外,则表示等值面与该边相交,可以求出其交点坐标,将这些交点作为三角面片的顶点。虽然移动立方体方法的基本算法存在面片过多和二义性的缺陷,但经过改进后,目前已广泛应用于各种体数据的可视化。

(3) 移动四面体法:该方法是为了解决移动立方体法的二义性问题而提出,首先将立方体体素剖分成四面体,然后在四面体内部构造等值面。由于四面体是构成任何类型多面体的基本元素,是最简单的多面体,因此移动四面体法比移动立方体法应用面更广;此外,移动四面体法比移动立方体法构建的等值面精度更高。

(4) 剖分立方体法:当离散三维数据场的密度高,接近或者超过计算机屏幕的显示分辨率时,采用移动立方体法构造的三角面片与屏幕像素大小差不多,甚至更小,此时需通过插值来计算小三角面片;剖分立方体法改进了移动立方体法的这个缺点,剖分立方体法和移动立方体法一样对数据场中的体素逐一地进行处理;当一个体素 8 个顶点的体素值中有的在等值面内,有的在等值面外,且此当体素在屏幕上的投影大于屏幕像素时,可将此体素沿 $x$、$y$、$z$ 这 3 个方向进行剖分,直到体素都在等值面之内或都在等值面之外或者其投影等于或小于像素,将投影等于或小于像素的小体素投影到屏幕上,形成所需要的等值面图像。

2) 直接体绘制

直接体绘制方法不用构造中间几何元素,直接将三维数据场投射到二维屏幕上,能生成三维数据场的整体图像[84],包括体数据内部信息,绘制图像的质量高,能得到数据的深度信息,但其计算量巨大,很难利用传统的图形处理硬件进行加速,导致计算时间较长。目前常见的直接体绘制方法主要有空间域体绘制与变化域体绘制方法。

(1) 空间域体绘制:空间域体绘制方法的实质可概括为三维数据场的重采样和颜色合成两大步骤[85]。根据绘制次序,空间域体绘制算法可以分为三类:以图像空间为序(简称像序)的体绘制算法、以对象空间为序(简称物序)的体绘制算法及图像和对象空间混合序的体绘制算法。

像序体绘制算法由屏幕的像素点发出光线穿过数据场决定像素的颜色值,具有下述两个特点:一是从屏幕上的每一个像素点出发,根据视点位置,发射穿过三维体数据场的光线,沿这些光线进行离散化采样,按照一定原则选取若干重采样点;二是通过插值近似计算这些重采样点间的颜色和不透明度,计算对应屏幕像素的颜色。常见的像序体绘制算法根据采样方式和模式的不同包括 X 射线绘制、最大强度投影法和等值面绘制三种模式,其中,X 射线绘制算法直接将插值后的重采样点直接和值作为像素颜色,最大强度投影法则直接使用插值后重采样点的最大值作为像素颜色。

物序体绘制算法将体数据映射到二维的图像屏幕[85],将对二维屏幕像素有影响的每一个体素的贡献计算出来,然后将其合成为像素的颜色来绘制图像,生成图像的步骤如下:首先将每一个体素点投影到屏幕空间的坐标上,然后计算对屏幕的影响范围和贡献,Splitting 算法就是一种典型的物序体绘制算法。

混合序体绘制算法集成了像序体绘制和物序体绘制两种算法的优点,它通过将三维离散数据场的投影变换分解为 Shear 变换和 Warp 变换,实现将三维空间的重采样简化为二维平面的重采样,减少了大量的计算,在不显著降低图像质量的前提下,可以在一般的处理计算机上接近实时速度绘制体数据。但由于 Shear-Warp 算法对二维图像空间的采样不可能得到完整正确的三维信息,它是以牺牲图像质量和准确性为代价来实现加速绘制的。

(2) 变换域体绘制:首先将空间体数据变换到变换域,然后在变换域内直接生成投影或借助变换域的信息生成投影,从而进行显示。常见的变换域包括压缩变换域、频域和小波域,因此,对应的变换域体绘制方法有压缩域体绘制、频域体绘制和小波域体绘制等。

压缩域体绘制不需要将压缩后的数据进行解压缩,而是直接在压缩域进行绘制,不需要装入全部未压缩的体数据,绘制结果可以立即显示。因此对计算机的内存、计算和传输要求降低,并可加快绘制速度,是一个将绘制与压缩进行有机结合的方法;该方法首先在空间域对体数据用向量量化技术进行压缩,然后直接对量化块采用一般的空间体绘制方法进行绘制。

频域体绘制算法是根据傅里叶切片定理提出来的,是在频域中进行体绘制过程的技术。根据傅里叶切片定理[85],在三维数据场经过傅里叶变换后相应的频域场中,按视线方向抽取一个经过原点的截面,再对这个截面做傅里叶逆变换,得到的就是在空域中的图像平面的投影。频域体绘制先对三维数据场进行三维快速傅里叶变换,得到数据场的频域表示,然后对任意投影方向(观察方向),在频域内通过原点且垂直于投影方向的平面内进行二维切片重采样,最后对二维采样得到的数据场进行二维傅里叶逆变换,即得到空间域表示的三维数据场沿投影方向的二维平行投影图像。

小波域体绘制首先对体数据进行三维离散小波变换,再将体数据进行多分辨率表示及数据压缩;在绘制阶段,不需要执行解压缩操作,直接将小波变换的小波系数代入体绘制方程生成二维图像,利用少量小波系数表示体数据。

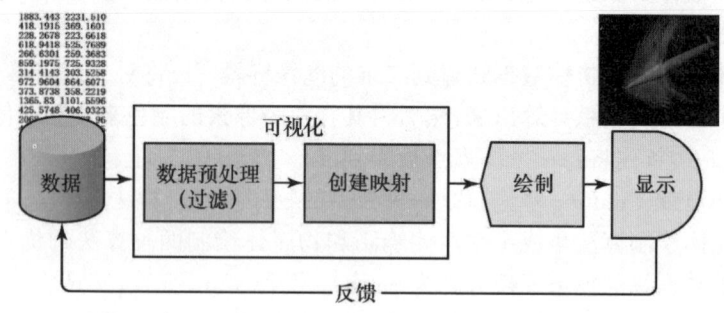

#### 4.1.2.2 科学计算可视化流程

科学计算可视化流程如图 4-2 所示。

图 4-2 科学计算可视化流程

从图 4-2 中可以看出,科学计算可视化流程可分为以下 4 个步骤。

(1) 过滤:抽取感兴趣的数据。从最原始的模拟实验数据集中提取出感兴趣的数据,然后将它经过数据加工再转变成更浓缩、更相关的数据。

(2) 映射:创建几何图元。将过滤出的抽象数据映射成具有显示属性的几何图元。常见的几何图元有零维的点图元(如粒子)、一维的线图元(如等值线、流线)、二维的面图元(如等值面、流面)、三维的体图元及多维的基于特征的图标图元等。

(3) 绘制:将几何图元转换为图像、图形。即对几何图元赋以视觉特性,即确定图像图形的合成、颜色、透明性、纹理、阴影等性质,并启动图像绘制过程。

(4) 显示:对于随时间而变的物理现象,以连续播放图像的方式,反映出数据场所含信息的本质。

上述可视化方法流程的 4 个步骤构成了一条可视化流水线,即从最原始的模拟实验数据集,经历几何图元,最后得到数字图像的过程,并且仿真可视化过程还是一个周而复始的循环迭代过程。由于事先并不知道原始数据集的哪些部分对分析最重要,而且也不可能预定数据集到几何图元的最佳映射关系,甚至哪些光学属性绘制出的图像效果最佳,需要反复实践及摸索,因此整个可视化及分析过程是一个反复求精的过程,通过显示和分析对数据的反馈,显示空间电磁环境数据的整体及细节特征,便于对空间电磁环境数据的分析与理解。

## 4.2 电磁环境态势可视化内容

由于未来战场环境中的电磁信号极其复杂,战场电磁环境可视化的内容及表现形式不仅要综合采用多种方法和手段,还应尽量使各种方式有机结合相互补充,以便于形象逼真地反映战场电磁环境。下面从态势标绘、电磁辐射源、电磁环境效应、多维电磁环境信息以及电磁态势体数据 5 个方面对战场电磁环境态势可视化进行介绍。

1) 战场环境态势标绘可视化

态势标绘是实现态势图可视化的必要手段,和二维环境一样,在三维环境中,重构二维环境里的态势符号,是目前解决态势图可视化的关键所在。态势标绘系统是战场态势及电磁环境态势可视化的重要组成部分,是指挥人员展现战场状态和趋势的重要途径。态势标绘是将地图作为其应用背景,使用符号和文字,将敌我双方的作战意图、阵地遍地、兵力部署、武器装备、作战过程以及其军事行动、战场环境等态势信息标记在地图上。

2) 电磁辐射源可视化

战场中电磁辐射源主要包括通信电台、雷达站、电子对抗装备等,基于面绘制的电磁辐射源可视化应主要针对单个电磁信号传辐射覆盖范围,特别是电磁辐射源的有效作用范围,如通信电台的有效通信区域、雷达探测范围、受干扰的区域等进行可视化。本部分以雷达辐射源为例,针对雷达辐射源的辐射天线,如余割平方函数、$sinx/x$ 平方函数、高斯型、全向型天线、相控阵天线方向图进行可视化建模,并采用混合采样方法对雷达辐射源的边界进行离散化,并通过面绘制方法对雷达辐射源进行了表征及可视化描述。

3) 电磁环境效应可视化

电磁环境效应是指电磁环境对用频设备、系统及平台的综合影响,电磁环境效应可视化是一种交互式的表达,通过用频设备(系统及平台)在特定电磁环境下的响应来反映其电磁环境适应能力。本部分在基于面绘制的电磁辐射源可视化的基础上,重点对雷达系统受到人为电磁干扰后,雷达探测范围的变化进行可视化表征。

4) 多维电磁环境信息可视化

多维电磁环境信息利用可视化数据库 VisDB 的思路和配色方案,采用 Mercator 投影的反函数将平面上的像素点映射到三维球体上的方法,实现多维信息模型到符合人类感知习惯的三维球体模型的映射,并用该方法表征战场电磁信号样式、频率占用度、频率重合度系数、电磁信号密度、时间占用度、空间覆盖率、信号强度、背景信号强度系数等综合特征参数。

5) 电磁环境态势体数据可视化

由于多维电磁辐射源合成功率或总的辐射功率密度,不仅与各电磁辐射源辐射场的强度和极化方式有关,还与各辐射场的频率、传播方向、相位等因素有关。假设在电磁辐射源个数、传播衰减模型、空间分布位置、发射源属性参数,空间电磁态势观测区域参数动态可调的条件下,基于解算观测区域的多维电磁辐射源合成场强的数学模型,用数值求解的方法计算出离散单元处的合成功率函数值,将电磁空间离散化,即可得到电磁态势三维体数据场。电磁态势三维体数据可视化,主要包括两个方面的内容,一方面是基于已建立的电磁信号仿真模型以及传播模型,仿真生成设定战场区域的电磁态势体数据,利用直接体绘制对生成的体数据进行可视化,另一方面是利用间接体绘制的切片切割方式,将感兴趣区域的空间电磁态势进行局部可视化,实现空间电磁态势的整体全方位多角度可视化。

## 4.3 电磁环境态势可视化方法

战场电磁环境态势,简称电磁态势,广义上是指电子对抗双方电磁力量对峙的状态和形成的形势。电子对抗作战指挥的实质是通过电子对抗力量的运筹和运用,使电磁态势向有利于己方转变,从而达到电子对抗的作战目的。下面从电磁态势的态势标绘、雷达辐射源、电磁环境效应、多维信息及电磁态势体数据5个方面对电磁态势可视化方法进行介绍。

### 4.3.1 战场环境态势标绘可视化

态势图是在地图、地理信息系统以及传播学的基础上发展得到的,最早出现在美军通用作战态势图(COP)[86]。态势标绘是实现态势图可视化的必要手段,和之前的二维环境相同,三维环境也是一种以符号为体系的表现环境。态势标绘系统是战场态势可视化的重要组成部分,是指挥人员展现战场状态和趋势的重要途径。将地图作为其应用背景,使用符号和文字,将敌我双方的作战意图、阵地遍地、兵力部署、武器装备、作战过程以及其军事行动、战场环境等态势信息标记在地图的过程叫做态势标绘[87]。

欧美发达国家很早就进行数字化部队建设和战场可视化研究,美国早在20世纪70年代末就开始研究使用态势标绘,20世纪80年代末美军已经多次将态势标绘系统在军事演习中运用。进入21世纪,美国海军研究所的Dragon系统可以展现战场空间场景,为作战指挥员提供统一的战术画面[88],后来美军开发新一代指控系统——联合网络指挥和控制(JCC$^2$),系统能很好满足战术、战役、战略等多个层次的控制需求[89],如今美国通过JCC$^2$态势推演系统侧重用于多个部队之间的联合作战军演。

我国的态势标绘可视化研究较晚,国防大学采用了二维平面电子地图为指挥员提供战场的描述,开发了易用性强的符合国家军队标准的电子标绘系统[90]。郑州测绘学院实现了基于组件对象模型(COM)组件的标绘系统,强调了软件开发的复用性和可扩展性[91]。西安总参测绘研究所开发的三维态势标绘系统,重点是建立三维态势标绘库[92]。赵周等提出的采用外界输入点的确定箭头的几何形状,然后通过箭头和箭身的几何参数特性求出所需的各个控制点的箭标绘制方法[93]。杨强等提出了一种结合实体模型和公告板技术的实时生成与标绘三维静态军标的方法,将 GDI 实时生成的二维军标图片经过算法处理产生公告板显示的具有三维效果的军标图形[94]。于美娇等提出了一种基于模板阴影技术的实时绘制复杂态势符号的方法[95]。

本章节对复杂电磁环境中态势标绘可视化进行了分类研究,主要分为纹理图片态势标绘、图形态势标绘以及特效态势标绘。其三类态势标绘可视化分别对应不同的动态链接库,如图 4-3 所示,态势标绘可视化最终形成了图片标绘库、图形标绘库、特效标绘库。

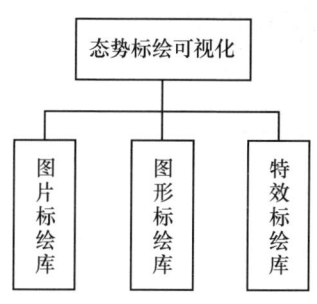

图 4-3 态势标绘可视化类型

#### 4.3.1.1 图片态势标绘可视化

图片态势主要利用纹理图片在三维场景中进行标绘,首先利用透明纹理技术对纹理进行构建,其次采用公告板及 LOD(Levels of Detail)技术实现在三维场景中立体效果,最后通过开发图片标绘库实现对三维场景图片管理功能。

1)纹理图片的构建

(1)纹理图片的制作。

纹理图片采用 Photoshop 或 CAD 等计算机绘图软件制作加工得到纹理图片,保持其图片的线型、线宽以及大小一致,以确保整体的协调一致性。

(2) 透明纹理技术。

为了保证纹理标绘后不遮挡视线和场景,采用透明纹理技术,其颜色值包含用来表示颜色透明度的 Alpha 值,利用 Alpha 值可对像素多次着色渲染进行颜色混合处理。本部分利用颜色混合中的背景透明显示方法,其基本原理为:如果离摄像机较近物体 A 遮挡了较远处物体 B 的一部分,在视线重叠位置处,最终的屏幕像素颜色值实际是由 A 和 B 两个表面在该像素点的颜色值叠加运算出来的,从而实现前面的 A 可以透视出后面的 B。

透明纹理主要用到 Alpha 通道。Alpha 通道存储的是像素点透明度信息,在 RGBA 颜色方式中,RGB 代表红绿蓝三原色,A 值表示的是不透明度。当融合效果被激活时,A 值用于融合正在处理的颜色值和已经在缓存中的像素。在三维场景中标绘纹理图片时图像以不透明的形式显示,即 Alpha 值为 255,其背景设置成透明方式显示,即 Alpha 值设为 0,如图 4-4 所示,展示的是利用透明纹理技术将图片背景设置成透明状态。

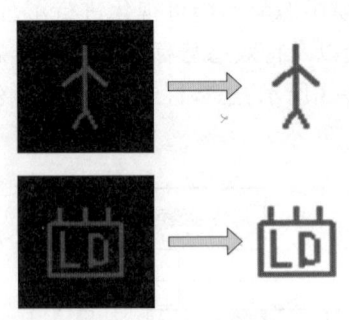

图 4-4 透明纹理技术

2) 公告板及 LOD 显示

(1) 公告板实现。

公告板技术能够在三维场景中实现很多特别的效果,本文的图片在三维场景中标绘时结合公告板技术实现,其具备的优势是在三维场景中利用公告板技术标绘图片时所使用的系统资源相对较低,同时在视觉上具备立体效果。其原理就是使用两个三角形组成的矩形来显示一张位图,在显示过程中这个矩形板根据摄像机的观察角度和位置变化而变化。

在 Direct 3D 应用中,公告板的实现方式通常有两种,如图 4-5 所示,图 4-5(a)的是让某个平面始终对着虚拟摄像机,也就是纹理图片与观察者的视线垂直。图 4-5(b)的是让纹理图片全部朝向投影空间的前屏幕,也就是纹理图片与投影平面相平行。

本部分采用上述第一种方法来实现公告板,第一种适用于运动中的纹理模型,

(a) 视线垂直　　　　　　　　　　(b) 视线平行

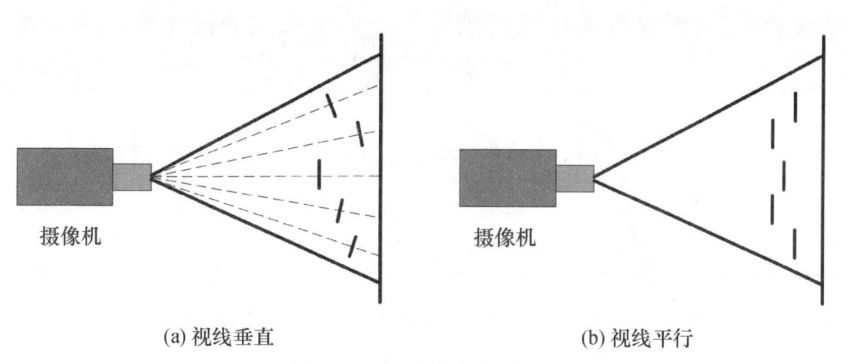

图 4-5　公告板实现方式

后续如果给纹理图片赋予运动属性时该技术同样也适用。实现纹理图片标绘具体步骤如下所示。

① 定义顶点。首先定义公告板矩形的灵活顶点格式,公告板矩形中只显示一张位图,灵活顶点格式中包含位置和纹理坐标信息。

② 访问顶点。利用指向顶点缓存区的指针访问顶点缓存区的数据。

③ 纹理创建。将带有透明通道的图片来创建纹理对象,并对该图片文字绑定信息创建文本纹理。

④ 构造公告板矩阵。公告板技术通过世界矩阵和观察点来排序公告板平面,通过获得取景变换矩阵而不用去改变公告板矩形的位置,公告板始终与摄像机的位置垂直,当摄像机的观察方向发生变化时,将公告板绕 $Y$ 轴旋转得到公告板在观察坐标系中的变换矩阵,得到世界变换矩阵之前还需将公告板的变换矩阵做逆运算再右乘之前的公告板矩阵,即可得到最终的世界变换矩阵。

⑤ 绘制纹理图片。设置纹理映射以及 Alpha 混合状态来渲染三维场景中的纹理图片。

(2) LOD 实现。

LOD 即细节层次,根据观察者视线在三维场景中的距离,显示不同层级的节点,结合三维场景中的 LOD 节点来实现不同细节层次下图片的渲染。其基本原理为:事先定义好三维地形中各个子节点的有效范围,当某个节点与观察者视线距离在这个节点的有效范围之内,利用缩放变换来实现图片随节点同步变化,当观察者视点越远时,其模型就越大,当视点越近时模型就越小。

LOD 具体实现方式如图 4-6 所示,通过存储观察者的前一个视点位置,计算模型当前位置与前一个视点位置距离 dis1 和当前视点位置距离 dis2,比较两个距离取距离较小的值,通过比较确定是否在某 LOD 节点的有效范围内,如果在区间内则计算前一个视点到当前视点的距离 Scaley,利用 Scaley 在渲染过程中做缩放变换,实现纹理图片在三维场景中的渲染大小随不同细节层次模型变化。

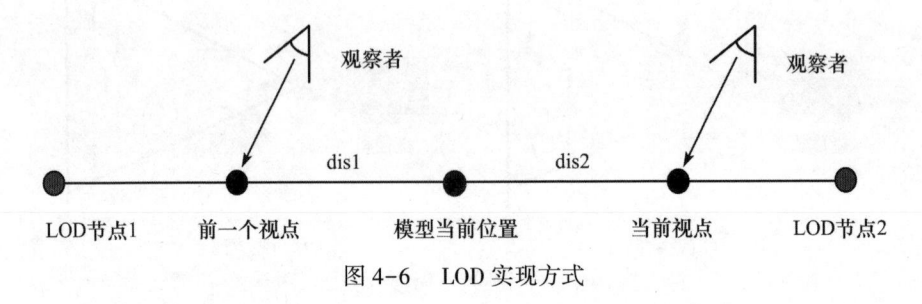

图 4-6　LOD 实现方式

3）图片标绘库设计

利用上述透明纹理、公告板以及 LOD 技术在三维场景中实现一个图片标绘符号库。在三维场景能够利用鼠标选点的方式选择不同类别的符号在三维场景中进行标绘,也可以为其添加标记,标记的颜色可任意选择。将图片符号库按照军事用途分类,可分为作战部队、干扰信号、航空装备、通信装备、雷达装备这五大类,后续根据军事用途需要还可补充,大类里有很多小类纹理图片。纹理图片分类时只需在本地系统文件夹建立纹理类别包,每个类别包存放相对应的图片类别,打开图片标绘库时,系统将自动在本地读取类别文件在界面中进行分类,这样设计的方式主要是提高了系统模块的可扩展性。

本部分主要选用的是 Microsoft Office Access 关系型数据库来对各类信息进行存储,图片标绘库实体属性如图 4-7 所示。纹理图片主要包含其 ID、标记文本、标记文本颜色、标绘点位置坐标、LOD 节点以及存储图片数据的 OLE 对象。

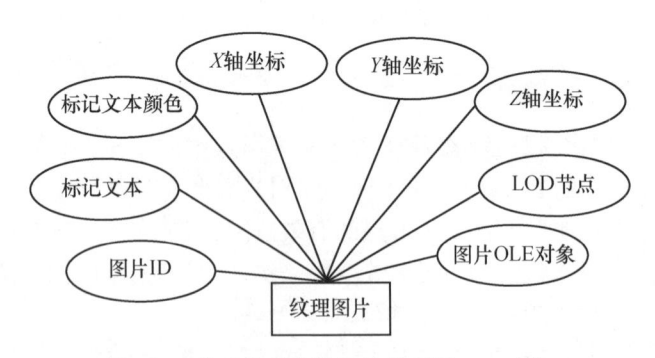

图 4-7　纹理图片实体属性关系图（E-R 图）

图 4-8 为图片标绘库界面,在界面中对图片的大类进行选择,再选择其中的小类图片,输入标记名称,设定标定的颜色,利用鼠标选点的方式在三维场景中进

行标绘。

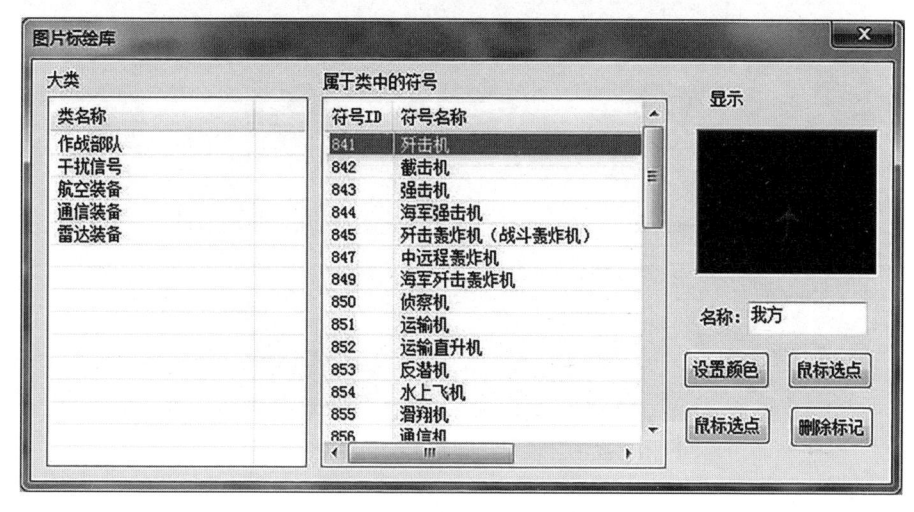

图 4-8　图片标绘库界面

利用图片标绘库在三维场景标绘效果如图 4-9 所示,分别给纹理图片绑定不同颜色的标记,分别为"我方"歼击机、"某村庄"插旗、"蓝方"电子对抗团。

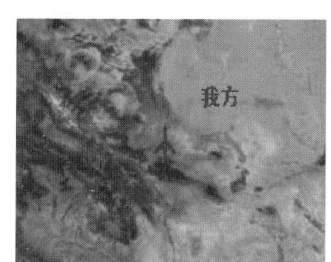

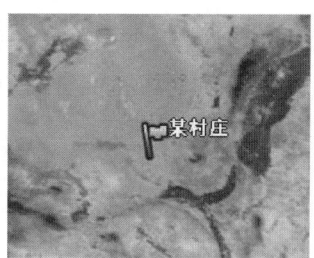

图 4-9　纹理图片标绘可视化

如图 4-10 所示,通过在三维战场环境中利用纹理图片标绘的效果,可用来实现战场态势推演。

#### 4.3.1.2　图形态势标绘可视化

图形态势标绘可视化主要是利用 Direct 3D 图形编程接口语言采用顶点建模来描述各类图形,利用面向对象的思想将每个图元进行单独封装成类,最后开发了图形标绘库来实现三维场景中的图形管理功能。

1）图形符号建模

针对电磁态势标绘的可视化问题,建立了多种图形模型,分别为多边形、矩形、

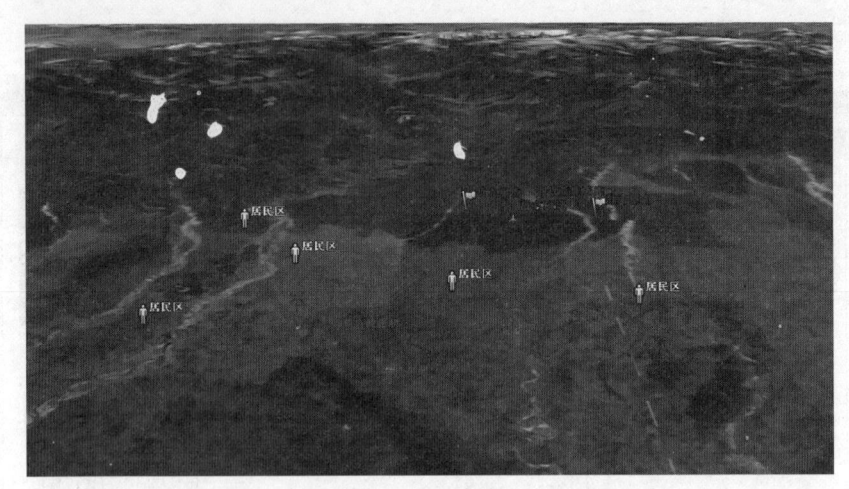

图 4-10　战场环境纹理图片标绘可视化(见彩图)

圆、椭圆、扇形、圆锥、球、闪电、缓冲线、普通箭标、燕尾箭标、进攻箭标 12 类图形的图元函数。大多数为三维场景中的二维图形,其中球和圆锥为三维图形,二维图形中又一些规则图形和不规则的图形。利用这些符号的可视化效果可表达电磁环境中的一些态势。

(1) 规则图元模型。

矩形、圆、椭圆、球、闪电、圆锥、缓冲线、扇形、多边形 9 类图元模型主要是将图形进行三角网格划分生成绘制的顶点数据,这 9 类简单图元建模时所需的参数如表 4-2 所列。

表 4-2　简单图元建模参数

| 图元 | 参数 |
| --- | --- |
| 矩形 | 左上顶点$(x,y,z)$,右下顶点$(x_1,y_1,z_1)$ |
| 圆 | 圆心$(x,y,z)$,半径$r$ |
| 椭圆 | 椭圆中心$(x,y,z)$,长轴$a$,短轴$b$ |
| 球 | 球心$(x,y,z)$,半径$r$ |
| 闪电 | 起始点$(x,y,z)$,终止点$(x_1,y_1,z_1)$ |
| 圆锥 | 圆心$(x,y,z)$,锥点$(x_1,y_1,z_1)$ |
| 缓冲线 | 起点$(x,y,z)$,终点$(x_n,y_n,z_n)$,$n$为折线节点数 |
| 扇形 | 圆心$(x,y,z)$,半径$r$ |
| 多边形 | 起点$(x,y,z)$,终点$(x_n,y_n,z_n)$,$n$为多边形的边数 |

(2) 箭头类模型。

本部分重点描述箭头类模型的建模过程,首先计算地球物理坐标系下起点和终点的距离记为 dis,在 $X$ 轴和 $Z$ 轴上初始化一个标准箭标。由于箭标所在高度的位置与 GIS 系统中的具体位置有关,所以箭标只在 $X$ 轴和 $Z$ 轴表示。各个顶点的坐标初始化如表 4-3 所列。

表 4-3 箭标坐标点列表

| 坐标点 | 坐标值($x,y,z$) |
| --- | --- |
| $P0$ | $(0,0,0)$ |
| $P1$ | $(0,0,-0.75\text{dis})$ |
| $P2$ | $(0,0,-\text{dis})$ |
| $P3$ | $(-1\text{dis}/3,0,0)$ |
| $P4$ | $(-1\text{dis}/6,0,-4\text{dis})$ |
| $P5$ | $(-1\text{dis}/10,0,-0.75\text{dis})$ |
| $P6$ | $(-7\text{dis}/30,0,-0.65\text{dis})$ |
| $P7$ | $(10\text{dis}/30,0,0)$ |
| $P8$ | $(5\text{dis}/30,0,-0.4\text{dis})$ |
| $P9$ | $(3\text{dis}/30,0,-0.75\text{dis})$ |
| $P10$ | $(7\text{dis}/30,0,-0.65\text{dis})$ |

初始化下的普通箭标模型如图 4-11(a)所示,利用表 4-3 中的顶点坐标对箭

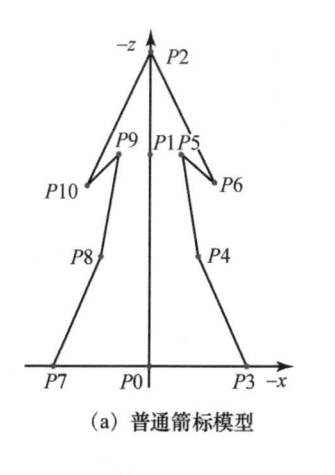

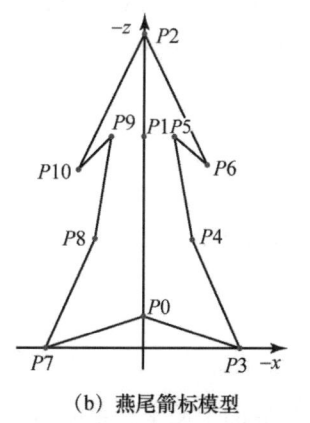

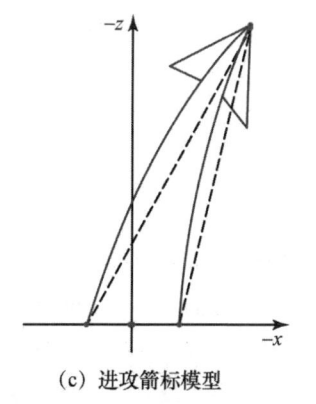

(a) 普通箭标模型　　(b) 燕尾箭标模型　　(c) 进攻箭标模型

图 4-11 箭标图标建模

标进行建模。燕尾箭标模型如图 4-11(b) 所示,其绘制的步骤和普通箭标步骤基本一致,绘制标准燕尾动态箭标只需要把初始化坐标系下 $P0$ 点的坐标改成 $P0(0, 0, -0.2\text{dis})$。其余坐标的初始化不变。进攻箭标模型如图 4-11(c) 所示,输入起点和终点利用二分法计算其相应三角网格顶点。

2) 图形符号绘制流程

图元在三维场景中标绘可视化的流程如图 4-12 所示。

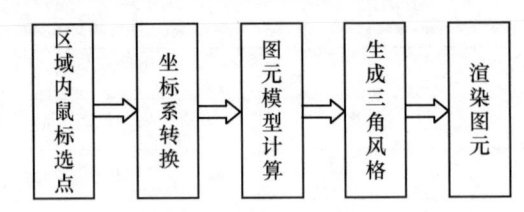

图 4-12 图元标绘可视化流程

具体可视化步骤如下所示。

(1) 区域鼠标选点。

利用鼠标在三维场景中选择标绘图形的经纬度起点坐标和终点坐标。

(2) 坐标系转换和统一。

将经纬度坐标转换为地面平面坐标系坐标,其次将地面平面坐标系坐标转换为地球物理坐标系。在地理信息系统坐标系具体转换如下所示。

经纬度转化为平面坐标系的变换公式为

$$X = (\text{longitude} + 180) \times \text{QiuKuandu}/360 \tag{4.1}$$

$$Y = (\text{latitude} + 90) \times \text{QiuGaodu}/180 \tag{4.2}$$

平面坐标系转化为地球物理坐标系的变换公式为

$$\text{Ang}X = (-180 + X/\text{QiuKuandu} \times 360) \times \pi/180 \tag{4.3}$$

$$\text{Ang}Y = (-90 + Y/\text{QiuGaodu} \times 180) \times \pi/180 \tag{4.4}$$

$$x = \cos(\text{Ang}Y) \times (\text{QiuRad} + Y) \times \cos(\text{Ang}X) \tag{4.5}$$

$$y = \cos(\text{Ang}Y) \times (\text{QiuRad} + Y) \times \sin(\text{Ang}X) \tag{4.6}$$

$$z = (\text{QiuRad} + Z) \times \sin(\text{Ang}Y) \tag{4.7}$$

式中　longitude——经度;

　　　latitude——纬度;

　　　QiuKuandu——地球赤道长度;

　　　$(X, Y)$——经纬度转换后的平面坐标系的坐标;

　　　QiuGaodu——赤道长度的二分之一;

QiuRad——地球半径；

$(x,y,z)$——转换后的地球物理坐标系坐标。

(3) 图元模型转换。

将初始化后得到图元的各个关键点,将其存入顶点结构体定义的顶点缓存中,为了适配在地理信息系统上起始点生成正确的图元,需要对初始化的坐标点进行转换。将起点坐标值设置为视点所在位置向量 **Eye**,将终点坐标值设置为目标点位置向量 $A_t$,将输入起点坐标与终点坐标之和的二分之一设置为起始视点上一个方向向上的向量 $U_p$。将以上三个向量计算得到坐标系观察矩阵 **Out**,矩阵具体计算方法如下。

$$zaxis = \text{normal}(A_t - Eye) \tag{4.8}$$

$$xaxis = \text{normal}(\text{cross}(U_p - zaxis)) \tag{4.9}$$

$$yaxis = \text{cross}(zaxis, xaxis) \tag{4.10}$$

$$Out = \begin{bmatrix} xaxis.x & yaxis.x & zaxis.x & 0 \\ xaxis.y & yaxis.y & zaxis.y & 0 \\ xaxis.z & yaxis.z & zaxis.z & 0 \\ -\text{dot}(xaxis - Eye) & -\text{dot}(yaxis - Eye) & -\text{dot}(zaxis - Eye) & 1 \end{bmatrix} \tag{4.11}$$

式中　$\text{normal}(x)$——向量 $x$ 单位向量化公式；

$\text{cross}(x,y)$——计算向量 $x$ 和向量 $y$ 的法向量公式；

$xaxis$——观察坐标系的 $X$ 轴向量；

$yaxis$——观察坐标的 $Y$ 轴向量；

$zaxis$——观察坐标系的 $Z$ 轴向量；

**Eye**——视点所在位置向量；

$A_t$——目标点位置向量；

$U_p$——方向向上的向量；

**Out**——坐标系观察矩阵。

将向量进行向量变换,初始化每个关键点坐标向量与坐标系观察矩阵 **Out** 相乘,将变换后的坐标向量对应的 $x$、$y$、$z$ 值加上对应地球物理坐标系下起点坐标的 $x$、$y$、$z$ 值得到适配在地理信息系统下的坐标。

(4) 生成三角网格。

利用图元的关键点生成三角网格,并赋予图元各个顶点事先在界面自行设定的一个颜色值(RGB)。以箭标模型为例,通过不同填充模式渲染下的效果如图 4-13 所示,分别展示了普通箭标、燕尾箭标和进攻箭标下的线填充模式和面填充模式下的效果。通过面填充效果可以得出箭标符号生成的三角网格模型，根据三角网格模型来对图形进行渲染绘制。

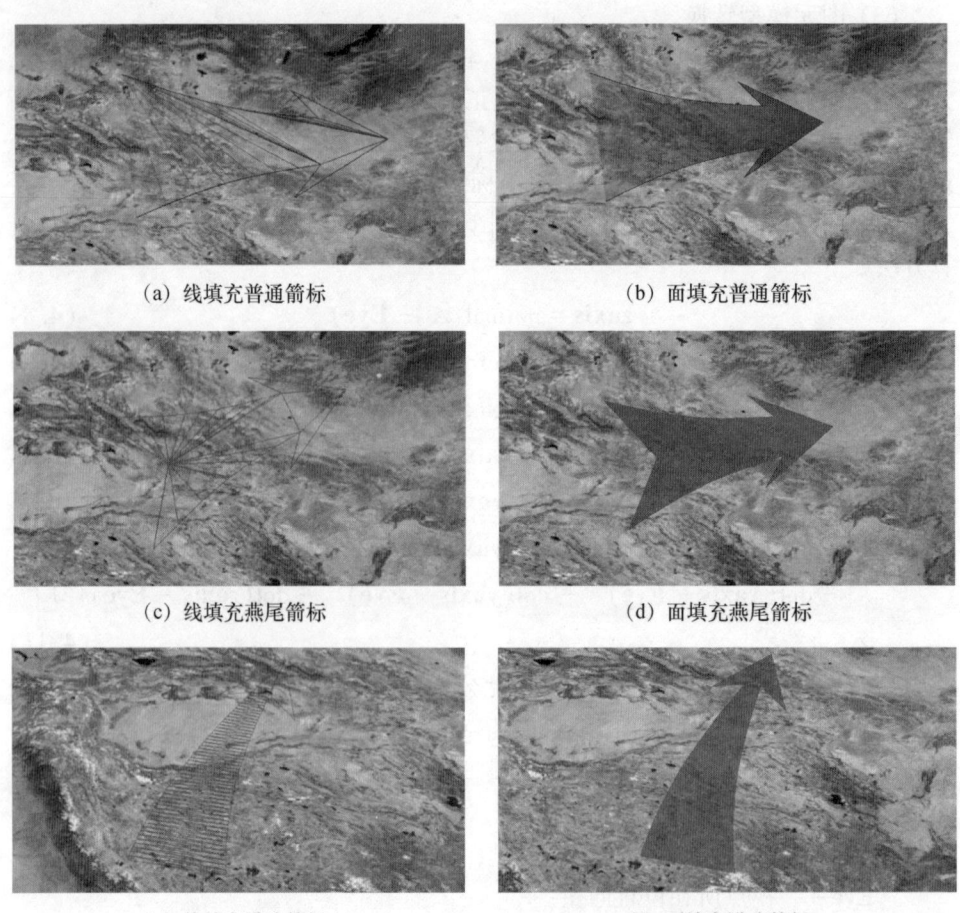

(a) 线填充普通箭标

(b) 面填充普通箭标

(c) 线填充燕尾箭标

(d) 面填充燕尾箭标

(e) 线填充进攻箭标

(f) 面填充进攻箭标

图4-13 不同填充模式下箭标效果

(5) 渲染动态箭标。

通过Direct 3D实现设置深度测试、不剔除正反面以及面填充模式渲染状态。利用顶点缓存中的三维坐标、颜色、透明度来绘制图元。如果需要在渲染过程呈现动态效果，在渲染过程中赋予一个透明度增量，使透明度的值在一定范围内循环。具体方式如图4-14所示。

以进攻箭标为例，渲染动态箭标效果如图4-15所示。在渲染过程图形符号的透明度一直在循环变化，为作战指挥员提供视觉上的冲击，来增强作战指挥员注意力。

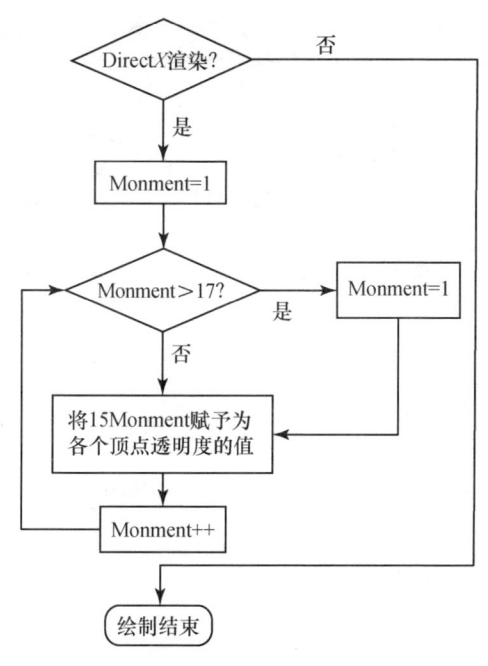

图 4-14　渲染动态符号流程

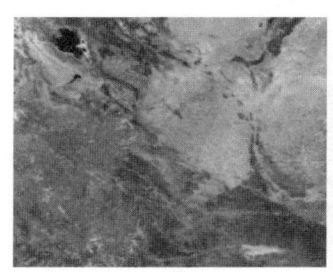

(a) 动态箭标高透明度　　　(b) 动态箭标中透明度　　　(c) 动态箭标低透明度

图 4-15　进攻箭标动态效果

3）图形标绘库设计

图形标绘库主要在三维场景中利用鼠标消息在三维场景中进行交互,利用鼠标选点操作完成对上述图形标绘的功能,可选择不同的颜色和不透明度等参数,还可实现对图形符号的入库、删除、定位等功能,其图形标绘库用例如图 4-16 所示。

图形标绘库实体属性如图 4-17 所示,图形符号主要有图形标识符、图形名称、图形编号及存储符号的二进制数据组成,图形编号按 0~11 依次给上述图形进

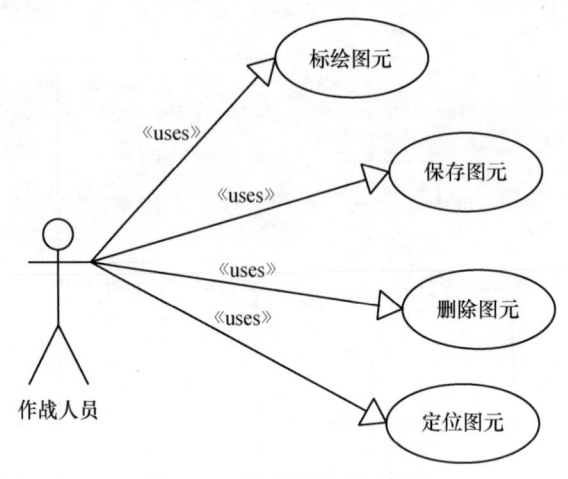

图 4-16　图形标绘库用例图

行编号，绘制图形的顶点数据、颜色、不透明度封装成结构体转成为二进制信息存入数据表中。

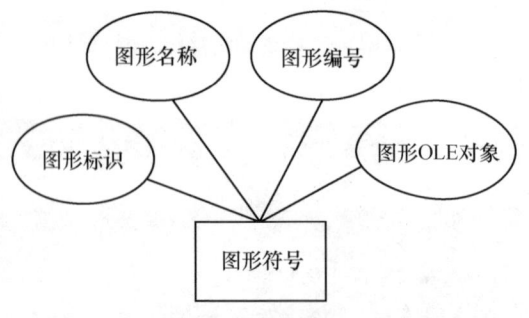

图 4-17　图形符号 E-R 图

图形标绘库类图如图 4-18 所示。由于 C++可以实现多继承，CSign 类实现了消息接口 IWNotify、地理信息系统插件接口 IPugin、鼠标事件交互接口 Interactive 这 3 个接口以及继承渲染类 RenderList<IRenderObject>。CSign 类与绘制 12 种图形的类存在关联关系，CSign 类是整体，其余 12 种绘制图形的类为个体，它们之间具体的关联关系为聚合关系，其具体表现为每个图元生命周期的消亡与图形标绘库整体生命周期无太大影响。

图形标绘库界面如图 4-19 所示，上述分析的 12 种图形类别在树形列表中显示。首先选择绘制类型，输入图形名称，选择绘制图形的颜色等参数，点击添加按钮即可在三维场景中利用鼠标选点进行绘制图元。点击保存可保存在数据库中，鼠标右击树形列表中的图形名称弹出删除和定位选项，点击删除选项即可对图形

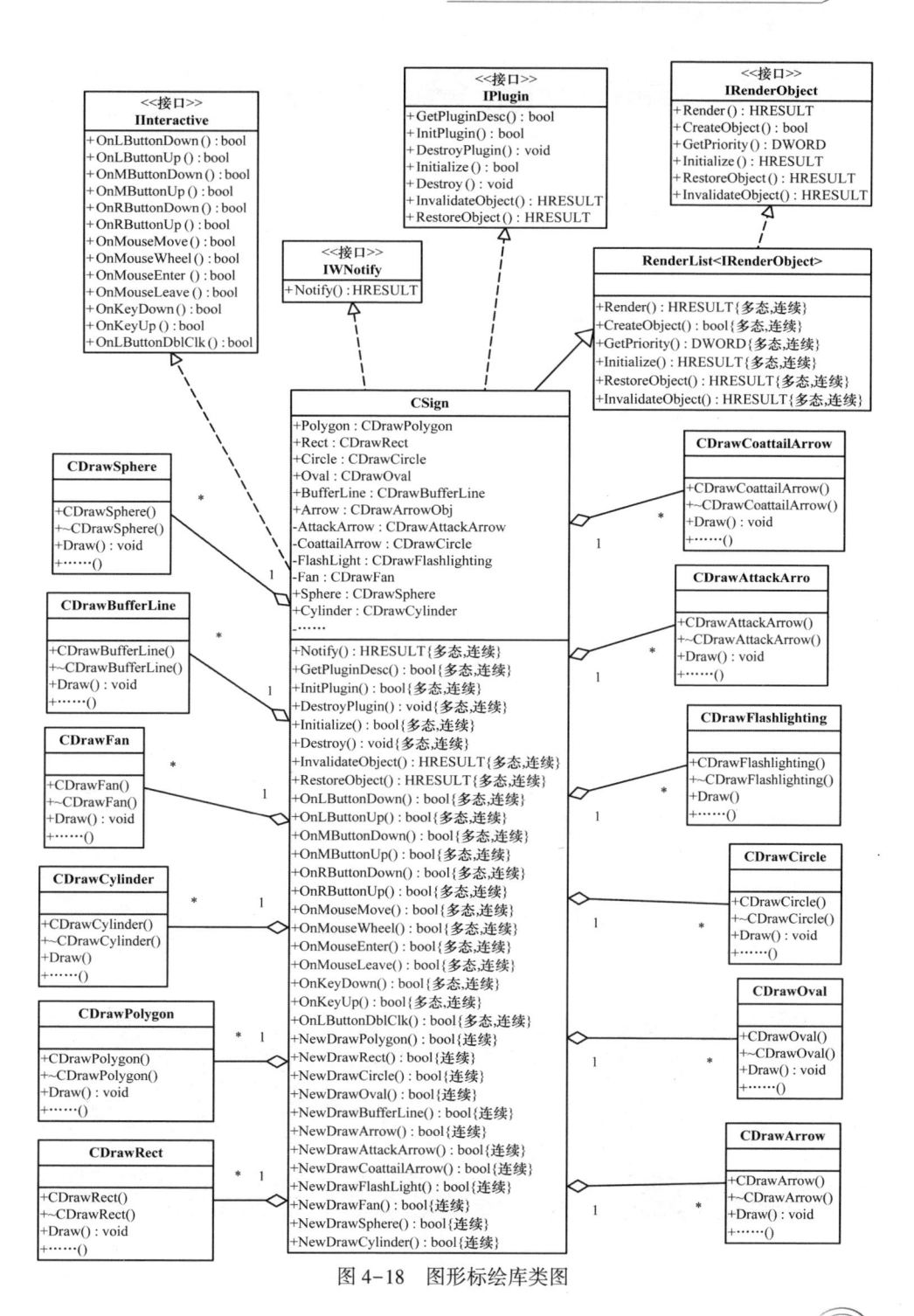

第4章 多维复杂电磁环境可视化技术

图 4-18 图形标绘库类图

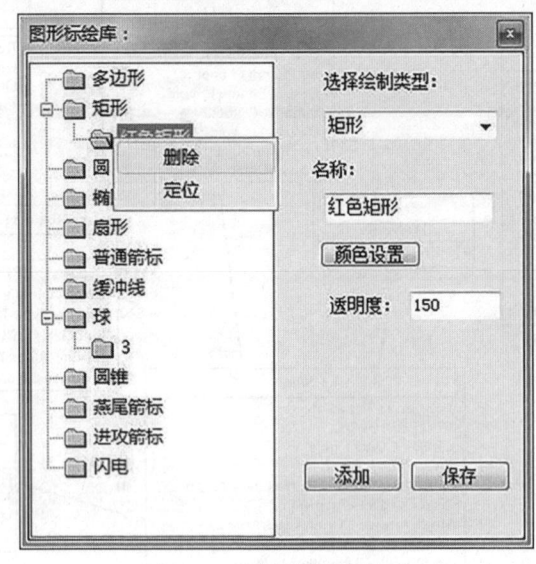

图 4-19　图形标绘库界面

完成删除操作,点击定位选项即可在三维场景中视点定位该图形。

　　本部分设计的图形标绘库在三维场景标绘规则图形可视化效果如图 4-20 所示,依次为椭圆、矩形、圆、球、圆锥、扇形。

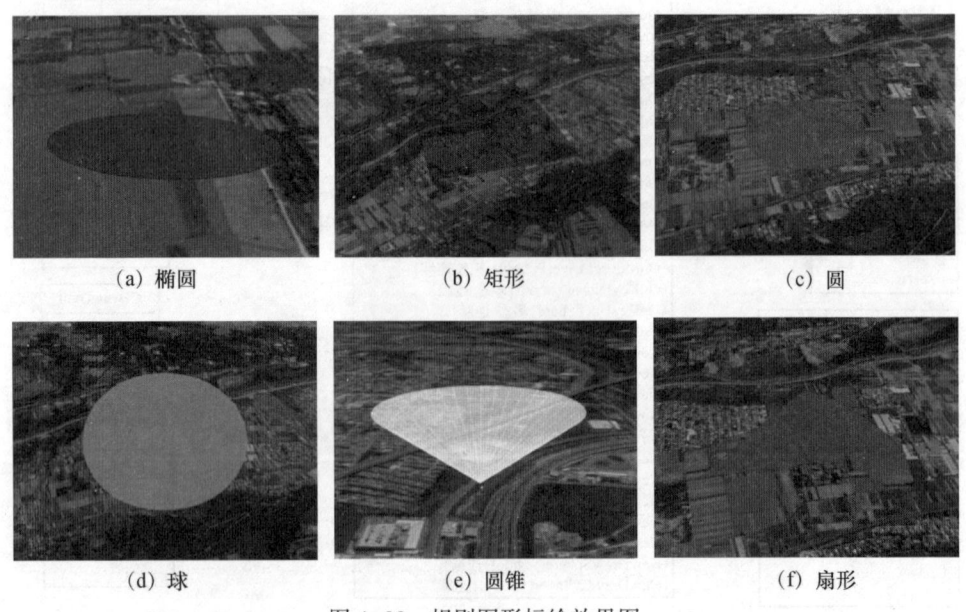

(a) 椭圆　　　　(b) 矩形　　　　(c) 圆

(d) 球　　　　(e) 圆锥　　　　(f) 扇形

图 4-20　规则图形标绘效果图

本部分设计的图形标绘库在三维场景标绘不规则图形可视化效果如图 4-21 所示,依次为普通箭标、燕尾箭标、进攻箭标、多边形、闪电、缓冲线。

(a) 普通箭标　　　(b) 燕尾箭标　　　(c) 进攻箭标

(d) 多边形　　　(e) 闪电　　　(f) 缓冲线

图 4-21　不规则图形标绘效果图

### 4.3.1.3　特效态势标绘可视化

采用动画序列技术通过 MultiGen Creator 三维建模软件对特效模型进行建模,结合 Direct 3D 技术实现特效模型在三维场景中标绘可视化,最后开发了特效标绘库实现三维场景中特效符号的管理功能。

1) 三维特效态势建模

基于纹理序列的特效模型,其基本含义就是将一幅幅的纹理图形作为动画显示的帧,而这些帧不再像是二维计算机动画一样投影到屏幕上,而是将其利用纹理映射方法映射到空间三维物体的表面,从而在视觉上感受到物体运动变化的效果。其核心思想就是利用一组纹理对象,在程序中建立一个纹理对象数组,在绘制过程中,捆绑不同的纹理对象,将其映射到物体表面来实现物体的动态变化。

以电磁信号特效模型为例,其模型在建模软件 MultiGen Creator 中如图 4-22 所示。

首先,建立一个三维圆锥模型,再利用纹理图片分成纹理序列对圆锥进行贴合来实现电磁信号脉冲动画特效。通过使用纹理序列,每帧动画使用一个纹理,使用多个纹理帧对电磁信号特效模型进行建模,采用动态纹理按照频率来渲染透明和不透明的位置,实现一种电磁信号的脉冲视觉效果。

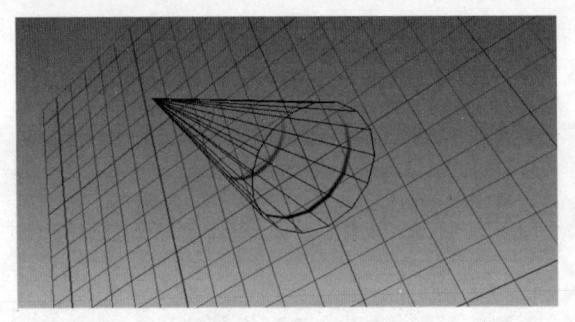

图 4-22　MultiGen Creator 电磁信号模型

2) 特效符号绘制流程

特效标绘库是用来模拟复杂电磁环境中各种效果，如电磁波、红外线、火焰等效果，为了保持后续特效模型在系统中能够加入该模块，其基本原理是利用三维建模工具 MultiGen Creator 对这些特效模型进行建模。纹理序列：每帧动画用一个纹理，通过使用多个纹理帧来实现特效模型的可视化。基于纹理序列的特效模型三维场景中绘制步骤如下所示。

(1) 选择特效模型；
(2) 读取特效模型中的图像序列转换成纹理对象，用一个纹理对象数组进行存放；
(3) 在绘制过程中设置一定的时间延迟；
(4) 动态改变纹理序列进行纹理映射至三维模型中，来实现相应的效果。

3) 特效标绘库设计

特效标绘库按照上述建模、绘制流程进行设计，其中包含了与上述图形标绘库一样的管理功能，包括在三维场景增加特效、删除特效、修改特效以及定位特效功能，特效标绘库实体属性如图 4-23 所示，三维特效主要包括其坐标轴位置、姿态

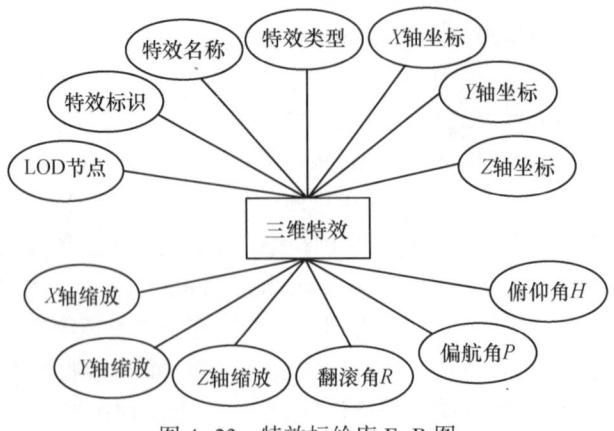

图 4-23　特效标绘库 E-R 图

角度、坐标轴比例缩放值、LOD 节点、特效标识、特效名称、特效类型。在渲染过程中可以直接在三维场景中更改特效渲染的位置、姿态以及缩放大小来调整标绘效果。

特效标绘库详细设计类图如图 4-24 所示，与上述图形标绘库一样，首先 CEfficeMD 类需要实现消息接口 IWNotify、地理信息系统插件接口 IPugin、鼠标事件交互接口 Interactive 这 3 个接口以及继承渲染类 RenderList<IRenderObject>，其次继承了在三维场景中渲染特效模型 CEfficeDoc 类。

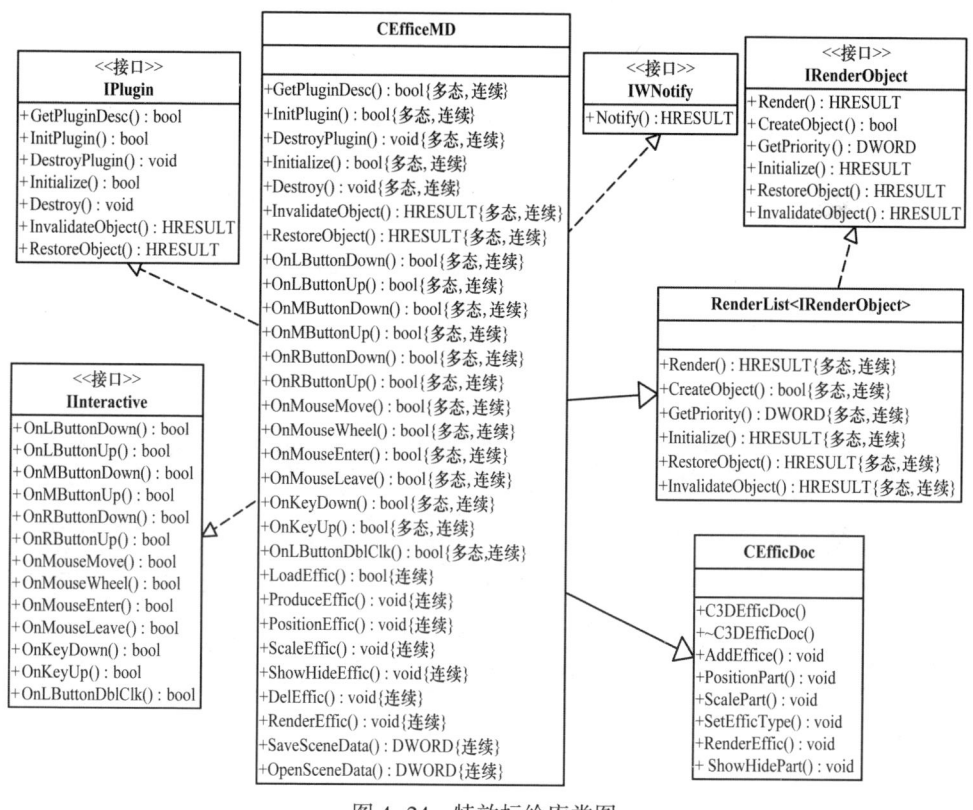

图 4-24 特效标绘库类图

在三维场景中利用鼠标选点选择标绘点，可以增加、删除、入库、改变特效的大小以及朝向。特效标绘库界面如图 4-25 所示，选择电磁信号特效为例，利用鼠标在三维场景中选点进行标绘，可在界面中实时设置特效模型的比例尺以及朝向（欧拉角）。

图 4-26 示出在电磁信号特效三维场景中不同角度的可视化效果。电磁信号特效随纹理序列的切换产生脉冲效果。

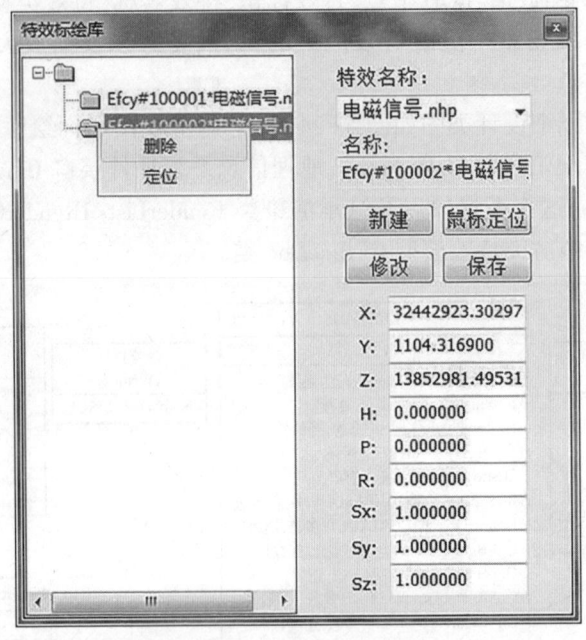

图 4-25 特效标绘库界面

图 4-26 不同角度的电磁信号特效

## 4.3.2 雷达辐射源可视化方法

雷达辐射源的可视化建模主要是对雷达天线方向图的可视化建模,天线方向图表示天线辐射电磁波的功率或场强在空间各个方向的分布;早期的研究使用雷达探测距离的理论,使用 Matlab 绘图工具绘制出了在水平或垂直面上的二维探测距离图[96]。后来有研究采用 C 语言,在同样的思路下添加了雷达干扰,绘制出了受扰情况下的二、三维探测范围[97]。国外学者通过叠加不同高度的二维雷达探测距离图,组成了雷达探测范围的三维表示[98-99]。国内学者利用雷达方程对雷达作用范围进行三维建模,三维表现了受地形、大气和人为干扰下的雷达作用范围[100-101],针对地形遮挡的修正,也提出了新的算法[102-103]。本部分在雷达天线方向图建模的基础上,采用均匀和非均匀混合采样方法对雷达辐射源天线方向图的边界进行离散化,通过面绘制方法对雷达辐射源进行可视化表征[104]。

#### 4.3.2.1 基于混合采样的雷达辐射源可视化建模

在自由空间中,当不考虑自然环境影响因素时,雷达探测范围由式(4.12)决定,即

$$R(\theta,\varphi) = \left[\frac{P_t \tau G_r G_t \sigma \lambda^2 F_t^2(\theta,\varphi) F_r^2(\theta,\varphi)}{kT_0 B_n F_0 D_0 (4\pi)^3}\right]^{\frac{1}{4}} \quad (4.12)$$

式中 $F_t$——发射天线到目标的方向图传播因子;

$F_r$——目标到接收天线的方向图传播因子。

$P_t$——雷达发射功率;

$G_t$——发射天线增益;

$G_r$——接收天线增益;

$\sigma$——目标雷达截面积;

$\tau$——雷达脉冲带宽;

$\lambda$——波长;

$k$——玻耳兹曼常数;

$T_0$——标准温度;

$B_0$——接收机噪声带宽;

$F_0$——接收机噪声系数;

$D_0$——雷达检测因子。

$F_t$ 和 $F_r$ 说明目标不在波束最大值方向上,以及空间传播时多径传播因素的影响。

雷达探测范围是雷达对目标进行连续观察的区域,由雷达在各方位角和俯仰角方向上的作用距离决定。假设雷达的扫描方式为圆周全方位扫描,设定在俯仰角方向采样次数为 $n$,在方位角方向采样次数为 $m$。另设雷达的俯仰角为 $\theta$,方位角为 $\varphi$。由式(4.12)可知,$R(\theta,\varphi)$ 中包括了俯仰角上的方向图系数,由于雷达为全方位扫描,方位角上的方向图系数为1,所以 $R(\theta,\varphi)$ 是关于 $\theta$ 和 $\varphi$ 的函数。

雷达在空间中任一点的探测距离为 $R(\theta,\varphi) = R_{max} \times F(\theta,\varphi)$,基于空间离散采样及逼近思想,可以对空间探测范围边界面进行离散化,将整个连续的空间区域剖

分为许多空间向量$(\theta,\varphi)$,然后分别计算这些向量对应的探测距离;每个向量$(\theta,\varphi)$可由$R(\theta,\varphi)=R_{max}\times F(\theta,\varphi)$快速得到该方向的探测距离$R(\theta,\varphi)$,该方向所对应的边界点位置为$(\theta,\varphi,R(\theta,\varphi))$,最后将离散的边界点连接构成所需网格,从而完成相应可视化图形的绘制。下面以高斯型方向图函数的雷达为例,采用基于混合采样的方法对雷达辐射源进行可视化建模。

1) 均匀采样边界离散化

在自由空间中,当电磁波以球面波的形式传播时,其覆盖范围是以雷达为中心的一个球体,其示意如图4-27所示。

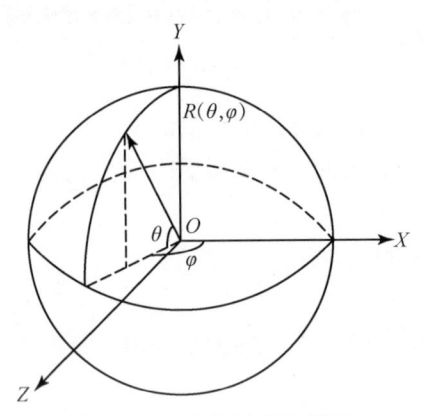

图4-27 球坐标系示意图

在如图4-27所示中,假设雷达扫描方式为最常见的圆周扫描方式,雷达的空间作用范围在方位角覆盖$\varphi(0,2\pi)$,俯仰角覆盖$\theta(-0.5\pi,0.5\pi)$,形成闭合球面。下面分别从俯仰角方向和方位角方向进行剖分,具体方法如下。

(1) 俯仰角剖分:从雷达中心位置出发,将每个切片以方向向量的形式进行剖分,剖分后的每个方向向量唯一对应于一个俯仰角$\theta_n$,每个切片上相邻向量间的角度差称为俯仰角采样步长,记为fuyangjiao_step。

(2) 方位角剖分:在垂直于方位角所在平面,将包含雷达探测范围的球体在方位角方向剖分为$m$个切片,每个切片都唯一对应一个方位角$\varphi_m$,相邻方位角切片间的角度差为方位角采样步长,记为fangweijiao_step。

如图4-28所示,剖分后球体空间的雷达探测范围被许多空间向量所代替。每个向量均唯一对应一个坐标$(\theta_n,\varphi_m,R(\theta_n,\varphi_m))$,从而完成连续空间球体的离散化。如图4-28所示为雷达作用范围的三维分割示意图,分割的关键是如何确定方位角和俯仰角采样步长。均匀采样法是最常见的确定采样点的方法,它根据相同的采样步长来得到对应采样点,即采样步长为一个恒定值,如图4-29所示。

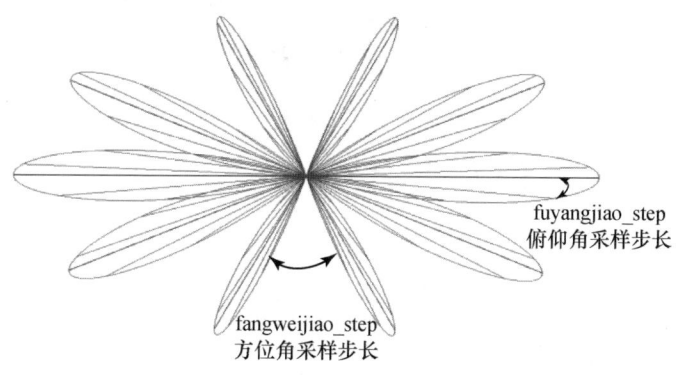

图 4-28　雷达空间作用范围三维分割示意图

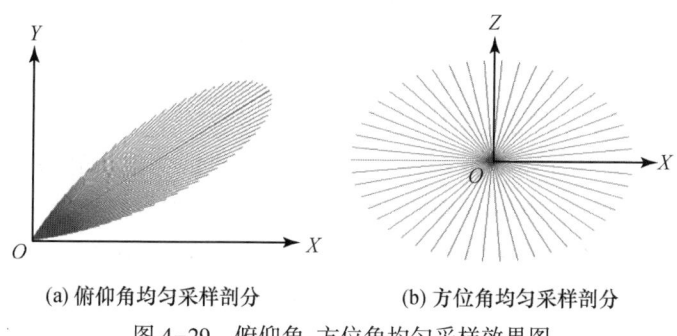

(a) 俯仰角均匀采样剖分　　(b) 方位角均匀采样剖分

图 4-29　俯仰角、方位角均匀采样效果图

2) 非均匀采样边界离散化

在上面讨论的均匀采样边界离散化的情况下，方位角采样点个数用 fangweijiao_geshu 来表示，俯仰角采样点的个数采用变量 fuyangjiao_geshu 来表示。俯仰角采样点的个数：fuyangjiao_geshu = $p$/fuyangjiao_step，方位角采样点个数：fangweijiao_geshu = 2$p$/fangweijiao_step。在均匀采样时，实现方法简单，且各部分精度相同。但是由于雷达波束本身在俯仰角方向存在严重的不均匀性，均匀采样方法存在以下不足。

(1) 在俯仰角方向会出现大量探测零点，浪费存储空间，增加了计算开销；

(2) 雷达波束特征点不明显，不易实现简化模型时的特征信息保形；

(3) 方位角方向采样步长固定，难以适应不同的三维地形的分辨率精度。

如图 4-30 所示，由于考虑到大部分雷达探测范围信息都集中在半功率波瓣宽度内，波瓣宽度以外区域探测零点较多。因此，利用 3dB 点作为分界点，将雷达探测范围俯仰角方向分为两个区域分别采样，在俯仰角 3dB 衰减点之内采用均匀采样，在俯仰角 3dB 衰减点之外采用非均匀采样的边界离散化方法。

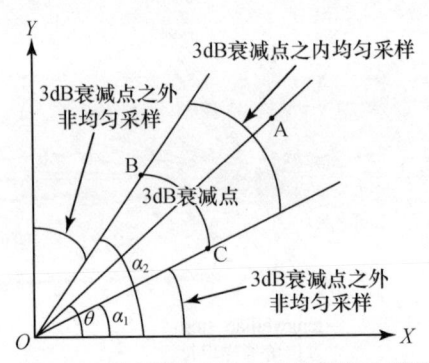

图 4-30 雷达俯仰角分区离散剖分示意图

根据雷达半功率波束宽度的定义,它是两个 3dB 衰减点间的角度大小,可以由此确定两个 3dB 衰减点所对应的俯仰角 $\alpha_1$ 和 $\alpha_2$,以此为界划分区域。在图 4-30 中,考虑到距离初始仰角 $\theta$ 越大,探测零点越多,因此可以逐渐减少采样点数量。初始仰角附近,探测信息集中,需要尽可能多的采样。于是,在区间 $[\alpha_1,\alpha_2]$ 内各采样点之间运用均匀采样,以保证雷达探测信息较为集中的部分的主要特征形状、精度不受影响;在区间 $[-90°,\alpha_1)$ 与 $(\alpha_2,90°]$,根据远离初始仰角的情况,不断改变步长;离初始仰角距离越近,步长越接近于均匀采样区域的步长;离初始仰角越远,采样越稀疏,从而完成非均匀采样。具体采样方式如下。

$$\theta_{i+1} = \begin{cases} \theta_i = (|\theta_i - \theta|)/\text{bili\_xishu1}, & \theta_i \geq \alpha_2, \theta_i < \alpha_1 \text{ 非均匀采样间隔的确定} \\ \theta_i = \text{fuyangjiao\_step}, & \alpha_1 \leq \theta_i < \alpha_2 \text{ 均匀采样间隔的确定} \end{cases}$$

(4.13)

式中 $|\theta_i-\theta|$——当前点的俯仰角与初始仰角的差值;
　　　fuyangjiao_step——均匀采样时的俯仰角采样步长;
　　　bili_xishu1——非均匀区比例系数,决定采样步长增加的快慢程度。

由于简化了采样点数量,为了保证模型精度,混合采样方法可以保证:①均匀采样区采样步长 fuyangjiao_step 的选择应具有合理性,且恒定不变;②非均匀区采样步长变化必须依赖于均匀区采样步长。为此,首先通过预计算来确定均匀采样步长 fuyangjiao_step,并根据其大小计算相应的非均匀采样区参数 bili_xishu1,然后利用得到的采样步长(均匀区等步长,非均匀区步长平滑渐变)对俯仰角进行离散剖分。混合采样的具体步骤如下。

步骤1:均匀采样区采样步长 fuyangjiao_step 的确定。

利用曲率半径与采样步长间的比例关系,在保证精度大致相等的情况下,将方位角步长折算后作为俯仰角均匀区步长。方位角曲线曲率半径即为雷达最大探测

距离 $R_{max}$，俯仰角曲线是一条曲率半径不断变化的曲线，如图 4-31 所示，在初始仰角附近该曲线曲率半径最小，必须首先满足此部分的采样精度要求。因此，下面以雷达初始仰角方向对应的探测边界点 A 以及两个 3dB 衰减点 B 和 C，求解对应的曲率半径 $R_{3dB}$。

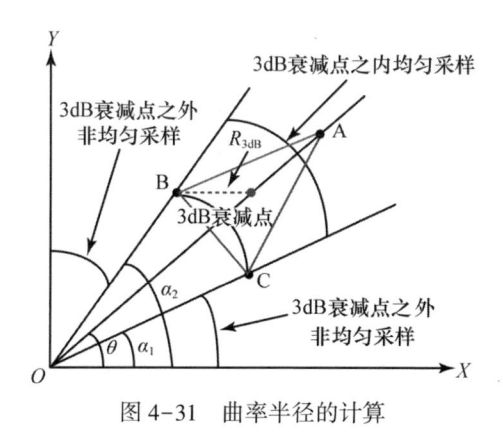

图 4-31 曲率半径的计算

曲率半径越小采样应该越密集，即相邻采样点间的采样步长越小。因此俯仰角与方位角采样步长应与二者的曲率半径成下式的比例关系，即

$$\frac{\text{fuyangjiao\_step}}{\text{fangweijiao\_step}} = \text{bili\_xishu2} \times \frac{R_{3dB}}{R_{max}} \tag{4.14}$$

式中 fangweijiao_step——方位角方向的平均采样步长；

bili_xishu2——均匀采样区的比例系数。

步骤 2：非均匀采样区采样步长比例系数 bili_xishu1 的确定。

作为比例系数，bili_xishu1 直接影响到俯仰角方向采样点的数量，其取值依赖于均匀区的采样步长 fuyangjiao_step。如果要使非均匀区与均区平滑过渡，不出现精度上突然衰减，则需要计算一个 bili_xishu1 值，使采样步长在两段数上连续；根据 3dB 点的分界作用，假设第一个 3dB 点 $\alpha_1$ 处恰好为分段函数连续点，由式(4.13)可以得到 bili_xishu1 的计算公式为

$$\text{bili\_xishu1} = \frac{\theta - \alpha_1}{\text{fuyangjiao\_step}} \tag{4.15}$$

步骤 3：俯仰角离散剖分。

如图 4-32 所示，将预计算得到的均匀区采样步长 fuyangjiao_step 和 bili_xishu1 值代入式(4.13)，可分别计算得到雷达俯仰角方向均匀与非均匀区的采样步长。

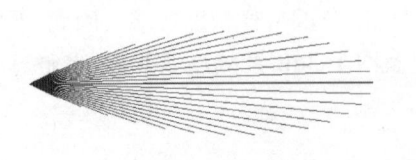

(a) 俯仰角采样 $\theta = 0$ 效果图

(b) 俯仰角采样 $\theta = \dfrac{\pi}{3}$ 效果图

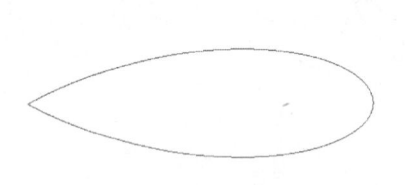

(c) 俯仰角采样 $\theta = 0$ 轮廓效果图

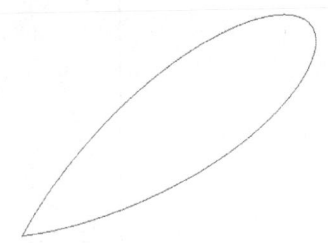

(d) 俯仰角采样 $\theta = \dfrac{\pi}{3}$ 轮廓效果图

图 4-32　俯仰角采样效果图

3）离散边界的绘制

通过离散化在得到球坐标系下探测范围的边界点信息 $R_{max}[i][j]$ 之后，还需要进行相应的坐标转换，然后将离散点进行网格化，完成模型在空间直角坐标系下的绘制。离散边界绘制的具体步骤如下。

步骤 1：计算雷达直角坐标系下的探测边界点坐标。

根据空间坐标关系，将雷达在球坐标系下的点转换到空间直角坐标系下。

首先，定义一个对应于直角坐标系坐标点的结构体来存储采样点的坐标：

```
sturct vertex
{
    float x;
    float y;
    float z;
};
```

再定义一个二维数组 vertexchangjingzuobiao[ fuyangjiao_n ][ fangweijiao_m ] 存储每个采样点在直角坐标系下的坐标，根据如图 4-27 所示的雷达球坐标系的三维关系，利用式(4.16)可得到雷达在直角坐标系下的三维坐标。

$$\begin{cases} zuobiao[i][j] \cdot x = R_{max}[i][j] \times \cos\theta \times \cos\varphi \\ zuobiao[i][j] \cdot y = R_{max}[i][j] \times \sin\theta \\ zuobiao[i][j] \cdot z = R_{max}[i][j] \times \cos\theta \times \sin\varphi \end{cases} \quad (4.16)$$

式中：$i$<fuyangjiao_n；$j$<fangweijiao_m。

步骤2：计算直角坐标系下的探测边界点的坐标。

将雷达可视化模型嵌入三维场景后，必须将其坐标转换到三维场景的直角坐标系下。定义数组vertexchangjingzuobiao[fuyangjiao_n][fangweijiao_m]，假设雷达中心在直角坐标系中的坐标为$(x,y,z)$，并用来存储直角坐标系下的各离散点的坐标。

经过两次变换后，即可得到直角坐标系下雷达探测范围边界离散点的对应坐标，并将其存储在changjingzuobiao[fuyangjiao_n][fangweijiao_m]中。当雷达在虚拟场景中运动时，雷达中心点坐标发生了改变，而边界采样点在雷达球坐标系中的坐标没有发生改变，因为已经事先将它们存储在数组zuobiao中，因此只需调整changjingzuobiao来更新边界点在直角坐标系的坐标即可，不用重新计算边界点在雷达直角坐标系中的坐标，这样避免了多次计算三角函数，可以提高计算效率。

步骤3：离散点的网格化。

(1) 方位角线圈连接：从0°开始按照不同方位角$\varphi(i,j)$横向扫描所有采样点，即每一次对于不同的坐标$j$都令$i$从0到fangweijiao_m将相邻的点连接成线，然后增加$j$值从0到fuyangjiao_n，即可生成若干个方位角线圈，其大小随波束范围增大或减小，共计有fuyangjiao_n条线，它们相互之间是独立的，方位角线圈连接示意如图4-33所示。

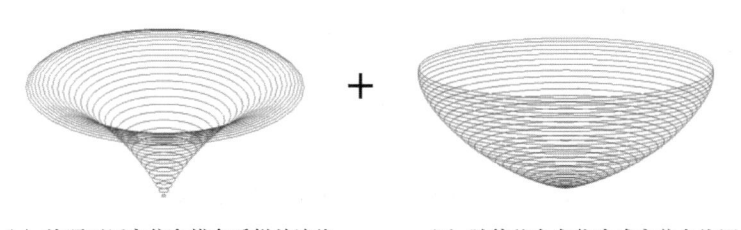

(a) 按照不同方位角横向采样并连线　　(b) 随俯仰角变化生成方位角线圈

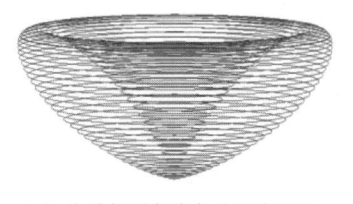

(c) 合并得到方位角线圈连线图

图4-33　方位角线圈连接

(2) 俯仰角波束圈连接：对于每个方位角切片，将边界上的相邻边界点连接成线。即对于不同的坐标$i$都令$j$从0到fuyangjiao_n连接成线，然后增加$i$值从0到

fangweijao_m。即可生成若干个俯仰角波束圈,线圈与线圈间也是相互独立的。fuyangjiao_n 个线圈都聚拢于雷达中心点,其效果如图 4-34 所示。

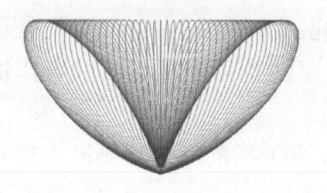

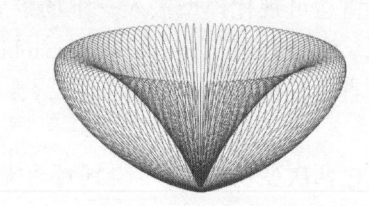

(a) 对每个方位角切片并连线　　　(b) 随方位角变化生成俯仰角线圈

图 4-34　俯仰角线圈连接

(3) 最后将方位角线圈、俯仰角波束圈的点进行连接,即可得到如图 4-35 所示的雷达辐射源的可视化效果图。

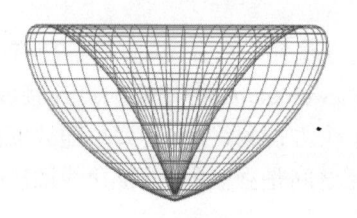

(a) 连接方位角线圈及俯仰角波束圈　　　(b) 最终生成雷达探测距离可视化效果

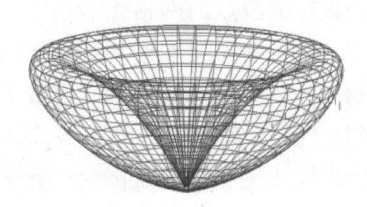

图 4-35　方位角、俯仰角线圈连接

#### 4.3.2.2　基于面绘制的雷达辐射源可视化效果

对于辛克型、余割平方、全向型、相控阵天线方向图的雷达辐射源波束,同样采取基于混合采样方法进行了可视化建模,可视化效果如图 4-36 所示。

(a) 辛克型雷达波束　　　(b) 高斯型雷达波束

(c) 全向型雷达波束  (d) 余割平方型雷达波束

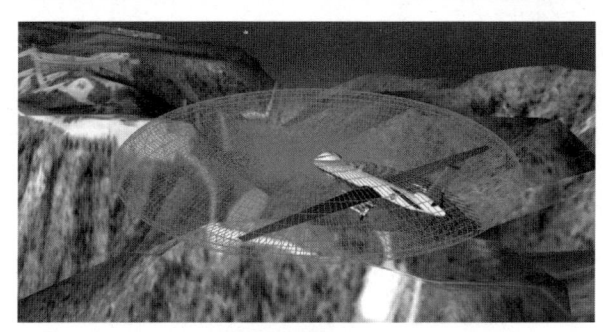

(e) 相控阵型雷达波束

图 4-36 基于面绘制的雷达辐射源可视化效果图

## 4.3.3 电磁环境效应可视化方法

国内外利用抛物方程，在雷达电磁波传播衰减方面有一些研究成果[105-107]。另外，高级传播模型(Advanced Propagation Model, APM)的研究还结合了平坦地球模型、光线跟踪模型和扩展光学模型，针对不同的区域采用不同的计算模型。国内也有研究利用 APM 模型研究了复杂环境下的雷达建模[108]，并提出了 GPU 硬件加速的方法进行了优化[109-110]。

将雷达在有源干扰下的电磁环境效应以直观的、可交互的方式呈现在虚拟战场环境中具有十分重要的意义，本章节重点介绍人为干扰下的电磁环境效应可视化。

### 4.3.3.1 有源干扰下的探测范围

战场中雷达可能会受到多种电磁干扰。以干扰来源可分为有源和无源干扰；以干扰机、雷达和目标之间的空间距离可分为远距离支援干扰、近距离干扰、随机干扰、自卫干扰等干扰方式。对于有源干扰的情况下，干扰机为保护目标，混淆雷达接收的目标回波信号，起到压制雷达的作用，如图 4-37 所示，所以雷达接收到的信号主要有目标回波信号 $P_{rs}$ 和干扰机干扰信号 $P_{rj}$。

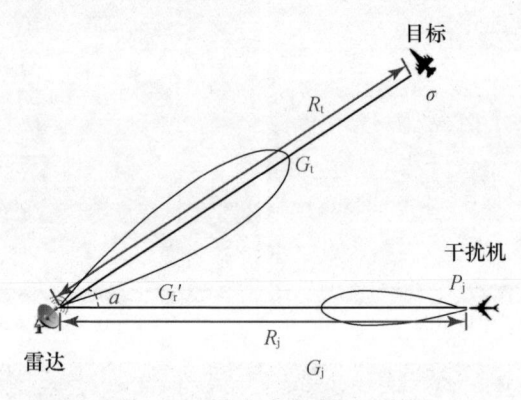

图 4-37 雷达受到干扰机干扰

回波信号功率 $P_{rs}$ 和干扰机干扰信号 $P_{rj}$ 通过雷达方程计算,即

$$P_{rs} = \frac{P_t G_t G_r \sigma \lambda^2}{(4\pi)^3 R_t^4 L} \tag{4.17}$$

式中　$P_t$——雷达发射功率;

　　　$G_t$——雷达天线发射增益;

　　　$G_r$——雷达天线接收增益;

　　　$\sigma$——目标雷达截面积;

　　　$R_t$——目标与雷达的距离;

　　　$L$——雷达的系统损耗。

雷达接收机接收的干扰信号功率 $P_{rj}$ 为

$$P_{rj} = \frac{P_j G_j G_r' \lambda^2 \gamma_j}{(4\pi)^2 R_j^2 L_j} \cdot \frac{B_r}{B_j} \tag{4.18}$$

式中　$P_j$——干扰机的发射功率;

　　　$G_j$——干扰机天线增益;

　　　$G_r'$——雷达天线在干扰机方向上的有效增益;

　　　$R_j$——干扰机与雷达的距离;

　　　$\gamma_j$——干扰信号对雷达天线的极化系数;

　　　$L_j$——干扰机的系统损耗;

　　　$B_r$——雷达接收机带宽;

　　　$B_j$——干扰机发射带宽。

$G_r'$ 与干扰机信号偏离雷达天线最大方向角 $\alpha$ 有关,可表示为函数 $G_r'(\alpha)$,一般可通过雷达天线增益的经验公式计算,即

$$\begin{cases} G'_r(\alpha) = G_r, & 0 \leqslant \alpha \leqslant \theta_{0.5}/2 \\ G'_r(\alpha) = k(\theta_{0.5}/\alpha)^2 G_r, & \theta_{0.5}/2 < \alpha < 90° \\ G'_r(\alpha) = k(\theta_{0.5}/90)^2 G_r, & \alpha \geqslant 90° \end{cases} \quad (4.19)$$

式中 $\theta_{0.5}$——雷达主瓣宽度；

$G_r$——雷达接收天线增益。

雷达接收的目标回波信号功率和干扰信号功率比为

$$\frac{P_{rs}}{P_{rj}} = \frac{P_t G_t G_r \sigma R_j^2 L_j}{4\pi P_j G_j G'_r L \gamma_j R_t^4} \cdot \frac{B_r}{B_j} \quad (4.20)$$

干扰情况下,雷达能够发现目标需要这个信干比大于雷达检测目标所需的最小信干比 $\mathrm{snr}_{\min}$。

得到最终的结果如式(4.21)所示,即

$$R_{t\max} = \left( \frac{P_t G_t G_r \sigma R_j^2 L_j B_j}{4\pi \cdot \mathrm{snr}_{\min} P_j G_j G'_r L \gamma_j B_r} \right)^{\frac{1}{4}} \quad (4.21)$$

雷达接收目标的回波功率是和有无干扰无关的,而雷达接收到的干扰功率远大于雷达接收机内部噪声时才可以忽略,但实际情况下,雷达接收机内部的噪声对计算雷达最大探测范围时有较大影响。对于多个干扰机存在的情况下,考虑干扰功率,应该把它考虑为 $N$ 部雷达接收机功率和雷达内部噪声功率的叠加和,即

$$P_j = \sum_{i=1}^{N} P_{rji} + P_n \quad (4.22)$$

所以在一定检测概率下,雷达最小可检测信干比 $\mathrm{snr}_{\min}$ 为

$$\mathrm{snr}_{\min} = \frac{P_{rs}}{P_j} \quad (4.23)$$

因此,进行噪声修正后,多部干扰机下雷达最大作用距离为

$$R_{t\max}^4 = \frac{P_t G_t G_r \sigma \lambda^2}{(4\pi)^3 \mathrm{snr}_{\min} L \left( \sum_{i=1}^{N} \frac{P_{ji} G_{ji} G'_{ri} \gamma_{ji} \lambda^2 B_r}{(4\pi)^2 R_{ji}^2 L_{ji} B_{ji}} + P_n \right)} \quad (4.24)$$

#### 4.3.3.2 受干扰下的雷达作用范围可视化

由前面的推导和讨论,可知雷达探测范围基本公式为

$$R = R_{\max} F(\theta, \varphi) \quad (4.25)$$

可见雷达探测范围与角度 $\theta$ 和俯仰角 $\varphi$ 相关。我们的基本思路是通过离散采样的方法,以一定的角度间隔将空间离散为若干角度向量 $(\theta, \varphi)$,然后分别计算对应角度上的探测范围距离边界,最后将这些距离边界构成三维网格,渲染绘制

出来。

对于无干扰条件下的雷达探测距离计算,雷达最大辐射方向上的探测距离 $R_{max}$ 是一定的,只用计算一次并存储,可以重复使用,每次计算对应方向上的方向图因子即可。

对于有干扰条件下的雷达探测距离计算,雷达最大辐射方向上的探测距离还与对应干扰机偏离雷达发射天线最大方向角有关,所以需要更新计算多部干扰机下雷达最大辐射方向上的探测距离 $R_{tmax}$,再计算对应方向上的方向图因子。下面详细给出所实现雷达探测距离三维可视化的具体方法。

对于多部干扰机干扰下的雷达作用距离方程,可写为

$$R_{tmax}^4 = \frac{P_t G_t G_r \sigma \lambda^2}{(4\pi)^3 \mathrm{snr}_{min} L P_n} \cdot \frac{P_n}{\sum_{i=1}^{N} P_{ji} + P_n} \quad (4.26)$$

式(4.26)的前半部分相当于雷达在最小检测信杂比为 $\mathrm{snr}_{min}$ 下的最大探测距离,后半部分相当于雷达接收所有干扰机信号的功率和同系统噪声的信噪比。

1) 实现方法及流程

受干扰雷达探测距离可视化方法同不受干扰探测距离三维可视化方法类似,需要计算受干扰后的探测距离 $R_{jam}$ 代替原来的 $R_{max}$ 进行之后计算。计算每个方位角采样点上的 $R_{jam}$ 的流程如图 4-38 所示,下面针对详细实现步骤做进一步具体阐述。

步骤1:预设共有 cntjammer 台干扰机,分别设置干扰机所在角度、距离雷达的距离、干扰机功率等其他参数,并直接计算最小信干比 $\mathrm{snr}_{min}$ 下的 $R_{max}$。

步骤2:如果 $k \geq$ cntjammer,执行步骤4。否则,计算第 $k$ 部干扰机与当前方位角采样点位置的角度差值为 $\alpha$;带入4.3.2节中讨论的公式来计算雷达天线在第 $k$ 部干扰机方向上的有效增益 $G'_{rk}(\alpha)$。

步骤3:计算雷达接收第 $k$ 干扰机干扰信号功率 $P_{rjk}$,即

$$P_{rjk} = \frac{P_{jk} G_{jk} G'_{rk} \lambda^2 \gamma_{jk} B_r}{(4\pi)^2 R_{jk}^2 L_{jk} B_{jk}} \quad (4.27)$$

$k=k+1$,执行步骤2。

步骤4:计算雷达接收所有干扰机干扰信号功率和 $P_{rjsum}$,计算系统噪声的信噪比 snr,即

$$\mathrm{snr} = (P_{rjsum} + P_n)/P_n \quad (4.28)$$

该方位角采样点处受所有干扰机干扰下的探测距离为

$$R_{jam} = R_{max}(1/\mathrm{snr})^{1/4} \quad (4.29)$$

# 第4章 多维复杂电磁环境可视化技术

```
干扰机参数 → k=0
       ↓
   k<cntjammer? ──否──→
       ↓是                ↑
   计算雷达主瓣方向与雷达
   到干扰机连线角度α
       ↓
   计算雷达在干扰机方向
   上的有效增益G(α)
       ↓
   计算雷达接收机接收
   干扰信号功率P_rj
       ↓                k=k+1
   计算接收机接收干扰
   信号功率和P_rjsum
       ↓
   计算接收机接收干扰
   信号功率信噪比
   snr=(P_rjsum+P_n)/P_n
       ↓
   R_jam=R_max(1/snr)^(1/4)
```

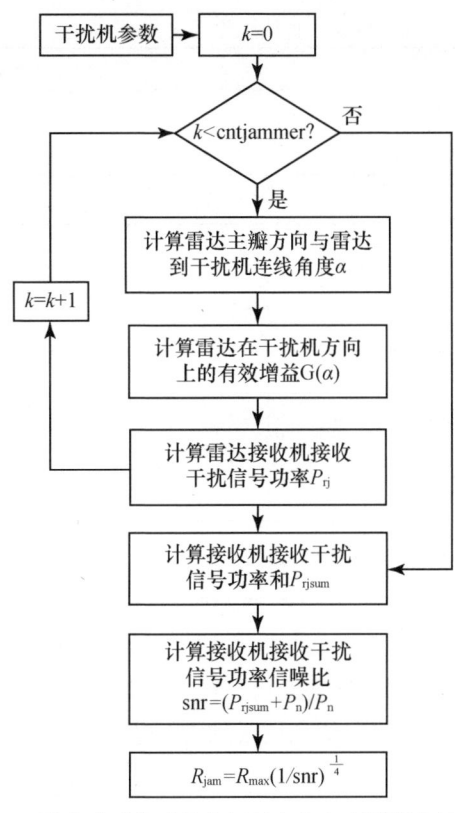

图 4-38 雷达受干扰时最大辐射方向上探测距离计算流程

2)可视化结果分析

为方便仿真研究,我们假定干扰机、雷达位置固定,干扰机都是主瓣对准雷达的数学模型。计算采用的雷达参数列表和干扰机参数列表如表 4-4 和表 4-5 所列。

表 4-4 雷达参数列表

| 参数 | 参数值 |
| --- | --- |
| 雷达发射机发射功率/kW | 3000 |
| 雷达发射天线增益/dB | 35 |
| 雷达接受天线增益/dB | 35 |
| RCS 目标等效反射面积/$m^2$ | 5 |
| 最小检测信噪比/dB | 5 |
| 天线波长/m | 0.4 |
| 接收机带宽/MHz | 5 |

续表

| 参数 | 参数值 |
|---|---|
| 系统损耗因子/dB | 12 |
| 接收机噪声系数/dB | 3 |

表 4-5　干扰机参数列表

| 参数 | 参数值 |
|---|---|
| 干扰机发射功率/kW | 5 |
| 干扰机发射增益/dB | 100 |
| 极化损失 | 0.5 |
| 干扰机发射带宽/MHz | 60 |
| 干扰机损耗因子 | 10 |
| 距离雷达的距离/km | 250 |

　　设置好雷达参数后，依次在雷达方位角为 0°、240°、30° 的 3 个方向添加干扰机，为了计算方便，我们添加的干扰机都按照表 4-5 中的参数进行设置。使用前面小节中提出的雷达探测范围计算方法进行三维模型构建，利用 C++ 编写代码，将顶点送入 OpenGL 的图像渲染管线进行绘制，并同时利用 Matlab 按照给出的雷达和干扰机参数进行仿真，并将仿真结果和实际绘制效果进行比对。

　　图 4-39，展示了受干扰下雷达作用范围三维可视化绘制结果，左边为实际绘制雷达网格建模效果和干扰机布放位置，右边为 Matlab 中平面仿真结果。通过比对观察可以看出，本部分采用的方法绘制结果和 Matlab 中数据仿真分析结果高度一致，并能够形象、直观的反映雷达受干扰影响下的电磁信息，具有不错的可视化效果。

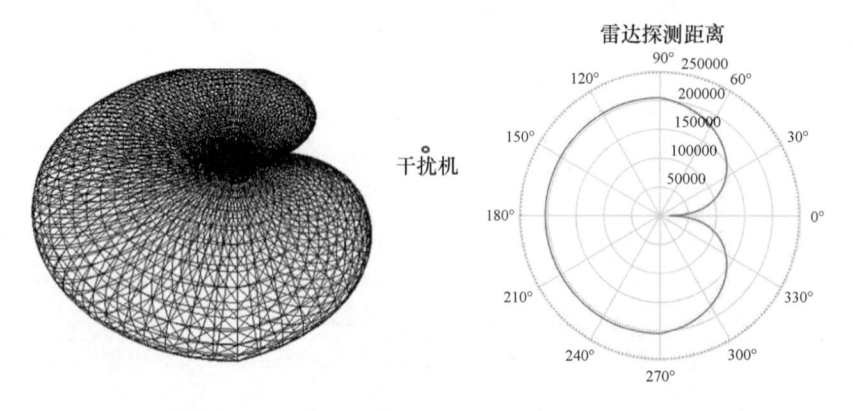

(a) 干扰机个数：1个，布放角度0°

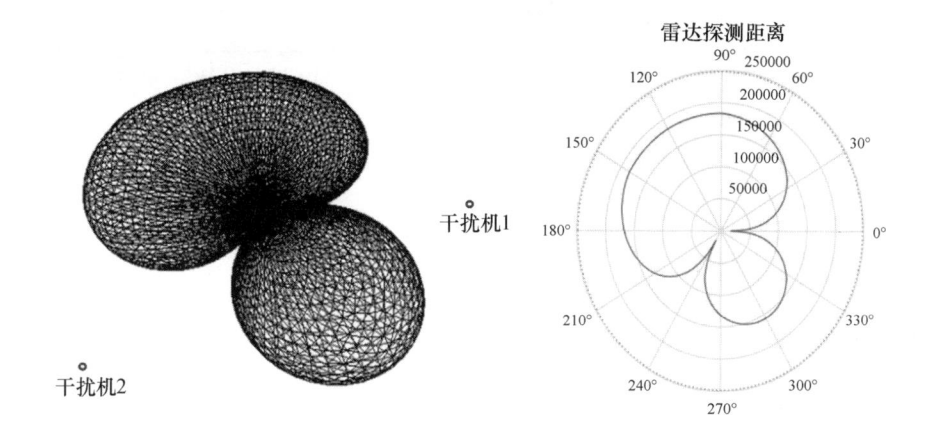

(b) 干扰机个数：2个，布放角度（0°，240°）

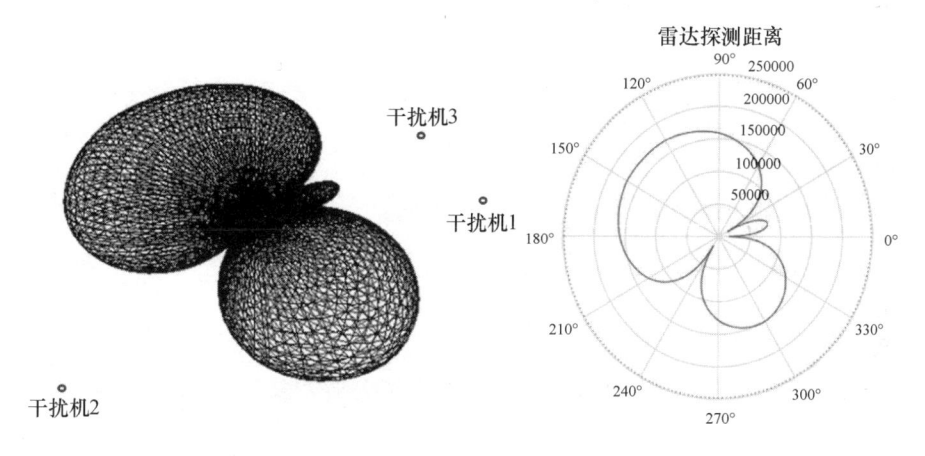

(c) 干扰机个数3个，布放角度（0°，240°，30°）

图 4-39　受干扰下雷达作用范围三维可视化结果与 Matlab 仿真结果比对

将雷达探测范围计算方法和三维建模方法同三维地理信息系统进行结合。依据作战想定，配置雷达的位置参数和性能参数，再根据作战场景，添加和删除干扰机，即可在地理信息系统的三维地形模型上，展示雷达的三维探测范围，如图 4-40 所示。

雷达参数和干扰机的基本性能参数和 4.3.2.2 节采用的数据一致，通过 Matlab 仿真依次在 0°、300°、30° 共 3 个方位添加干扰机后，雷达探测距离的变化如图 4-41 所示，图 4-41 中展示了多个干扰机在不同角度上对雷达的压制效果。

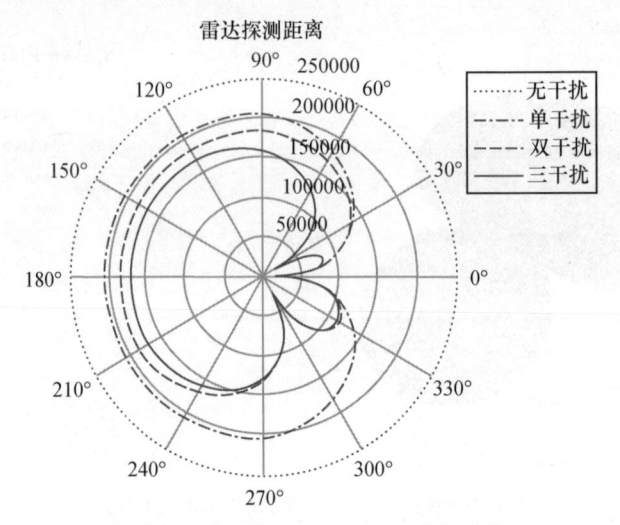

## 电磁环境仿真与模拟技术
Electromagnetic Environment Modeling and Simulation Technology

图 4-40　雷达受干扰压制下的探测距离

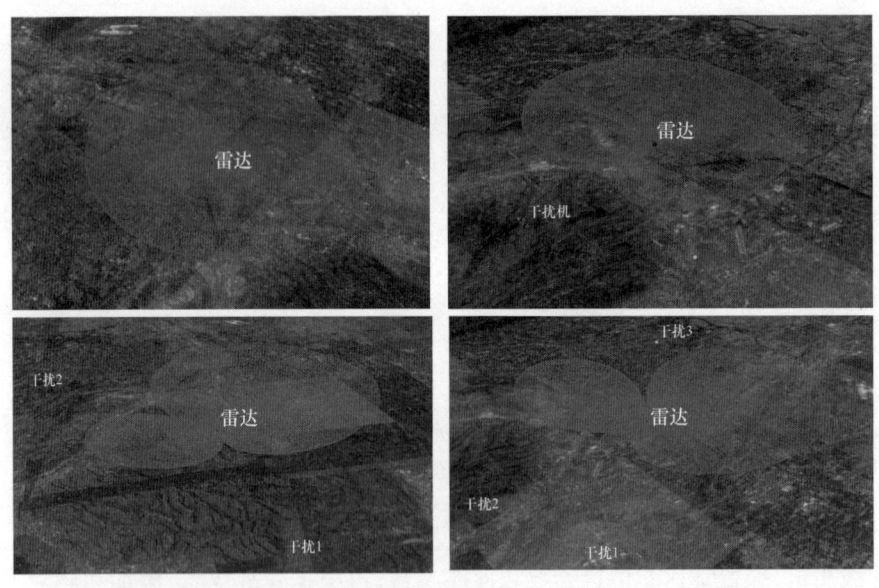

图 4-41　地理信息系统中的雷达探测范围三维可视化（见彩图）

在真实三维地形下，雷达添加干扰机后的探测范围变化如图 4-41 所示，通过和地形的混合绘制，使得雷达电磁信息和地理信息相结合，使得电磁态势可视化效果更为直观和真实。同时，和地理信息系统结合后，可以进行涉及地形数据更多的电磁计算，如真实地形影响下的雷达电磁计算等，为之后更深一步分析和研究电磁环境预留下可拓展的接口。

## 4.3.4 多维电磁环境信息可视化方法

### 4.3.4.1 基于球体映射的多维电磁环境信息可视化方法

基于球体映射的多维电磁环境信息可视化方法，利用三维球体创建电磁环境的多维信息模型，并将电磁环境多维信息与三维球体相结合，用于实时动态地显示电磁态势的多维信息。多维信息模型包括事实表、维度表和关联等[111]；事实表包含事实的名称及每个维度表的关键字，利用事实表和内部的度量能分析各个维度之间的关系；维度表是每个维度的透视或是关于一个组织想要记录的实体及与之相关联的事实表之间信息值度量的描述。关联是事实表和维度表之间建立的一种联系，事实表中记录各维度的主属性，并与维度中的主属性进行关联，用来描述事实表和维度表之间的关联关系如图 4-42 所示。

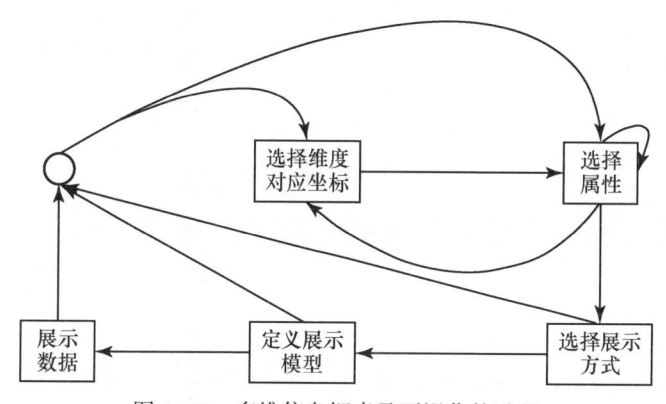

图 4-42 多维信息探索及可视化的过程

本节通过创建多个维度的可视化显示，从不同角度获得相应的多维信息属性特征，利用符合人类感知习惯的三维球体表征来描述电磁环境的多维信息。该方法借用可视化数据库 VisDB 的思路和配色方案来建立可视化维度的二维信息编排，再利用 Mercator 投影的反函数将平面上的一个像素映射到三维球体上的一个点，即可将将二维信息编排的抽象数据转换成一个三维可视化球体，最后实现了多维信息模型到三维可视化表征模型的可视化映射。

多维信息的可视化表达可以帮助人们从不同透视图探索所表示的信息，称 RInfoShape(Record InfoShape) 和 DInfoShape(Dimension InfoShape) 为基于记录和维度的概念模型，RInfoShape 表示多维信息到可视化图形表达的一个映射，RInfoShape 表示场景及渲染模型。

基于记录的可视化(Record-Based Visualization，RBV)表示基于一个记录的可视化表格，基于记录的可视化的例子如图 4-43 所示。基于维度的可视化（Dimension-Based Visualization，DBV）表示基于维度的可视化表格，基于维数的可视化的例子如图 4-44 所示。

| 可视化特征 | 颜色 | 生产年份 | 加速性能 | 油耗 | 重量 | 马力 | 汽缸 |
|---|---|---|---|---|---|---|---|
| 记录1 | $R_{11}$ | $R_{12}$ | $R_{13}$ | $R_{14}$ | $R_{15}$ | $R_{16}$ | $R_{17}$ |
| 记录2 | $R_{21}$ | $R_{22}$ | $R_{23}$ | $R_{24}$ | $R_{25}$ | $R_{26}$ | $R_{27}$ |
| ... | ... | ... | ... | ... | ... | ... | ... |

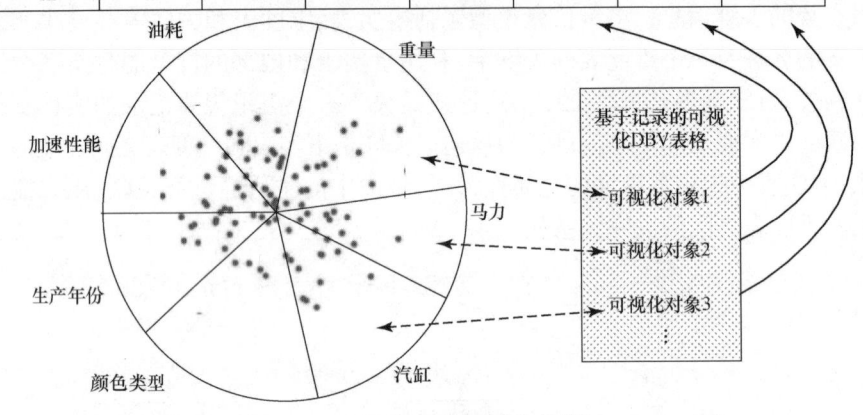

图 4-43　基于记录的可视化的例子

| 可视化特征 | 颜色 | 生产年份 | 加速性能 | 油耗 | 重量 | 马力 | 汽缸 |
|---|---|---|---|---|---|---|---|
| 记录1 | $R_{11}$ | $R_{12}$ | $R_{13}$ | $R_{14}$ | $R_{15}$ | $R_{16}$ | $R_{17}$ |
| 记录2 | $R_{21}$ | $R_{22}$ | $R_{23}$ | $R_{24}$ | $R_{25}$ | $R_{26}$ | $R_{27}$ |
| ... | ... | ... | ... | ... | ... | ... | ... |

图 4-44　基于维数的可视化的例子

在一个 RBV 的图形表示中,一个记录被可视化为一个实体,它标识了其可视化的特征,并包含该记录的所有维度。DBV 中每个维度作为一个独立的可视化对象来表示多维信息,维度信息通过分散成多个可视化对象呈现。图 4-43 和图 4-44 是在 DBV 中表示了一类汽车用颜色和 6 个轴上水平条的编码,这样,维度信息就被可视化为 7 个可视化对象。

然后根据三维球体的区域分布函数(Area Distribution Function,ADF)将多维信息映射到三维球体。区域分布函数决定了球体表面上的每个记录所占用的面积,区域分布函数描述了下面两个属性:①ADF 为每个记录返回一个唯一的区域;②用 ADF 实现 RInfoShape 和 DInfoShape 属性到三维球体的经、纬度之间的映射。

DInfoShape 旨在提供维度视图,与 RInfoShape 不同,DInfoShape 分配给每个维度一个独特的区域分布,构建 DInfoShape 需两步。首先将多维信息编排在二维面板中,然后将其从二维平面绘制到三维球体上。这里借用 VisDB 的思路建立了 DInfoShape 的二维信息编排,VisDB 中的显示窗口被划分成若干个彼此相邻排列的子窗口,整体可视化信息显示在子窗口左上角,其他子窗口显示的是多维信息各自的维度,VisDB 中原始像素安排如图 4-45 所示。

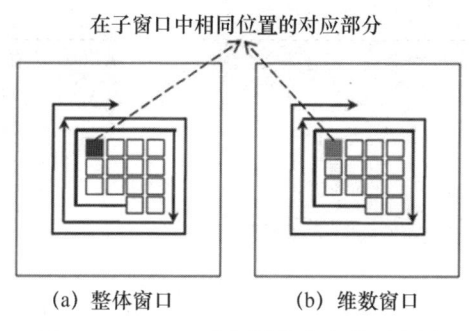

图 4-45 VisDB 中原始像素安排示意图

在图 4-45 中,VisDB 采用螺旋形的排列。螺旋中心的距离表示与相关信息相匹配的程度。图 4-45(a)展示的是记录整体的窗口,图 4-45(b)是该记录在多维层面中的子窗口,多维层面由相关系数来代表它们的近似程度。具有最高相关系数的数据都集中在整体窗口中。相关系数越小,就越接近相应整体窗口的边缘。在维数窗口中,数据排列的顺序是记录维度属性上相关距离的排序。

图 4-46 是图 4-45 的改进编排,因为相同数据可能有不同的位置,修改后的排列可更清楚地显示数据在每个窗口中的螺旋布局,有助于信息属性的描述。

在 DInfoShape 模型中,遵守相关系数准则,使用与 VisDB 类似的配色方案,从

(a) 整体窗口　　　　(b) 维数窗口

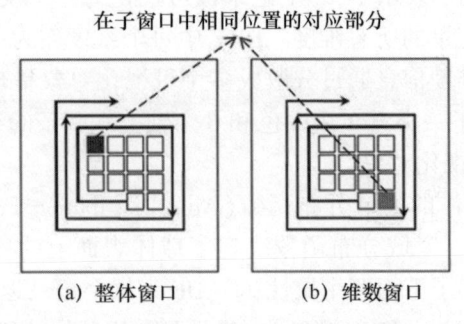

图 4-46　基于维数可视化的数据安排示意图

黄色到绿色、青色到蓝色和洋红色到红色进行表示。图 4-47(a)是一个随机生成的五维信息集 639 个记录的二维编排，左上角是整体窗口，其他子窗口为 5 个维度窗口。如图 4-47(b)所示是五维信息的三维球体显示效果图。

整体　　维数1　　维数2

维数3　　维数4　　维数5

(a) 二维编排　　　　　　　　(b) DInfoShape

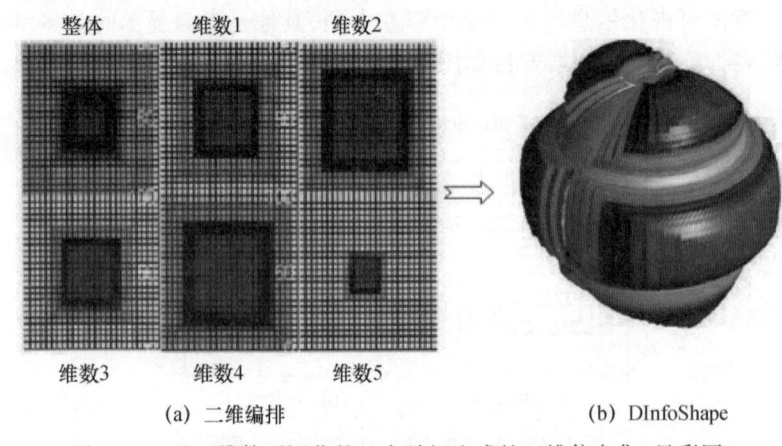

图 4-47　基于维数可视化的一个随机生成的五维信息集(见彩图)

然后，使用 Mercator 投影反函数，将二维面板转换成一个三维球体。Mercator 投影的逆函数可将一个像素映射到球体上唯一的点上，即

$$\begin{cases} \varphi = 2\tan^{-1}(e^y) - \dfrac{\pi}{2} = 2\tan^{-1}(\sinh(y)) \\ \lambda = x + \lambda_0 \end{cases} \quad (4.30)$$

式中　$x$、$y$——像素的二维坐标；

$\varphi$、$\lambda$——球体的经度和纬度。

通过上述方法可以解决当信息空间的维数超出 5 个以上的时候，标准的几何投影技术对人类感知系统无效的问题，即利用人们习惯并形象的三维球体方式来描述及表征多维信息。

#### 4.3.4.2　电磁环境多维信息可视化的实现

基于三维球体的电磁环境多维信息可视化方法,是根据电磁环境仿真要求,对电磁环境的主要参数进行从宏观到微观的分析[112-113],将三维球体分成几个部分,按照电磁环境各参数的权重进行分区,为了更加直观详细的描述各电磁环境参数,利用三维球体相应的经度、纬度,从每个信息突起的方式与高度形象表达了电磁的多元化信息,实现了电磁环境多维数据的直观显示。

基于三维球体的电磁环境多维信息可视化方法的信息流程如图4-48所示。

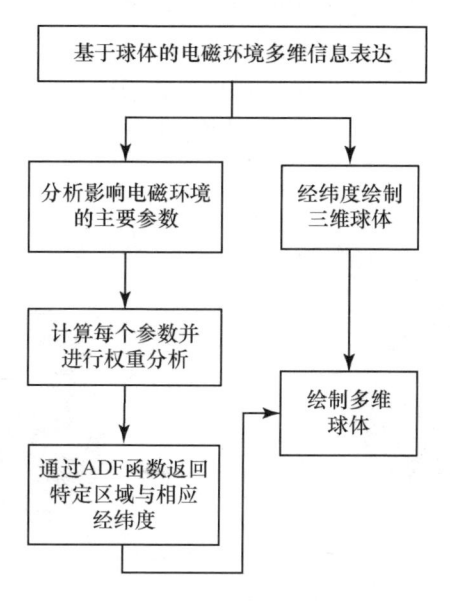

图4-48　基于三维球体的电磁环境多维信息可视化流程图

在具体实现过程中,具体实现的步骤如下。

(1) 分析表征电磁信号的空间分布特性参数,包括信号强度、信号类型、频谱占用度、信号密度、时间占用度、空间覆盖率、频率重合度系数、背景信号强度系数、功率密度系数等,对电磁信号的空间分布特性建模就是建立上述反映电磁信号空间分布特性的参数模型[114]。

(2) 分析电磁环境各信息权重,根据模糊层次分析法中关于建立模糊互补判断矩阵权重的计算方法来确定各信息权重。在模糊层次分析中,做因素间的两两比较判断时,采用一个因素比另一个因素的重要程度即 0.1~0.9 标度法来定量表示,则得到判断矩阵。对于选定的指标,根据其对监测设备的影响情况,获得电磁环境描述指标的权重关系并建立权重模糊互补判断矩阵,最后利用求解互补判断矩阵权重公式,计算各指标的权重值。

(3) 根据权重值在三维球体表面分配经纬度位置和表面积大小,然后,对三维球体上的每个参数进行不同的突起,使用 ADF 将电磁环境的每一个参数投影到球体的表面上去。

(4) 运用 VisDB(Visualization of Dimensional Data)配色方案,从黄色到绿色、蓝绿色到蓝色和品红色到红色,以递减的方式逼近,对相得到的经纬区域进行配色。使用墨卡托(Mercator)反函数的投影公式将二维面板投影到三维空间。

(5) 采用 VC++、OpenGL 语言对构建好的模型进行编程,绘制球体,对每个参数运用 ADF 和 Mercator 投影解出相应的经纬区域及每个区域的大小并通过其配色方案进行绘制。

基于三维球体映射的多维信息可视化方法的仿真结果如图 4-49 所示,进而还可以通过动态三维球体的表示,观察到电磁环境分布特性参数随着时间变化的情况,如图 4-50 所示。

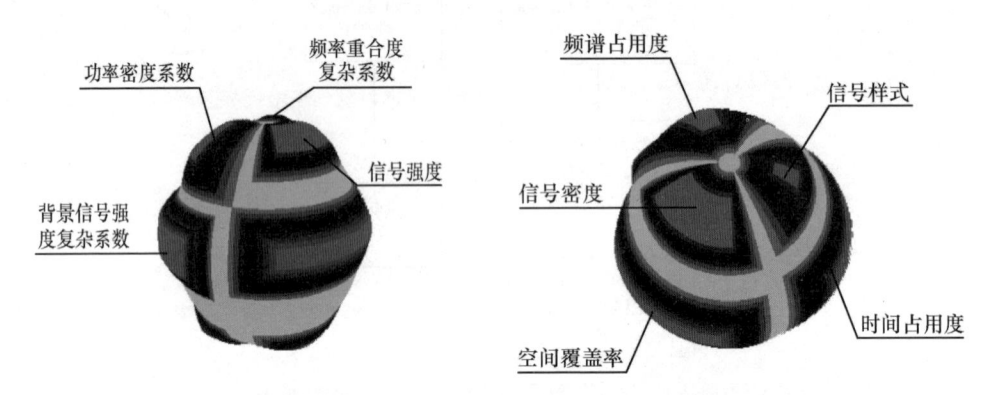

图 4-49 电磁环境各分布特性参数在球体表面上的效果图(见彩图)

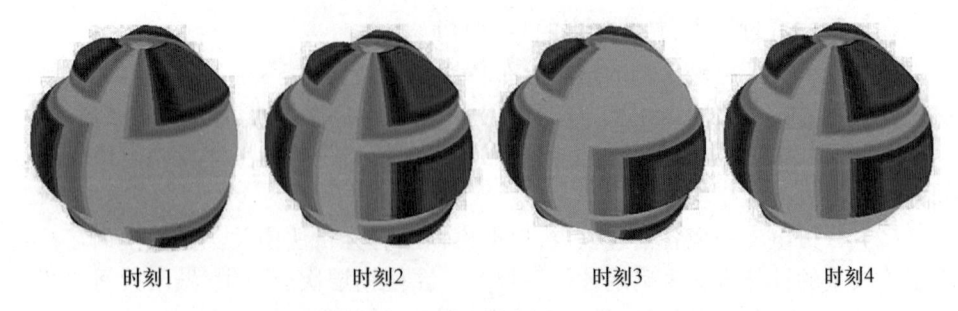

图 4-50 电磁环境分布特性参数随着时间变化的实时效果图

## 4.3.5 电磁环境态势体数据可视化方法

### 4.3.5.1 电磁环境态势"三维体数据场"建模

战场电磁环境态势信息建模是仿真模拟某个区域或该区域外的各种电磁辐射源发出的电磁波对该区域电磁环境的影响;本部分以电磁态势信息中的合成功率为例,说明电磁环境态势"三维体数据场"的建模思路。

建立三维体数据场的基本思路如下:由于多维电磁辐射源合成功率或总的辐射功率密度,不仅与各电磁辐射源辐射场的强度和极化方式有关,还与各辐射场的频率、传播方向、相位等因素有关。设在电磁辐射源个数、传播衰减模型、空间分布位置、发射源属性参数、空间电磁态势观测区域参数动态可调的条件下,基于解算观测区域的多维电磁辐射源合成场强的数学模型,用数值求解的方法计算出离散单元处的合成功率函数值,将电磁空间离散化,即可得到电磁态势体三维体数据场[45,72],如图4-51所示。

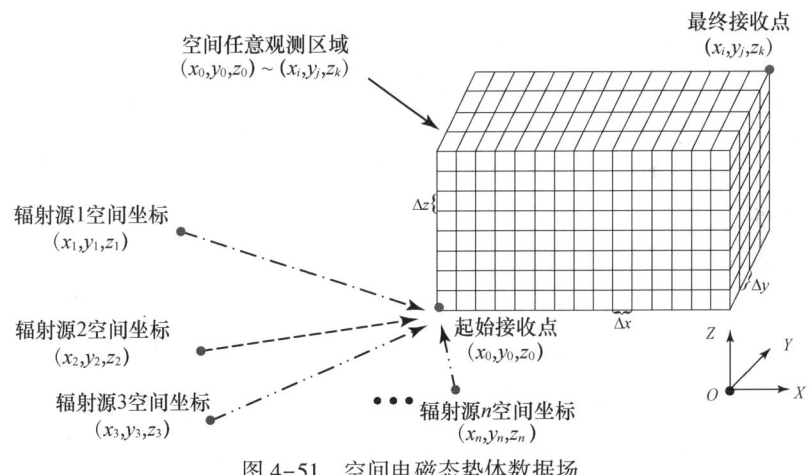

图4-51 空间电磁态势体数据场

在图4-51中,在空间任意一个想定的仿真区域中,根据需要设置一定数量的辐射源、其信号类型、位置及来波方向可进行参数化设置;根据合成场解算模型可得到空间任意观测区域合成功率三维体数据,为合成功率的态势分布体绘制提供数据来源。

### 4.3.5.2 电磁环境态势体数据可视化方法

1) 体绘制原理

体绘制技术是依据三维体数据,将所有体细节同时展现在二维图片上的技术;

利用体绘制技术,可以在一幅图像中显示物质内部的细节情况,并且可以通过不透明度的控制,反映电磁态势体数据整体以及等值线、等值面等细节情况;体绘制的核心在于"展示体细节,而不是表面细节"。

体绘制的实现就是从体数据到可视化映射的过程,首先对每一个体素赋以颜色值以及不透明度值,再根据各体素所在点的灰度梯度以及光照模型计算出相应体素的光照强度,最后进行图像合成,生成结果图像。体绘制的绘制流程如图 4-52 所示,包括预处理、重构和重采样、分类、明暗计算、图像合成和绘制等阶段。

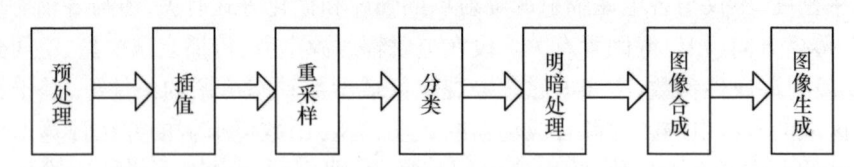

图 4-52 体绘制的绘制流程

2) 间接体绘制方法

间接体绘制方法通过对数据进行提取等值面、等值线等方式,构建数据的特征表面或曲线,并绘制和渲染出图像进行表示,间接体绘制方法通常用来反映部分信息。

(1) 移动立方体(Marching Cubes,MC)算法。

移动立方体法是间接体绘制中的经典方法,它的原理是通过遍历检测数据场中最小单位体素立方体,计算并构造立方体内部满足阈值条件的三角形。具体方法为:判断通过体素立方体 8 个顶点上的采样值能否构造出等值面;若存在等值面,根据相关边上的两个顶点的标量值计算等值面与边的交点,再将每个边上的交点连成等值三角面。具体算法细节如下。

① 判断体素立方体 8 个顶点上采样点的标量值和阈值的大小关系,确定每个顶点是位于等值面内部 $f(x,y,z)<c$ 还是在等值面上或等值面外 $f(x,y,z) \geqslant c$。体素立方体内部等值面共有 $2^8 = 256$ 种情况,根据旋转和镜像对称,可以将 256 种情况归纳简化为 15 种情况,通过查表的方式来确定交点关系。假设两个顶点位置为 $p_1$ 和 $p_2$,各点上的标量值为 $a_1$ 和 $a_2$,交点位置通过线性插值计算,即

$$p = (1-t)p_1 + tp_2 \qquad (4.31)$$

式中:参数 $t = \dfrac{c-a_1}{a_2-a_1}$。

② 计算等值面和体素立方体所有边上的交点之后,根据相交的情况连接这些交点,即可获得体素内的等值面,15 种基本等值面如图 4-53 所示。

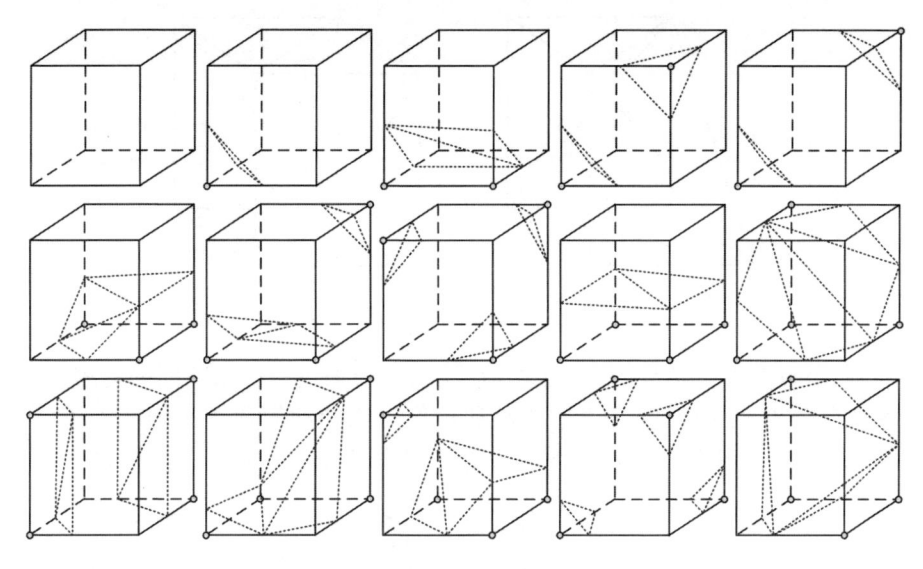

图 4-53　MC 算法中的基本等值面

MC 算法需要遍历所有体素立方体,实际情况中,大量的体素是不与等值面相交的,所以大量的计算时间花费在处理不相交的体素立方体上。在处理大量规则体数据时,可以采用八叉树(Octree)来构建三维层次数据结构,可以去除与等值面不相交的体素立方体。

(2)移动四面体法(Marching Tetrahedrons,MT)算法。

MC 算法存在的主要缺点是其二义性问题,如果等值面内外的顶点分布在体素立方体的对角线两端,则可能存在两种可能的连接方式,即二义性,如图 4-54 所示。

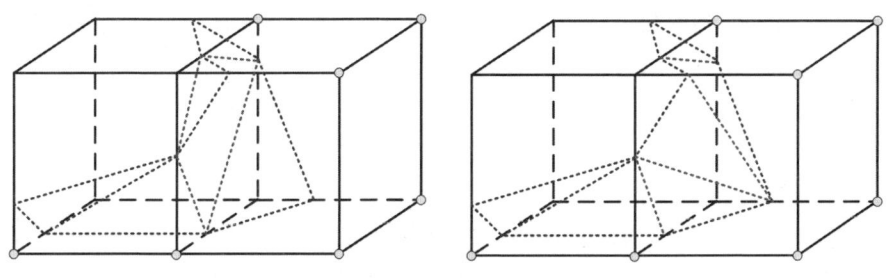

图 4-54　两种连接方式产生二义性示意图

为避免二义性,可使用移动四面体法,它将体素立方体分割为 5 个或者 6 个四面体,再通过四面体来计算等值面,如图 4-55 所示。

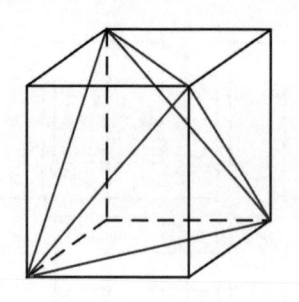

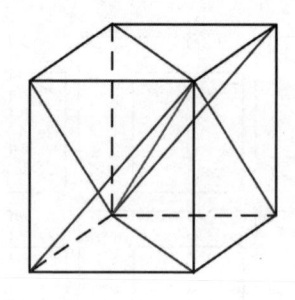

图 4-55　移动四面体法的分割方式

移动四面体法同移动立方体法类似，比较 4 个顶点上标量值同阈值的大小关系，一共存在 $2^4=16$ 种情况，通过旋转和镜像可以归纳简化为 8 种基本模式，如图 4-56 所示。求出等值面与四面体的交点，再根据交点构造三角形平面网格。

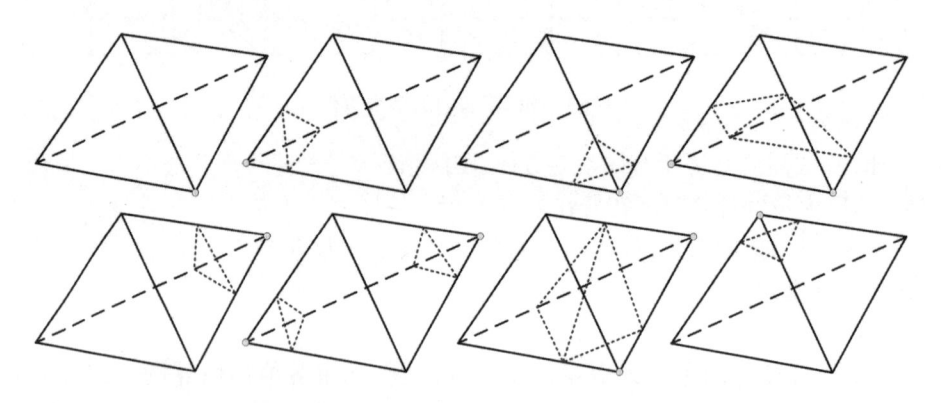

图 4-56　MT 算法的 8 种等值面模式

移动立方体法和移动四面体法计算量小，能够有效的表达三维标量场的特征表面信息，但需要判断每个顶点和等值面的位置关系，在表征一些散乱的、结构复杂的体数据场的时候，可能会有存在漏洞的网格；因此，间接体绘制利用提取等值面的方法来反映数据某一阈值特征的方法，存在一定的局限性，难以同时反映特征内部的全部信息。

3) 直接体绘制方法

直接体绘制（DVR）方法不需要构造中间的几何图元，通过光学积分来计算三维空间中各采样点对结果的贡献值，从而直接在二维屏幕上形成图像结果。直接体绘制方法能够很好的展示数据场的整体信息，既能够全局表现又能够反映数据内部的结构。直接体绘制可分为三维重采样、数据值到光学属性映射（颜色和不透明度）、三维空间到二维空间映射和图像合成等一系列步骤流程。

(1) 直接体绘制基本流程。

① 采样重构：对三维数据场体绘制时，通常需要重构出采样点在原始连续三维数据场中的数据值。最常用的是三线性插值重构。

② 数据分类：体数据可视化的核心是将采样后的数据值映射为光学属性。在建立这种映射关系之前，需要分析和提取三维标量体数据场中的数据特征信息，以达到能够区分体数据场中不同的类别信息，以及反映用户感兴趣的特征，这个过程叫做数据分类，完成这个过程的方法称为传递函数的设计。

传递函数设计是三维标量数据场可视化的核心问题。它定义了具有物理意义的标量值及其相关属性到颜色、不透明度等光学属性之间的映射关系。颜色值定义了数据的特征在视觉上的直观显示，不透明度决定了要展示还是忽略哪些特征。

最常用的是一维传递函数，这类传递函数的输入是采样点的标量值，输出为颜色值和不透明度。根据标量值的特征对体数据场内部进行分类，再通过颜色和不透明度映射关系，生成半透明的颜色图像结果。对于变化较大的标量场数据，可以引入梯度模的数据属性来对数据场内部进行分类；然后对一对标量值和梯度模对应的采样点按照颜色映射关系赋予颜色值和不透明度，这是二维传递函数的设计。对于更复杂、更多变的数据场可以引入更多的数据特征值，如标量值、梯度模、二阶导等组成的多维传递函数。

③ 光学积分：三维标量场可视化最终结果是图像上的每一个像素点都对应空间一根光线，光线上所有采样点的光学贡献总和才是最终像素点的光学属性。每根光线的光学贡献的累积过程叫做体绘制积分（Volume Rendering Integral，VRI）。

设光线上的点到视点的距离为 $t$，$x(t)$ 表示光线上距离视点 $t$ 的三维位置，$s(x(t))$ 为位置 $x(t)$ 上的标量值。在发射-吸收光学模型下，该三维标量场在位置 $x(t)$ 上的发射能量为 $c(s(x(t)))$，简化表示为 $c(t)$，位置 $x(t)$ 上的吸收系数为 $k(s(x(t)))$，简化表示为 $k(t)$。发射-吸收光学模型如图4-57所示。

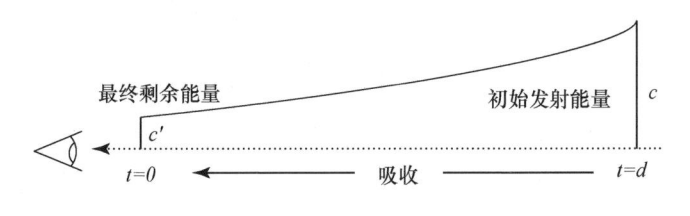

图4-57 发射-吸收光学模型

对于吸收系数为 $k(t)$ 的三维数据标量场，距离视点 $d$ 处的一个体素初始发射能量为 $c$，经过吸收最终到达视点处的剩余能量为

$$c' = c \cdot e^{-\int_0^d k(\hat{t})\,d\hat{t}} \tag{4.32}$$

将吸收系数积分简化为光学深度,即

$$\tau(d_1, d_2) = \int_{d_1}^{d_2} k(\hat{t})\,d\hat{t} \tag{4.33}$$

如果距离 $d$ 处的体素为三维标量数据场中该条光线上最远的体素,则视点处接收到的所有能量 $C$ 为光线上所有点的光学属性的积分,即

$$C = \int_0^d c(t) \cdot e^{-\int_0^t k(\hat{t})\,d\hat{t}}\,dt = \int_0^d c(t) \cdot e^{-\tau(0,t)}\,dt \tag{4.34}$$

这里,将式(4.34)称为体绘制积分公式,由于连续积分难以求得,通常需要转化为离散的积分进行近似求解,再从前向后或从后向前对离散求解结果进行合成。

吸收系数积分 $\tau(0,t)$ 通过黎曼和离散逼近计算,即

$$\tau(0,t) = \tilde{\tau}(0,t) \approx \sum_{i=0}^{n} k(i \cdot \Delta t)\Delta t \tag{4.35}$$

式中 $\Delta t$ ——采样间隔。带入将指数累加换成指数累乘为

$$e^{-\tilde{\tau}(0,t)} = \prod_{i=0}^{n} e^{-k(i \cdot \Delta t)\Delta t} \tag{4.36}$$

式中 $n$ ——光线上的总采样个数。

定义第 $i$ 个采样点的不透明度为

$$A_i = 1 - e^{-k(i \cdot \Delta t)\Delta t} \tag{4.37}$$

定义第 $i$ 个采样点的颜色为

$$C_i = c(i \cdot \Delta t)\Delta t \tag{4.38}$$

则体绘制积分可离散表达为

$$C = \sum_{i=0}^{n} C_i \prod_{j=0}^{i-1} (1 - A_j) \tag{4.39}$$

从式(4.14)可以看出,体绘制积分可通过光线上各个采样点的光学属性即颜色和不透明度叠加求解,这便是阿尔法融合(Alpha Blending)。

若采用从后往前的计算,$i$ 从 $n-1$ 到 0 个采样点的合成公式为

$$C_i' = C_i + (1 - A_i)C_{i+1}' \tag{4.40}$$

式中 $C_{i+1}'$ ——第 $i$ 个采样点后面的颜色累积和,迭代到第 0 个采样点处的颜色;

$C_0'$ ——最终的合成结果。

从前往后迭代的方法类似。

(2) 直接体绘制的常见方法。

基于体积分的直接体绘制方法可分为图像空间法和物体空间法两大类。图像空间法和物体空间法的原理示意如图4-58所示。

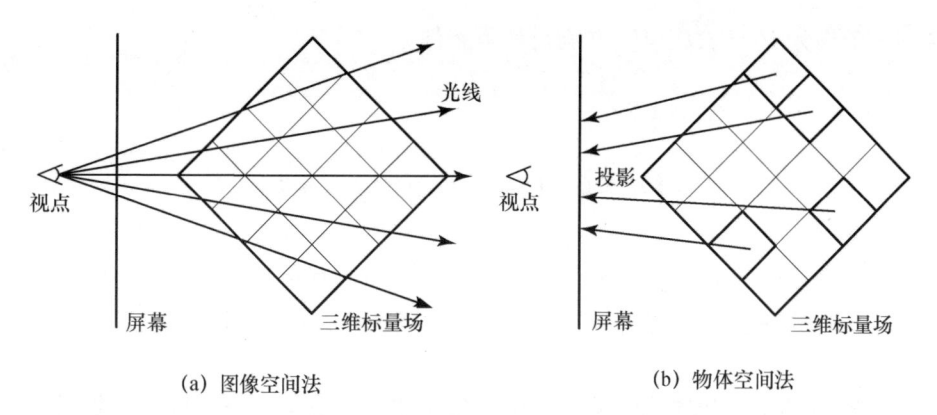

# 第4章 多维复杂电磁环境可视化技术

(a) 图像空间法      (b) 物体空间法

图 4-58　图像空间法和物体空间法原理

图像空间法是屏幕上每一个像素发射一条光线,然后在该条光线上进行光学积分,获取最终该像素点的光学属性值,代表方法如光线投射算法。

物体空间法按照空间中物体深度对数据场中每个体素进行遍历,先通过传递函数将数据值大小映射为视线方向上对应的光学属性值,即颜色和不透明度信息,再利用光学积分与当前屏幕像素点的光学属性值进行合成,最终获得结果图像,代表方法如纹理切片法、滚雪球法等。

① 光线投射算法。光线投射方法是基于图像序列的直接体绘制算法。从图像的每一个像素,沿固定方向(通常是视线方向)发射一条光线,光线穿越整个图像序列;在这个过程中,对图像序列进行采样获取颜色信息,同时依据光线吸收模型将颜色值进行累加,直至光线穿越整个图像序列,最后得到的颜色值就是渲染图像的颜色。图 4-59 为一条射向观察屏幕的光线,过程中会穿过数据体,可以找出与该射线产生交叉的数据体元。

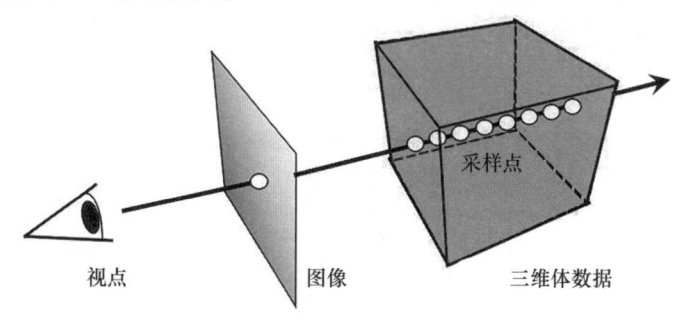

图 4-59　一条由像素点射入场景的射线

光线投射方法主要分为以下几个步骤。

步骤 1:数据分类。对于数据集合 $U$,数据分类就是做一个彼此之间能够不重

163

合的一个划分 $U_1$、$U_2$、$U_3$、$U_n$,并满足如下条件:

$$\begin{cases} U = \prod_{i=1}^{i=n} U_i \\ U_i \prod U_j = \varnothing (1 \leq i \leq n, 1 \leq j \leq n, i \neq j) \end{cases} \quad (4.41)$$

式中:∅为空集合。

比较常用的分类方法是阈值法,它是根据数据场的实际意义,做出统计分析,设定一系列的阈值 $t_i$,则满足如下条件的采样点 $f(x,y,z)$ 属于同一类,即

$$t_i \leq f(x,y,z) \leq t_{i+1} \quad (4.42)$$

步骤2:伪彩化和透明度赋值。伪彩化和透明度赋值是将实际的数据转换成图像显示数据的重要一步。

步骤3:重采样。由于光线投射时出现的错位,存在着很多未能映射到像素点的数据,所以需要重采样。

步骤4:图像合成。在对体数据进行采样并得到相应的颜色和不透明度之后,即可合成最后的图像。

采用光线投射算法实现电磁态势云图的可视化表达,其原理是从屏幕上每个像素点出发,根据视点位置发射一条或多条光线,光线穿透要绘制的三维体数据场,沿着这些光线进行数据的重采样,按照一定原则(样条差值、三次样条、线性插值)选取若干采样点,设计传递函数,得到采样点的颜色(RGB值)与透明度(Alpha值),同理可得到观测区域内每一数据点处的颜色和透明度值,基于上述数据值可实现图像合成的电磁态势云图可视化。

② 二维纹理映射法。二维纹理映射是按照物体空间法重采样生成体数据,在体数据正交方向生成二维纹理切片,计算纹理空间和物体几何空间的映射关系,将纹理切片依次进行叠加和融合,最终完成体数据的可视化表达,二维纹理映射法过程如图4-60所示。

代理几何体　　　　二维纹理　　　　纹理融合

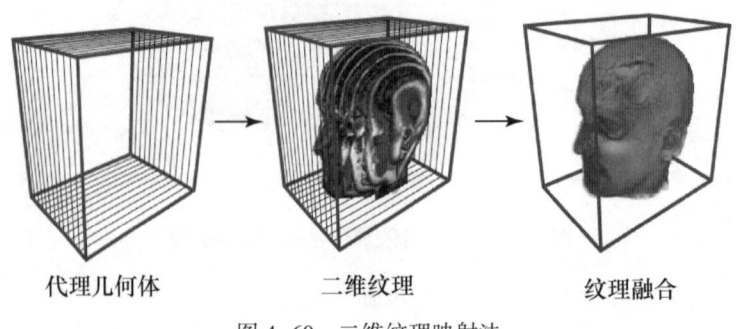

图4-60　二维纹理映射法

③ 三维纹理映射法。三维纹理的生成将整个体数据空间映射至纹理空间,纹理空间中任意点都可以通过纹理函数计算获得。在采样时,采样多边形是与视线垂直的,三维纹理按照采样多边形的空间位置进行重采样,将采样的纹理数据映射至采样多边形的物体几何空间,完成体数据可视化实现,过程如图 4-61 所示。

代理几何体　　　　　三维纹理　　　　　纹理融合

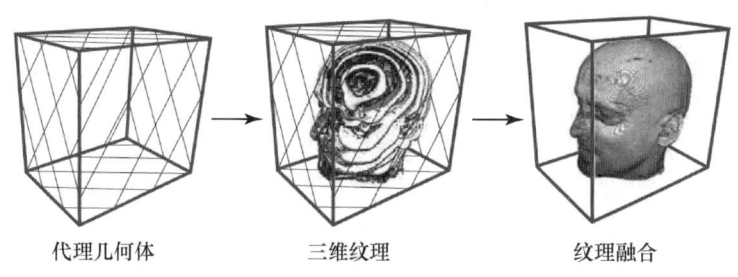

图 4-61　三维纹理映射法

可利用一组电磁体数据分别通过二维纹理映射和三维纹理映射法进行可视化实现,如图 4-62 所示。二维纹理映射法可以根据视点的改变自动改变代理集合体的切片方向,但是切片方向始终是平行于代理几何体的坐标轴。三维纹理映射法根据视点的实时位置,构造采样多边形,纹理切片始终是和视点垂直的,当切片数量增多的时候,三维纹理映射法需要消耗一定的计算资源。

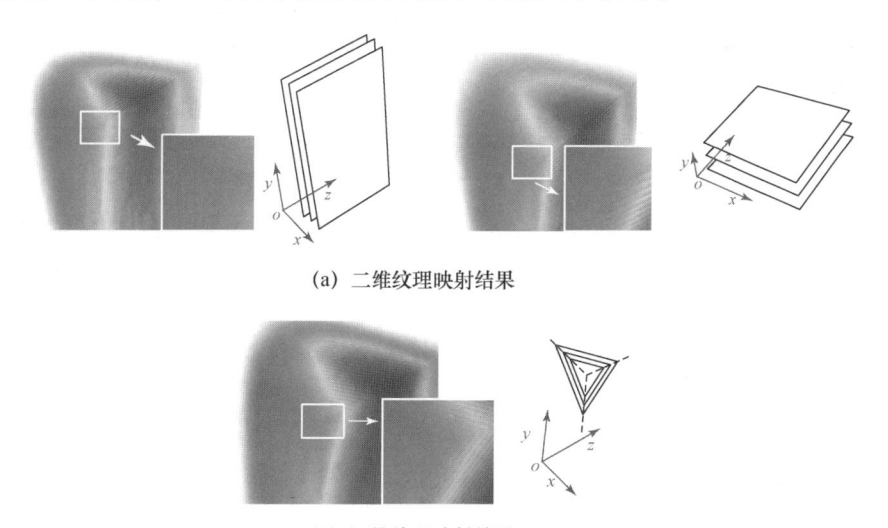

(a) 二维纹理映射结果

(b) 三维纹理映射结果

图 4-62　二维纹理映射和三维纹理映射法体绘制结果

④ OpenGL 色彩渲染。在 OpenGL 中通常使用两种颜色模式,即 RGBA 模式和颜色索引模式;使用 RGBA 模式可同时表示的颜色较使用颜色索引模式可同时

表示的颜色要多;另外,对于明暗处理、纹理映射等特殊效果,使用 RGBA 模式较使用颜色索引模式更加灵活。

在电磁态势可视化过程中,空间合成功率值的大小可以用色彩及透明度的方式加以形象的展示:随着场强值的由大到小变化,颜色值由红、黄、绿渐变,绘制区域的透明程度也渐变;变化规律如表 4-6 所列。

表 4-6　红、黄、绿三色渐变对应的 RGB 值变化规律

| 颜色 | R 值 | G 值 | B 值 | 备注 |
| --- | --- | --- | --- | --- |
| 红色 | 1 | 0 | 0 | "↑"表示由红色到黄色渐变的实现过程; |
| 黄色 | 1 | ↑ 1 | 0 | "↓"表示由黄色到绿色渐变的实现过程。 |
| 绿色 | 0 ↓ | 1 | 0 | |

在具体实现过程中,例如,可以依据国军标 1389A,将场强值大于 240E/V 设定为警戒阈值,用红色来进行渲染;场强值处于[160E/V,240E/V],用黄色来进行渲染;场强值小于 160E/V 时,用绿色来进行渲染。另外,场强值的大小决定了色彩渲染的深度,即透明度。由于颜色值可用($R,G,B$)来确定,红色为(1,0,0)、黄色为(1,1,0)、绿色为(0,1,0),由此可见,由红色渐变为黄色的过程只需将颜色值 $G$ 由 0 渐变为 1,由黄色渐变为绿色则将颜色值 $R$ 由 1 渐变为 0;因此可以采用区间映射的办法,将场强值的变化区间映射到颜色值 $R$、$G$、$B$ 对应的区间;同理,将场强值变化区间映射到透明度值所对应的区间,即可实现利用色彩及色彩透明度来反映动态场强的变化过程。

在可视化软件实现过程中,调用 OpenGL 库函数 glcolor4f( ) 命令并设置当前绘制颜色,当颜色设置完成之后,对象将一直调用该颜色进行绘制,直到对绘制颜色表进行重新设定,因此,按场强值大小进行色彩渲染,不断刷新色彩状态变量的值,即可实现用颜色值和透明度来反映体数据的分布;在渲染过程中,场强值与色彩渲染对照表如表 4-7 所列。

表 4-7　场强值与色彩渲染对照表

| 场强值 | R 值 | G 值 | B 值 | A 值 | 映射关系 |
| --- | --- | --- | --- | --- | --- |
| $x \in [240,480]$ | 1 | [0.5,0] | 0 | 1 | $1-x/480$ |
| $x \in [160,240]$ | 1 | [1,0.5] | 0 | 1 | $2-y/160$ |
| $x \in [0,160]$ | [0,1] | 1 | 0 | [0,1] | $z/160$ |

在正常情况下,OpenGL 在渲染时把颜色值放在颜色缓冲区中,每个片段(即像素)的深度值存放于深度缓冲区中,当深度测试被关闭时,新的颜色值简单的覆盖颜色缓冲区中已经存在的其他值;当深度测试开启时,新的颜色片段只

有接近于邻近的剪切平面时才会替换原来的颜色片段。因此，当在绘制体中实现一定的透明效果时，常规的色彩渲染方式并不适用，此时，应使用 Alpha 混合技术来实现。

⑤ OpenGL 中运用 Alpha 混合技术。Alpha 混合的作用是要实现一种半透明效果。假设一种不透明对象的颜色是 $A$，另一透明对象的颜色是 $B$，那么透过 $B$ 去看 $A$，看上去的颜色 $C$ 就是 $B$ 和 $A$ 的混合颜色。设 $B$ 物体的透明度为 alpha，可以用下列公式来近似混合后 $C$ 的各颜色分量，其中，$R(x)$、$G(x)$、$B(x)$ 分别指颜色 $x$ 的 $R$、$G$、$B$ 分量。

$$R(C) = \text{alpha} \times R(B) + (1 - \text{alpha}) \times R(A)$$
$$G(C) = \text{alpha} \times G(B) + (1 - \text{alpha}) \times G(A)$$
$$B(C) = \text{alpha} \times B(B) + (1 - \text{alpha}) \times B(A)$$

将已存储在颜色缓冲区中的颜色称为目标颜色，作为当前渲染命令的结果进入颜色缓冲区的颜色称为源颜色。实现的过程中，先调用 OpenGL 库函数 glEnable(GL_BLEND) 命令开启 Alpha 混合模式，当混合功能被启用时，源颜色和目标颜色的组合方式由混合方程式控制，由命令 glBlendFunc() 来实现。通过修改 glBlendFunc() 中的参数可实现不同的混合模式，达到不同的色彩混合效果。

下面给出基于电磁态势体数据集的等值线、等值面以及基于光线投射算法的体绘制结果，如图 4-63 所示。

(a) 单个辐射源多层等值面　　(b) 单个辐射源多层等值线

(c) 两个辐射源多层等值面　　(d) 两个辐射源多层等值线

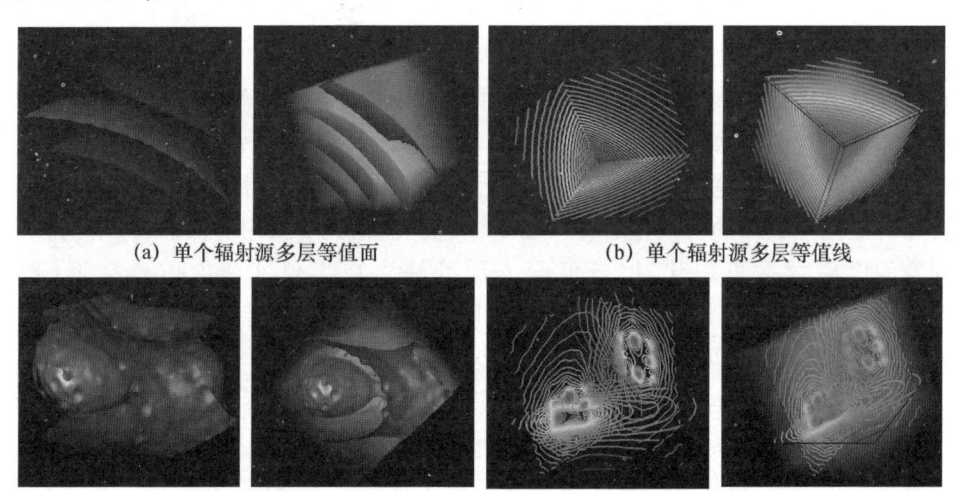

图 4-63　多层等值线等值面可视化(见彩图)

图 4-64 分别给出了 1 个、2 个、3 个辐射源以及多辐射源形成的电磁态势云图、多层等值线、切片切割的直接体绘制结果示意图。

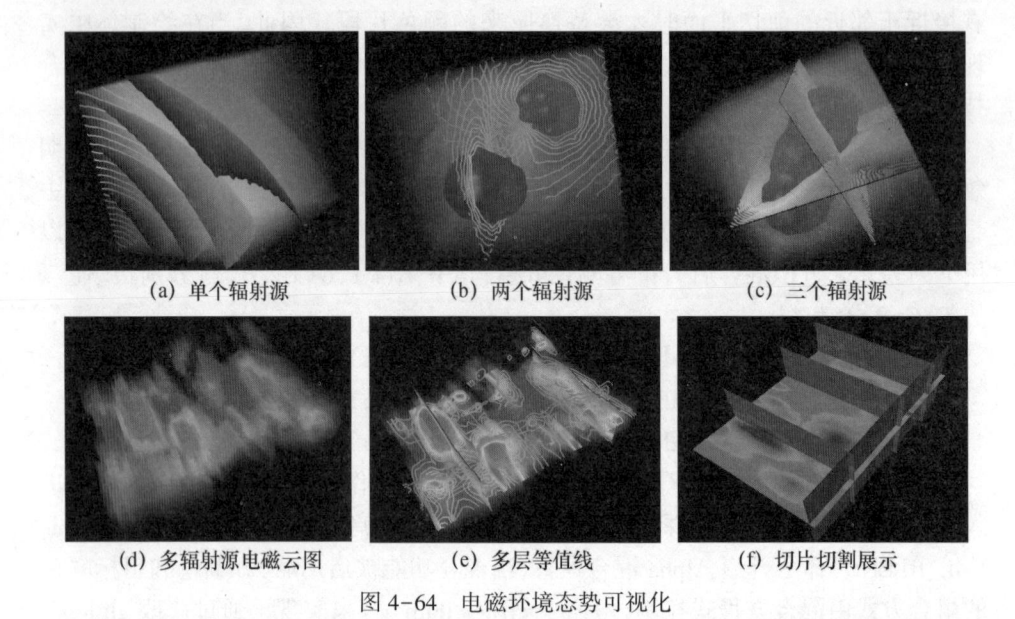

(a) 单个辐射源　　　　　(b) 两个辐射源　　　　　(c) 三个辐射源

(d) 多辐射源电磁云图　　(e) 多层等值线　　　　　(f) 切片切割展示

图 4-64　电磁环境态势可视化

## 4.4　空间电磁数据交互式可视分析系统

电磁态势可视化是电磁态势感知框架中的上层结构,直接为指战员分析决策提供可视的依据,是电磁态势感知研究中的重点[115]。目前态势可视化的研究集中在雷达作用范围可视化[102-104]、地理环境可视化[115]、电磁数据可视化[45,112]等方面,其中,雷达作用范围、地理环境可视化研究已较为成熟,对于空间电磁场、功率分布等三维体数据的可视化是一个难点[45,72]。已知大多采用等值面、体绘制方法对空间电磁数据可视化,但等值面方法的缺点在于仅能获取电磁数据的轮廓[78-79],导致数据内部细节丢失严重,所用的体绘制方法或绘制效果不佳、或绘制效率较低,不能满足可视化及分析的要求。

针对电磁数据体绘制方法效率低下、效果不佳问题展开研究。首先,通过对体绘制算法的讨论分析,给出算法实现步骤,利用基于 GPU 的光线投射算法实现电磁数据的体绘制,以保证基本的绘制效果和绘制效率[117-118];其次,加入光照处理以增强对空间电磁数据可视化的深度感知,通过对已有光照模型的仿真对比,利用效果较好的 Cook-Torrance 光照模型与光线投射算法的融合实现三维绘制结果的深度增强,仿真实验结果表明加入光照的体绘制算法可以显示更丰富、更完整地展现电磁数据信息[119-120];最后,为简化用户的操作,利用 Qt 与 OpenGL 结合,以交互式系统的方式集成对电磁数据[45,72]、传递函数[121-123]、光照、绘制结果空间变换[124-125]等操作,实现空间电磁数据的可视化分析系统。

在空间电磁数据可视化过程中需要设定的读取数据、设置并调节传递函数、设定光照位置及颜色、对空间电磁数据的显示、旋转及平移等,需要大量的人机互操作处理[126-128]。为了增强对空间电磁数据可视化结果的快速控制、理解,设计空间电磁数据交互式可视化系统,对可视化中的复杂操作进行集成,并且以友好的交互式界面的方式显示。

### 4.4.1 可视分析系统结构及功能设计

根据空间电磁数据的处理流程将系统划分为数据预处理、图形操作、界面交互3个阶段,系统结构总体思路如图 4-65 所示。

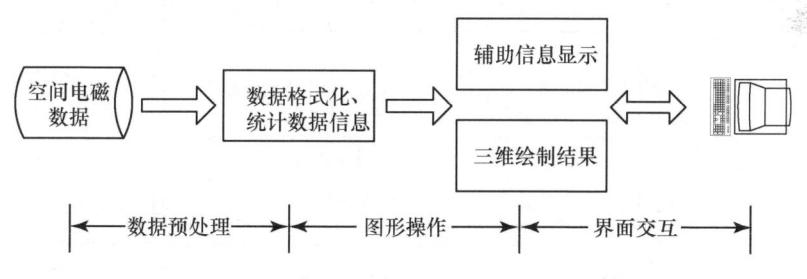

图 4-65 空间电磁数据可视分析系统结构示意图

数据预处理是将空间电磁数据格式化以适应下阶段处理,并得到数据的大小、梯度等统计信息;图形操作是实现系统功能的主要阶段,根据数据的统计信息设计体绘制传递函数、导入格式化后的数据并实现光线投射算法、光照模型计算、图形融合及显示等[129-130];界面交互则是对系统的参数化控制,实现数据的读取、传递函数的调整、光照信息改变等[131-132]。

如图 4-66 所示,在空间电磁数据可视分析系统中,传递函数设计、光线投射算法、光照的计算及快速调节是图形操作和可视分析的重点,系统首先对功能进行封装,并分为图形处理、绘制部分、数据管理及交互界面 4 个模块。

为了使各模块功能清晰,系统将图形操作分为 2 个部分,分别为图形处理与图形绘制。其中,图形处理包括光线投射算法、传递函数设计及调节、光照模型计算、空间变换计算的实现,封装了图形操作的计算部分;图形绘制部分借助 OpenGL 实现本部分算法时所需的变量定义、绘制流水线实现、GPU 程序编写等,封装了绘制图形所需的 OpenGL 操作;数据管理部分则是封装了对空间电磁数据、传递函数、光照位置等数据进行操作的一系列函数,包括数据的存取、压缩、格式转换、数据统计、传递函数赋值等；交互式界面则是实现用户操作与各功能模块的可视交互、绘制结果的展示、数据的分析、绘制结果的保存等。

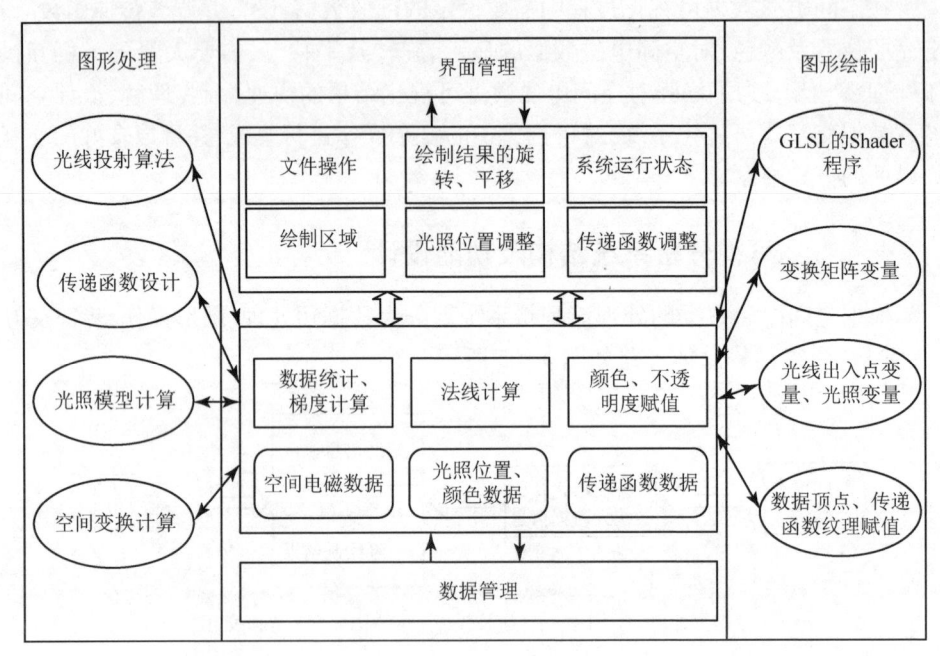

图 4-66　空间电磁数据可视分析系统模块功能示意图

### 4.4.2　可视分析系统功能分析

对于系统的功能分析是通过各个模块的实现展开的，具体的功能如下。

1) 数据管理

数据管理是通过数据类实现，除了基本的数据读取、存储、数据格式转换，还封装了直方图统计、梯度计算、聚类计算等功能。数据操作类、传递函数类、光照类是直接通过调用数据类实现。数据类的直接层次调用如图 4-67 所示。

为使系统可以实现回放，数据管理模块记录了空间电磁数据及其维数、数据统计信息、光照位置及颜色、传递函数信息，并将其格式化为统一数据类型存储。

2) 图形操作

图形操作是在数据类、光照类、传递函数类的基础之上来实现核心算法。由于其复杂性较高，将其分为图形处理与图形绘制两部分，图形处理部分负责有关对数据的计算操作，图形绘制则是 OpenGL 流水线的实现，调用层次如图 4-68 所示。

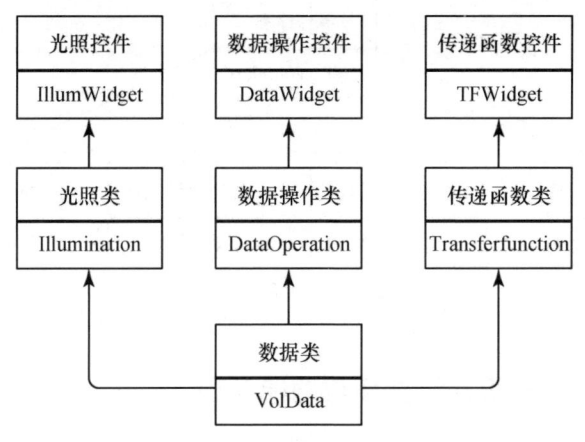

图 4-67 数据类调用层次

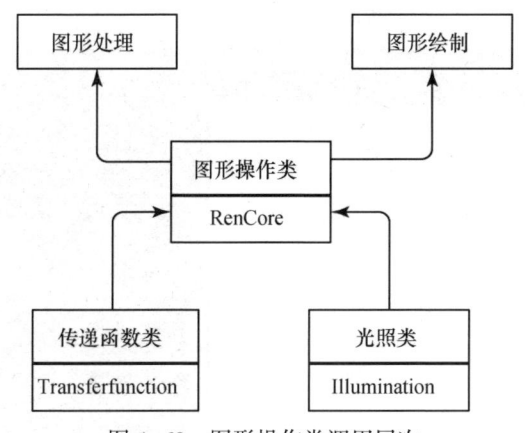

图 4-68 图形操作类调用层次

算法实现核心在图形处理模块，除此之外模块还定义了颜色类、矩阵类，以适应传递函数的颜色、不透明度实现及矩阵计算操作。图形绘制模块则是利用图形处理模块的结果，将其传入 OpenGL 流水线，如光线投射算法实现时的立方体顶点的定义、数据的三维纹理绑定等。

3) 交互界面

交互界面是人机交互的部分，也是系统的最上层部分。控件的界面设计依靠 Qt Designer 实现，参数传递则是利用信号（Signal）与槽（Slot）实现。与系统功能相对应，交互界面主要包括三维显示控件、传递函数设计控件、光照设计控件、数据操作控件，调用层次如图 4-69 所示。由于控件中包含 OpenGL 部分，因此三维显示控件、传递函数控件使用的是 QGLWidget 实现。

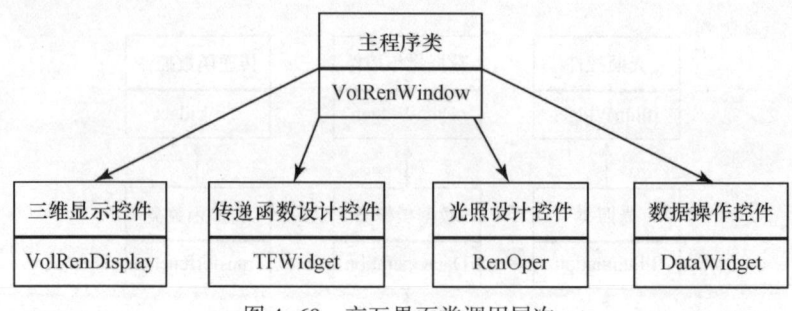

图 4-69　交互界面类调用层次

### 4.4.3　可视分析系统界面与功能实现

可视分析系统主界面及各部分的解释如图 4-70 所示。

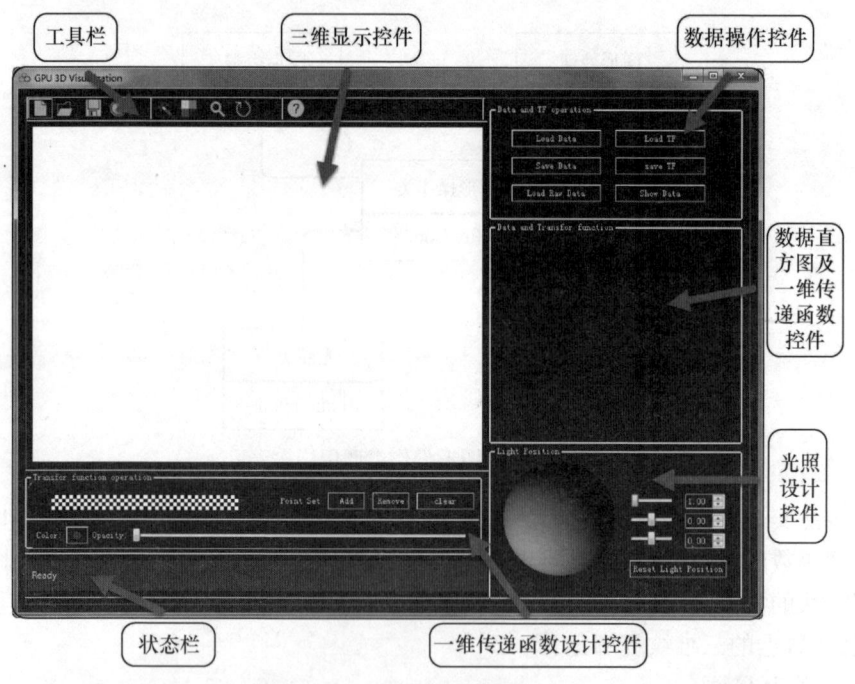

图 4-70　可视分析系统主界面

为了使操作简化并监控系统运行状态,系统添加了工具栏和状态栏,同时将传递函数设计分为两部分:一维传递函数设计、数据直方图统计。添加了数据直方图后可以使用户依据数据的统计信息对传递函数进行调节,减少了操作复杂度。接下来对传递函数设计、光照设计这两个关键控件进行介绍。

1) 传递函数设计控件

传递函数是影响体数据绘制效果的关键因素之一，它决定了体数据每个点的颜色与不透明度，即描述了用户对数据的"感兴趣"部分。图 4-71 是同一组数据在不同传递函数时的绘制结果，可以看到传递函数控制着绘制结果的可视区域与颜色属性。

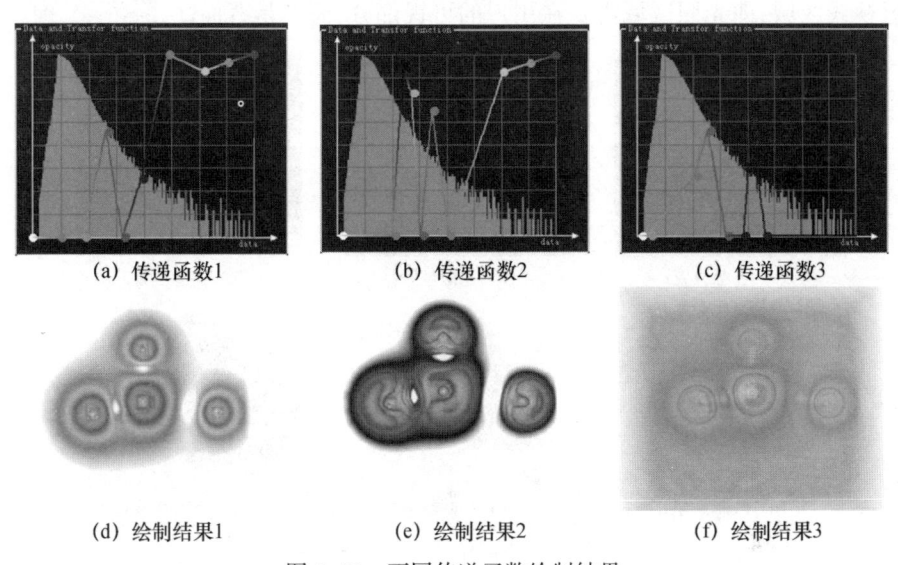

(a) 传递函数1　　　　(b) 传递函数2　　　　(c) 传递函数3

(d) 绘制结果1　　　　(e) 绘制结果2　　　　(f) 绘制结果3

图 4-71　不同传递函数绘制结果

传递函数需要根据用户对不同数据的感兴趣程度进行设计，和一般医学数据不同的是，功率场、电场强度分布、辐射源衰减等空间电磁态势数据对标量值及变化较大的区域较为关心。因此，对传递函数设计时应该是对体数据值较大的部分赋予高不透明度，随着值的减小，不透明度依次减小，这样可以更好地分析数据场的分布与变化趋势。

2) 光照设计控件

作为增强体绘制深度感知的辅助操作，光照决定了体数据表面的阴影与亮度。光照的参数有颜色与光源位置两个，光照颜色是影响体绘制算法融合后颜色的因素之一，这里将光照设置为白色；光源位置对于绘制颜色的影响是通过光照照射区域的位置和区域的大小表现出来的，不同光源位置会使阴影产生的方位、阴影区域大小发生变化，从而影响绘制效果，下面则对这种情况进行讨论。

图 4-72 是光源在不同位置时的绘制结果。为了直观地展示光源位置，以实心球体为媒介对光源位置进行辅助展示，如图 4-72(a)、图 4-72(b)、图 4-72(c)所示是 3 个不同位置的光照，图 4-72(d)、图 4-72(e)、图 4-72(f)是对应的绘制

结果。首先，可以看到不同的光源位置导致光照及阴影区域发生变化，对数据的突显程度也不同，图4-72(d)、图4-72(e)、图4-72(f)分别突显的是左上、正面、右下的区域；其次，由于视点方向总是对着屏幕，视线区域集中于数据的正前方，即用户只能观察到正对视线方向的部分区域，因此，图4-72(e)所示的光照处理明显优于图4-72(d)与图4-72(f)。上述分析说明光源位置应该放置在视点的同侧，且靠近视线区域，即光照区域需要在用户的可视部分，而不是背面。

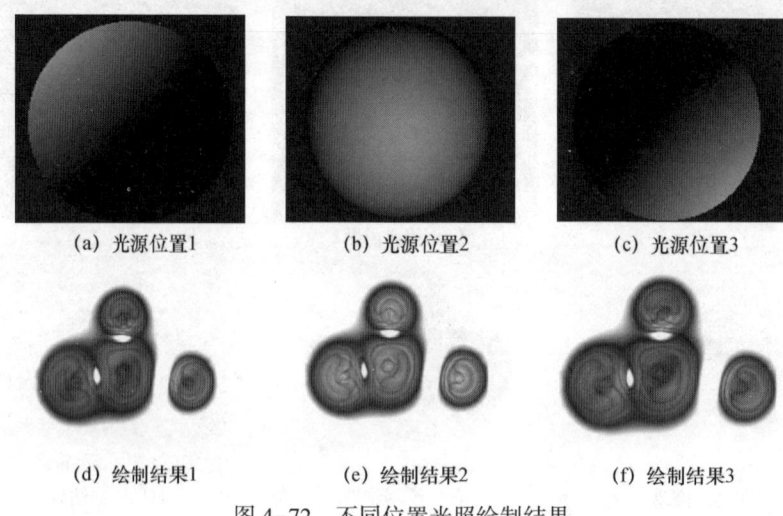

(a) 光源位置1　　　(b) 光源位置2　　　(c) 光源位置3

(d) 绘制结果1　　　(e) 绘制结果2　　　(f) 绘制结果3

图4-72　不同位置光照绘制结果

可视分析系统的主要功能实现主要是依靠光线投射算法与光照算法，为了更好地进行交互操作，还集成了其他功能操作，主要的功能如表4-8所列。

表4-8　显示控件及功能

| 控件名称 | 系统功能 |
| --- | --- |
| 三维显示控件 | 对绘制结果进行三维可视化，并通过鼠标拖动来控制空间变换，从而从不同方位展示体数据 |
| 传递函数设计控件 | 对体绘制算法中的颜色与不透明度赋值过程以可视化形式展现，降低操作难度 |
| 光照设计控件 | 对光照位置、光照类型进行选择，并直观展现光源位置 |
| 文件操作控件 | 对体数据的读取、格式化保存及传递函数读取、保存等 |
| 工具栏控件 | 将空间变换、文件操作、结果图片保存等功能集成在工具栏 |
| 状态栏控件 | 对当前的系统运行状态进行监视 |

最后，对系统功能进行总体展示。图4-73是系统正在运行时的状态。用户可以通过文件操作、传递函数操作、光照操作及最终结果的空间变换操作等实现对

空间数据的可视化与分析。

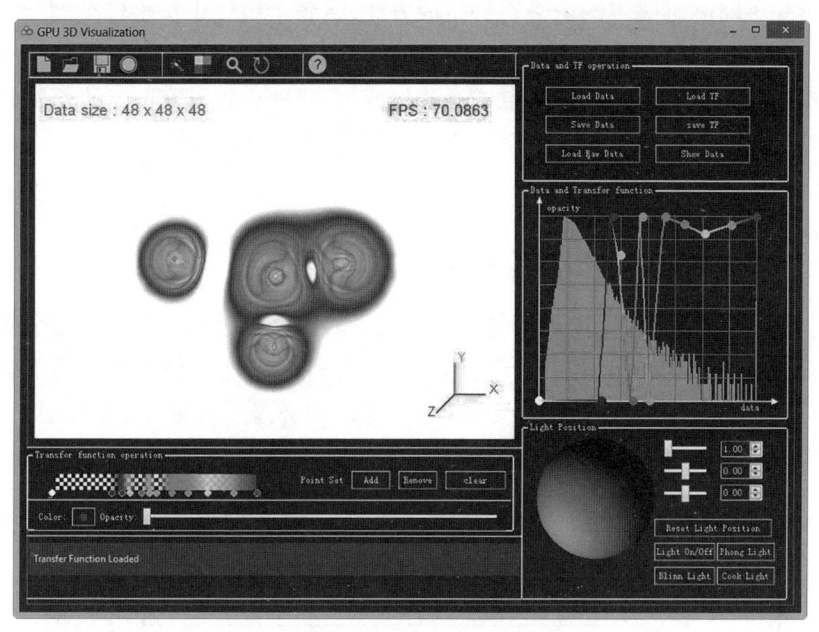

图 4-73 可视分析系统运行界面

## 4.5 基于地理信息系统的电磁态势生成

电磁态势生成的核心就是将复杂抽象的战场电磁空间特征进行可视化,为作战指挥人员提供当前电磁环境状态和趋势的知识,为下一步作出判断和决策提供支撑[133-135]。目前国内外对电磁态势生成都做了大量的研究,但是其相应研究比较分散化,主要集中于辐射源识别[136-139]、电磁环境可视化[140-142]、雷达探测范围可视化[143]、电磁环境威胁评估[144]、具体的战场态势生成[145-146]、态势可视分析[147-148],以及关键技术研究[149-151]等几个方面。这些手段大多基于电磁态势生成中某个子部分,以致于无法完全展示电磁态势在时域、频域、空域、能量域的要素与特点,且形成的电磁态势生成系统扩展性不强,可重用性不高等。同时如何将各电磁态势信息连贯起来并保持电磁态势生成的时空一致性[152],为作战人员提供有效的、直观可视的联合电磁态势信息,也是目前亟待解决的一个问题。

考虑到电磁态势生成研究的分散性,且未与真实战场环境结合,无法整体表现在各个域等问题。本章节提出一种基于 GIS 的电磁态势生成系统架构,将各个分散的电磁态势生成模块与 GIS 中的地理环境结合,以组件形式集成在系统平台上。

考虑到如何将保持组件的电磁态势信息连贯性和电磁态势生成的时空一致性问题,提出一种时间轴脚本的电磁态势生成方法,将各个组件中按事件类型转换成脚本文字语言,在脚本编辑器中利用脚本文字语言按时间轴编辑电磁态势生成过程情节,最后利用脚本执行器调用电磁态势生成脚本,使得地理空间电磁态势生成和脚本时间轴相一致,从而为作战指挥人员呈现丰富直观且方便理解的电磁态势表现形式。

### 4.5.1 电磁态势生成体系架构

脱离真实地理环境的电磁态势生成是缺乏表现力和说服力的。本部分采取与地理信息系统中真实场景相结合的方式,提出一种基于地理信息系统的电磁态势生成体系架构[45],该体系架构分为数据资源层、业务逻辑控制层、表现层三层,如图 4-74 所示。

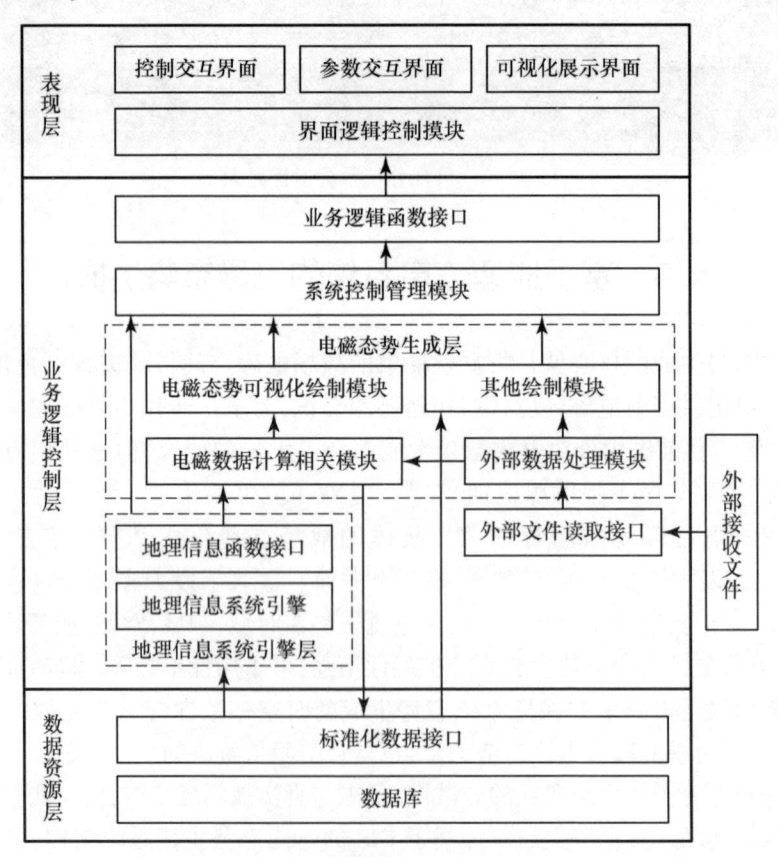

图 4-74 电磁态势生成体系架构

数据资源层包含存储各类数据的数据库和标准化的数据接口,业务逻辑控制层包含地理信息系统引擎层和电磁态势生成层,表现层包含人机交互界面。建立各层次之间的数据传递方式,并将各个不同功能的电磁态势生成研究以组件形式开发,形成一个具有良好开放性、可扩展性、资源重用性好的电磁态势生成系统。

#### 4.5.1.1 数据资源层

电磁态势生成体系架构的底层为数据资源层,包含系统数据库和标准化数据接口如图4-75所示,主要有地理信息接口、三维模型接口、气象数据接口、标绘数据接口、场景配置接口、电磁数据接口等。

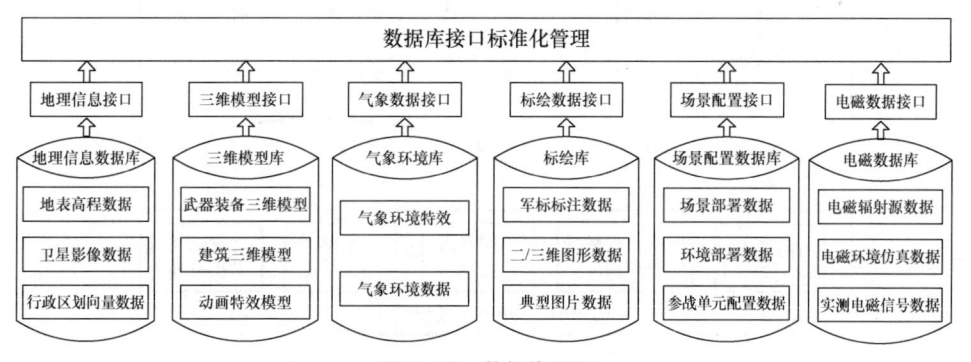

图4-75 数据资源层

在图4-75中,地理信息系统地理信息数据包含高精度的地表高程数据、卫星影像数据、行政区划向量数据;三维模型库中的模型由三维建模软件Multigen Creator Pro建模,包含地表建筑模型和参战武器装备模型,其中参战武器装备模型包括战场环境中红蓝双方各参战武器装备,如无人机、雷达、导航通信车等;气象环境库中的气象环境数据用于可视化表征天气环境和计算气象环境对电磁传播的影响;标绘库包含二维图片军标数据和三维图形资源数据;场景配置数据库包括场景部署数据、环境部署数据和参战单元配置数据;电磁数据库包括电磁辐射源数据,还有典型环境下电磁场仿真数据和实时侦测电磁信号数据。根据范式规则创建数据表和建立表与表之间的联系来形成一套标准化数据库,一个灵活性高标准化数据库是电磁态势生成的基础。数据资源层具备良好的可扩展性,可根据后续进一步的研究对其进行扩充。

#### 4.5.1.2 业务逻辑控制层

电磁态势生成是指从利用基本的地理信息数据和战场想定环境,到计算电磁环境数据,再到形成电磁态势这一过程中涉及到的可视化表征。其最关键的是业务逻辑控制层。业务逻辑控制层包含地理信息系统引擎层和电磁态势生成层。地理信息引擎层作为电磁态势生成层的核心支撑,如图4-76所示,其中包括三维地球加载渲染、三维地形数据管理调度、空间漫游控制、三维模型加载管理、地理信息数据分析等。对三维仿真渲染相关功能函数进行封装,可使上层电磁态势可视化相关的开发人员不用再考虑底层复杂的地理三维信息相关的问题,只与地理环境结合时调用预留的API即可。

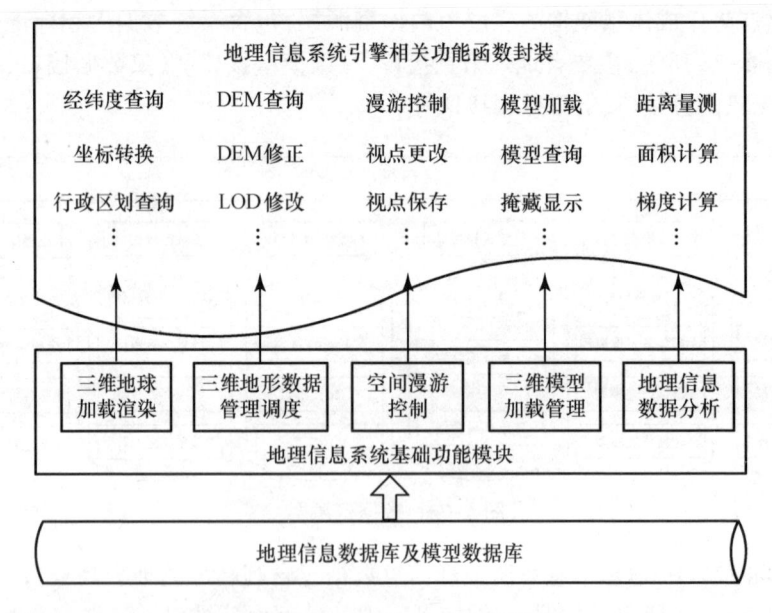

图4-76 地理信息系统引擎层

为了使电磁态势可视化与地理信息系统相结合,电磁态势生成层通过接入地理信息引擎层来实现对不同的电磁态势信息可视化。电磁态势生成模块采用组件式开发形式,将每个电磁态势生成模块封装成 *.dll(动态链接库)。如图4-77所示,将不同的电磁态势生成组件利用分层的形式展现电磁态势。主要分为电磁环境基础要素态势、电磁环境辅助态势、电磁环境数据态势、电磁行为威胁态势。电磁环境基础要素态势主要包含地形场景绘制、气象天气绘制、建筑模型绘制、装备模型绘制;电磁环境辅助态势主要包括二/三维军标绘制、文字标记绘制、符号标记绘制、向量图形绘制;电磁环境数据态势主要包含传播衰减可视化、电磁云图可视化、雷达范围可视化、实测信号可视化、天线数据可视化;电磁行为威胁态势包含装备平台路径绘制、通信数据链绘制、压制干扰绘制、侦查信号波束绘制、辐射源可视化等。

# 第4章 多维复杂电磁环境可视化技术

| 电磁态势生成组件 |||||
|---|---|---|---|
| 电磁行为威胁态势 | 电磁环境数据态势 | 电磁环境辅助态势 | 电磁环境基础要素态势 |
| 装备平台路径绘制 | 传播衰减可视化 | 二/三维军标绘制 | 地形场景绘制 |
| 通信数据链路绘制 | 电磁云图可视化 | 文字标记绘制 | 气象天气绘制 |
| 压制干扰绘制 | 雷达范围可视化 | 符号标记绘制 | 建筑模型绘制 |
| 侦查信号波束绘制 | 实测信号可视化 | 向量图形绘制 | 装备模型绘制 |
| 辐射源可视化 | 天线数据可视化 | ⋮ | ⋮ |
| ⋮ | ⋮ | | |

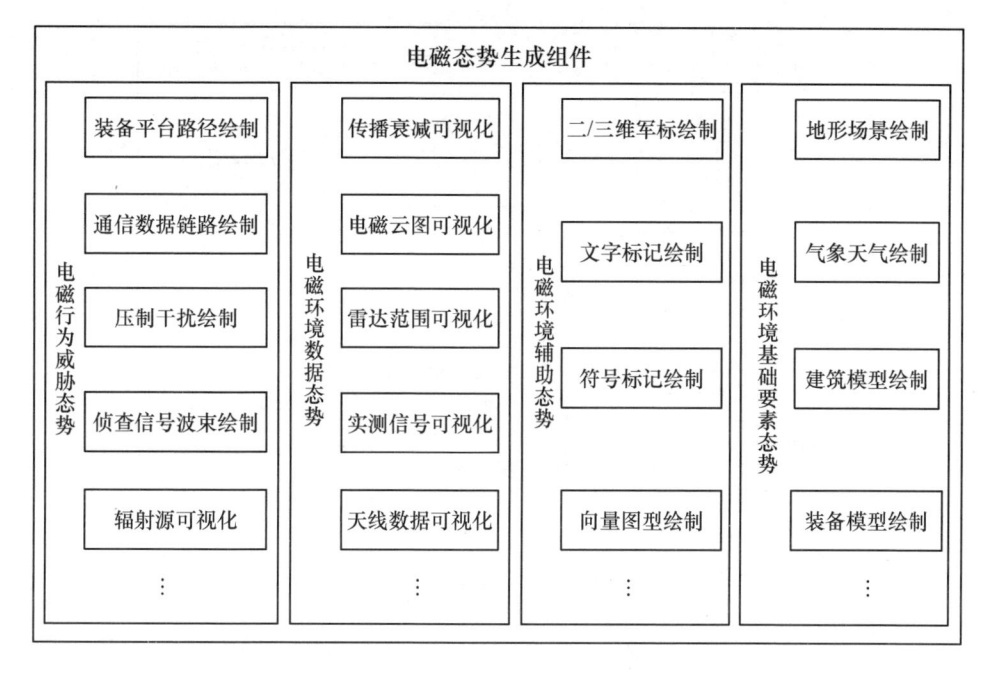

图 4-77 电磁态势生成基本组件

#### 4.5.1.3 表现层

表现层为作战指挥员提供良好的人机交互，包括电磁态势生成系统整体界面框架，各部分组件功能模块的菜单设计等。作战人员通过人机界面交互，主要以按钮、参数控制、鼠标在三维地形场景中选点、鼠标滚轮的方式发送请求消息来调用各模块的业务逻辑层，从而在系统界面对请求的消息做出可视化响应，如图 4-78 所示，电磁态势表现层的界面分为各组件功能窗口界面和三维地形场景界面两类。各组件窗口界面通过参数输入、按钮控制和鼠标在地形场景选点三类消息指令传递给业务逻辑控制层，业务逻辑控制层再通过访问数据资源层获取相关数据进行计算，最后将消息响应给窗口或者三维地形场景。在三维地形场景界面中则通过鼠标滚轮和鼠标移动的消息指令实现对三维地形场景放大缩小和视点变换功能。

### 4.5.2 基于时间轴脚本的电磁态势生成

电磁态势生成系统各个独立的组件所展现的电磁态势层级不同、表达方式不同、作用范围不同等，本节主要解决如何摆脱单一的电磁态势生成，将各个电磁态势生成组件的信息串联起来，以及如何保持电磁态势生成时间和电磁态势与空间

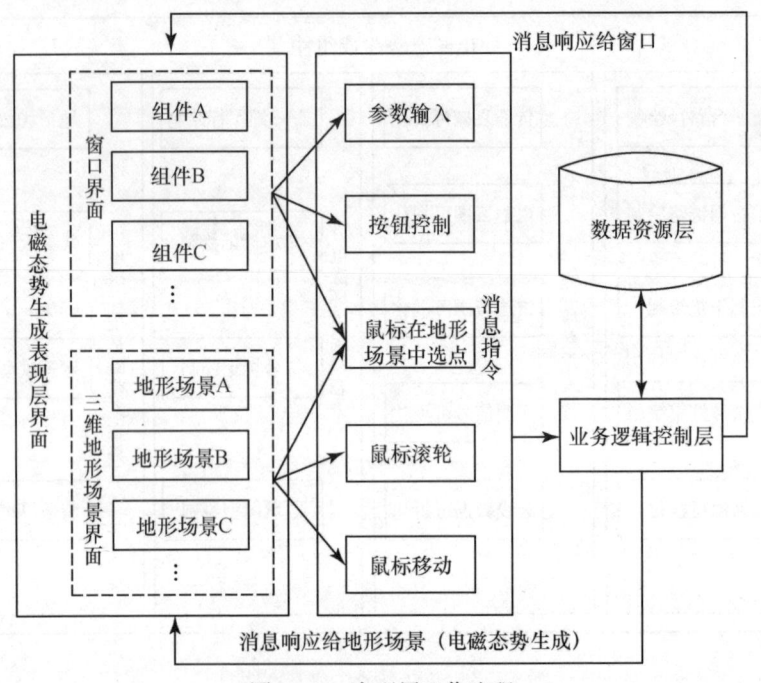

# 电磁环境仿真与模拟技术
Electromagnetic Environment Modeling and Simulation Technology

图 4-78 表现层工作流程

配准的一致性,形成一个动态直观、层次清晰、时空一致性的电磁态势生成过程。本节提出一种基于时间轴脚本的电磁态势生成方法,通过时间序列配准的方式来控制各个电磁态势生成组件的触发顺序。

如图 4-79 所示,脚本编辑组件使各个电磁态势生成组件的信息形成时空一致性和连贯的电磁态势生成过程。该组件包含事件类型设计、脚本编辑器及脚本执行器 3 部分。各个独立的电磁态势生成组件可拆分成一个或多个事件类型。

以雷达探测范围可视化组件为例,将其拆分成探测范围显示隐藏和添加干扰机两个事件类型,每个事件类型用脚本文字表示,再设计触发事件类型对应的事件参数,一个文本文字与对应的事件参数绑定在脚本执行器中可触发该事件执行。通过上述方式可将系统所有的电磁态势生成组件转化为文本文字来表示。

在将电磁态势生成组件用脚本语言描述后,可利用脚本语言来设计电磁态势生成过程脚本。基于时间轴的电磁态势生成过程如图 4-80 所示。在完成事件类型设计后,将每个事件的文本文字按照顺序依次放入脚本编辑器,并在脚本编辑器中设置每个事件的执行开始时间和结束时间,形成一个电磁态势生成脚本后,利用脚本执行器中的脚本翻译器将态势生成脚本中的文本文字按时间轴翻译成一条条

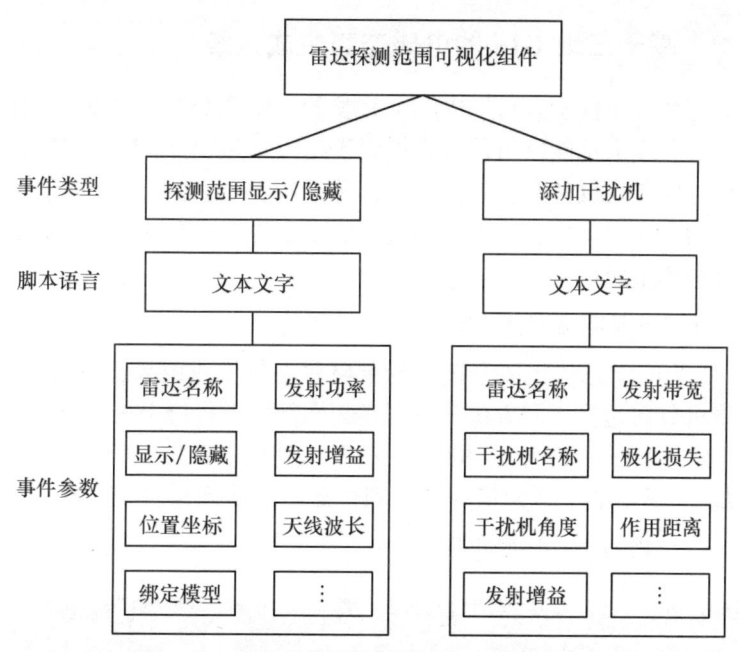

第 4 章 多维复杂电磁环境可视化技术

图 4-79 态势生成组件拆分成一个或多个事件

系统可识别的脚本指令,每条脚本指令可触发对应电磁态势生成组件中的事件执行,事件执行过程中事件参数的地理坐标保证电磁态势与确定的地理空间配准。该组件同时具备良好的可扩展性,当有新的电磁态势生成组件集成于系统上时,可将该组件转换成脚本文字语言描述。

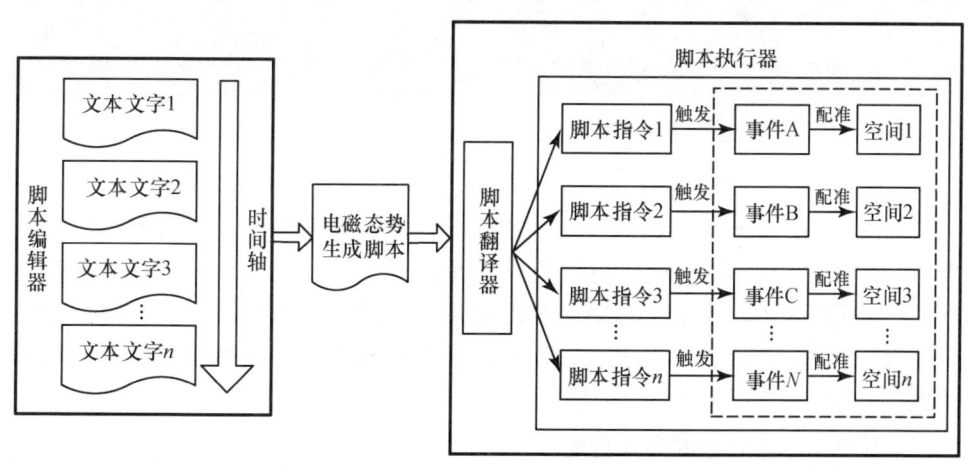

图 4-80 态势生成组件转化为脚本文字语言

### 4.5.3 基于三维GIS的电磁态势生成系统

利用上述系统架构和方法形成一个完整的电磁态势生成系统,所有分散的电磁态势生成研究成果都能以组件形式集成于此,与三维地理环境相结合,利用时间轴电磁态势生成方式设计电磁态势生成具体情境,从而为作战人员呈现从局部到全局过程化的电磁态势信息。下面将给出电磁态势生成系统中部分局部电磁态势和全局电磁态势生成效果。

#### 4.5.3.1 局部电磁态势生成

图4-81为电磁态势生成系统中局部电磁态势生成效果,雷达探测范围态势生成组件将机载雷达受不同方位和不同用频性能的干扰机干扰情况下探测范围态势生成效果。图4-81(a)为某一时刻机载雷达受到来自30°方位的干扰机干扰的雷达探测范围,图4-81(b)为某另一时刻机载雷达受到来自30°和120°两个方位的两台干扰机干扰的雷达探测范围。

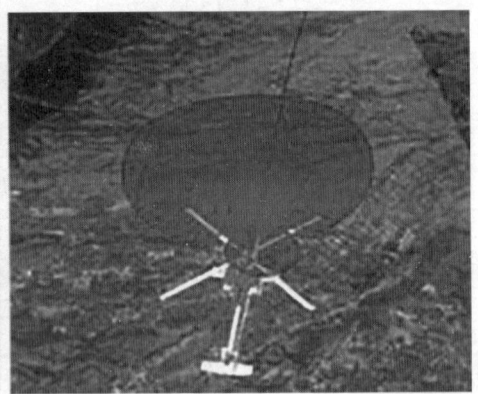

(a) 受一个干扰机干扰效果　　　　(b) 受两个干扰机干扰效果

图4-81　机载雷达探测范围态势生成

如图4-82所示,展示的是该系统中的天线态势生成效果,利用天线仿真数据与实际场景相结合,可展现仿真场景中无人机用频设备机载天线受威胁程度的变化。图4-82(a)为某一时刻无人机用频设备机载天线未受到干扰的态势生成效果,图4-82(b)为无人机另一时刻受到干扰的用频设备机载天线态势生成效果。

#### 4.5.3.2 全局电磁态势生成

在电磁态势生成过程中,通过对电磁环境辐射源空间合成功率建模[45,72]得到

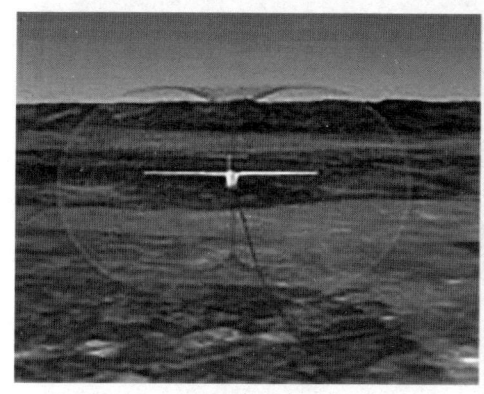

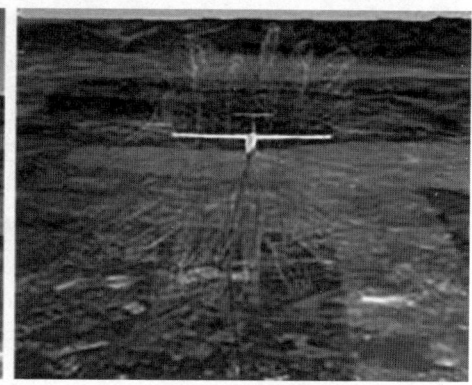

(a) 未受辐射效果　　　　　　　　　(b) 受辐射效果

图 4-82　机载天线态势生成(见彩图)

不同分布的电磁干扰辐射源的全局电磁态势,如图 4-83 所示,展示的是某个区域的辐射源态势生成信息,图 4-83(a)为某一时刻的某一地理空间三辐射源电磁态势,图 4-83(b)为另一时刻的另一地理空间的四辐射源电磁态势。

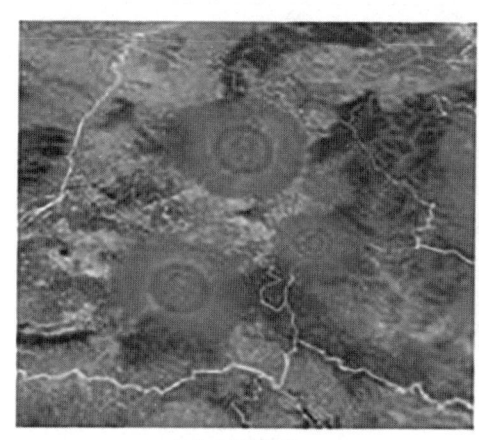

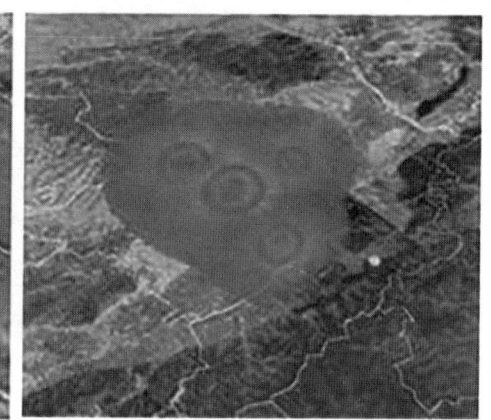

(a) 三辐射源　　　　　　　　　(b) 四辐射源

图 4-83　全局范围辐射源态势生成

通过读取电磁环境体数据集中存储的地理坐标等辅助信息,或者直接在地理信息系统中进行配置,确定电磁云图覆盖的空间。调用本书提出的纹理映射的体绘制方法,进行建立代理几何体的网格模型、读取电磁体数据、插值计算、光学属性映射、纹理映射等一系列流程,最终在指定区域空间展示对应的电磁云图,如图 4-84 所示。

# 电磁环境仿真与模拟技术
Electromagnetic Environment Modeling and Simulation Technology

图 4-84 地理信息系统中的电磁云图

另外地表辐射分析功能还可以根据用户需要，自主选取区域进行辐射衰减计算和辐射场强的计算，并将计算结果进行地形匹配的可视化绘制。地表辐射功能涉及的数据传递关系如图 4-85 所示。

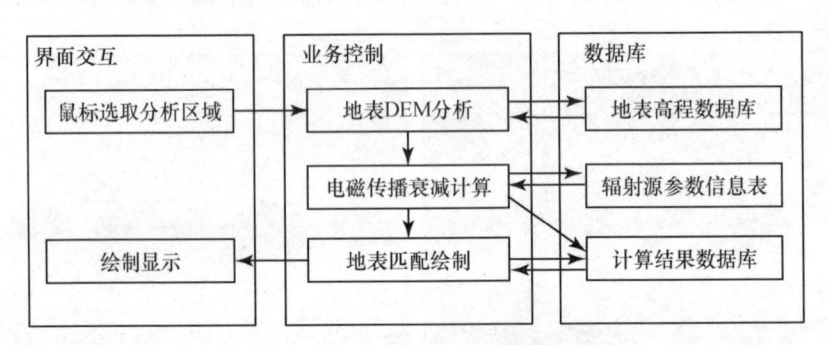

图 4-85 地表辐射功能涉及的数据传递关系

在如图 4-85 中，给出了实现地表辐射分析这项功能时在系统模块间的数据传递关系。用户在使用功能时通过功能界面设计的提示，使用鼠标直接在地表选择所需分析的区域；首先调用地理信息系统模块的 DEM 分析的业务控制，它向数据库中请求地表高程数据后，根据选取区域进行一定的插值和排列计算，将处理后的 DEM 传给电磁计算模块的传播衰减计算部分，该部分再向数据库请求所选取区域存在的辐射源参数信息，最终计算结果存入数据库中；调用可视化生成模块中的地表匹配绘制部分，请求数据库中先前的计算结果和处理过的 DEM 数据，最终完成绘制，将结果显示在屏幕上，地表辐射衰减分析和辐射源场强的可视化效果分别如图 4-86 和图 4-87 所示。

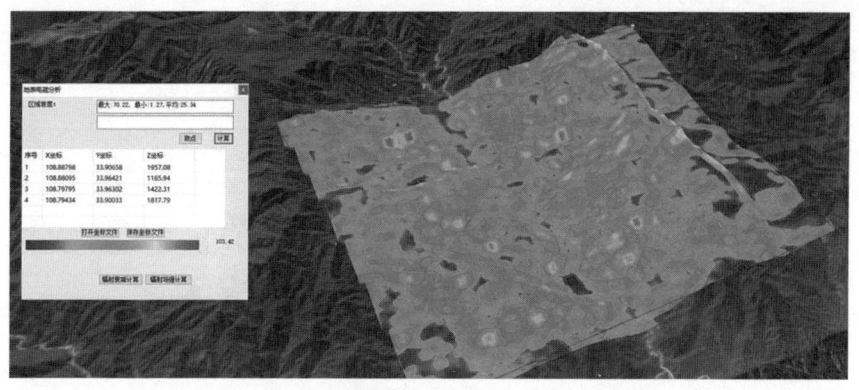

图 4-86　地表辐射衰减分析可视化（见彩图）

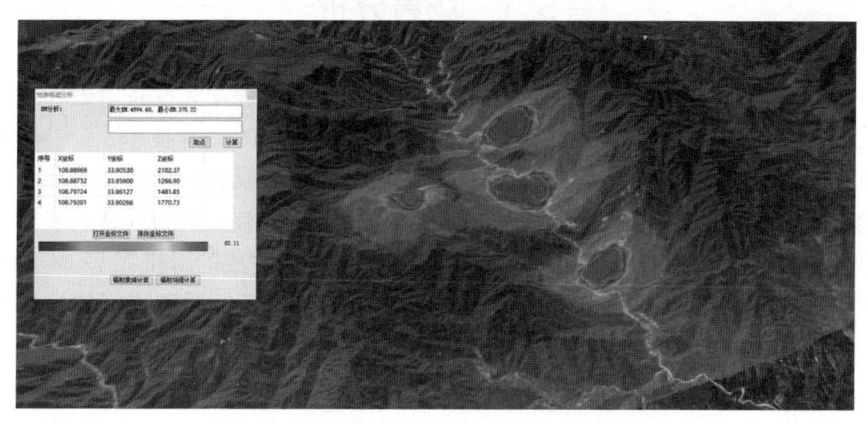

图 4-87　地表辐射场强分析可视化（见彩图）

这样，基于三维地理信息系统的电磁态势生成系统采用界面、控制、数据分离的设计方法，使得各个模块的业务逻辑更加聚焦、分工更加明确，从而也使代码的复用率变高，方便标准化管理。

电磁态势生成系统与三维地理环境结合，并利用组件式开发方法将各个电磁态势生成组件集成在一个系统之上，提高了电磁态势生成系统的可扩展性和可重用性。利用时间轴脚本的电磁态势生成方法控制各个电磁态势生成组件的触发，将各个态势生成组件的电磁态势信息串联起来，形成一个整体动态的电磁态势生成故事情节，按照时间轴与各电磁态势生成配准，同时各电磁态势与对应的地理空间配准生成地理空间上，可清晰地展现局部到全局整个过程动态的、时空一致性的电磁态势信息。根据展示结果表明，该电磁态势生成系统具备展示动态逼真电磁态势的能力，并能直观地反映出电磁态势的变化，支持作战人员在三维战场环境中规划作战计划，完成任务部署等。

# 第 5 章 基于场景驱动的复杂电磁环境半实物仿真技术

## 5.1 场景分析

基于场景驱动的复杂电磁环境半实物仿真技术是开展用频设备电磁环境适应性试验,确保电子战用频设备尽快形成战斗力和保障力的关键技术[153-154]。基于场景驱动的复杂电磁环境半实物仿真技术依照被试用频设备的作战使命和技战术性能指标要求,通过设置一定的战场场景与电磁环境,为被试用频设备或武器装备构建出一个近似实战的战场电磁环境[155-156],模拟近似实战的对抗态势,体现相应的电磁对抗行动,以评估用频设备或武器装备在设定战场电磁环境下的技战术指标和作战效能,充分检验被试用频设备或武器装备的电磁环境适应能力[157-158-159]。

在复杂电磁环境的半实物仿真中,仿真场景的组成如图 5-1 所示[160-161]。

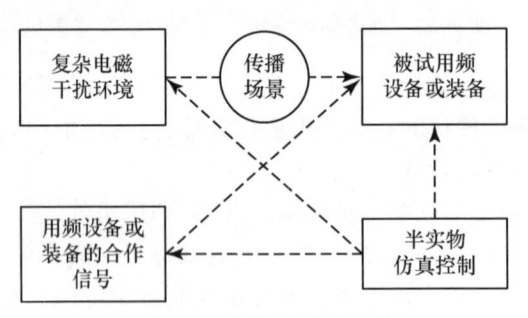

图 5-1 仿真场景组成图

从图 5-1 可以看出,仿真场景主要包括:复杂电磁干扰环境、用频设备或装备的合作信号、信号传播场景、被试用频设备或装备,半实物仿真控制以及它们之间的相互关系。

以某无人机数据链为例,要研究其战场复杂电磁环境适应性,仿真场景应包括以下几个主要因素:①无人机面临的电磁干扰;②地面站信号;③无人机数据链机载接收端;④无人机的运行环境;⑤上述因素之间的相互关系。无人机数据链面临的电磁干扰场景如图5-2所示[162]。

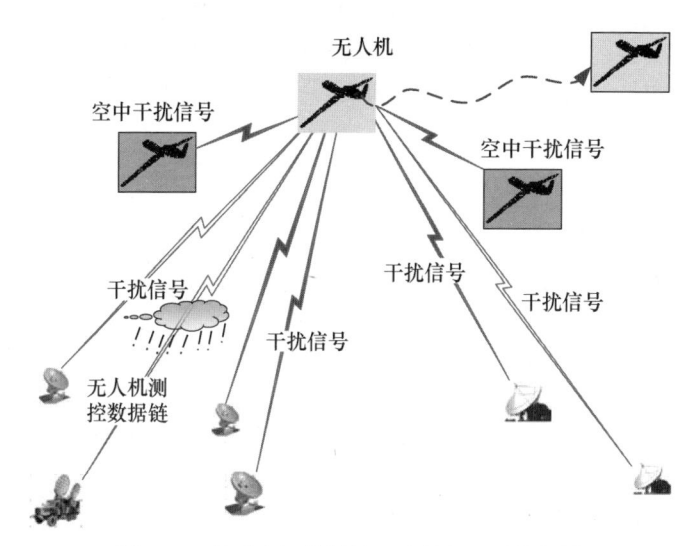

图5-2 某无人机数据链面临的电磁干扰场景

## 5.2 复杂电磁环境半实物仿真技术

### 5.2.1 灰色关联理论

灰色关联理论的基本思想是首先确定一个主导变量的参考数据列(主控因子)以及多个辅助变量数据列(影响因子),然后分别计算影响因子与主控因子之间的相关系数,从而判别出这些影响因子与主控因子之间的相关程度。灰色关联方法的核心是分析系统间相似或相异程度,以及系统各因素之间的相关特性,从而挖掘出系统的主要影响因素[163-165]。

其解决问题的基本思路如下。

首先,设有 $m$ 个影响因子,每个因子包含 $n$ 组数据,构成数据矩阵为

$$X = (X_1, X_2, \cdots, X_m) = \begin{bmatrix} x_1(1) & x_2(1) & \cdots & x_m(1) \\ x_1(2) & x_2(2) & \cdots & x_m(2) \\ \vdots & \vdots & & \vdots \\ x_1(n) & x_2(n) & \cdots & x_m(n) \end{bmatrix} \quad (5.1)$$

式(5.1)矩阵是由 $m$ 个影响因子构成的比较数据列矩阵,为了分析该比较矩阵列与参考数据列(主控因子)之间的相关程度,设参考数据列为 $X_0$ 并将其记为

$$X_0 = [x_0(1), x_0(2), \cdots, x_0(n)] \tag{5.2}$$

由于系统中各因素列中的数据通常具有不同的量纲,会影响数据处理的正确性。因此在对数据进行灰色关联度分析时,一般都要对数据进行无量纲化处理。并最终得到数据矩阵为

$$(X_0, X_1, X_2, \cdots, X_m) = \begin{bmatrix} x_0(1) & x_1(1) & \cdots & x_m(1) \\ x_0(2) & x_1(2) & \cdots & x_m(2) \\ \vdots & \vdots & & \vdots \\ x_0(n) & x_1(n) & \cdots & x_m(n) \end{bmatrix} \tag{5.3}$$

然后,分别计算每个比较数据序列和参考数据序列对应元素之差的绝对值,即 $|x_i(k) - x_0(k)|$,其中,$k = 1, 2, \cdots, n; i = 1, 2, \cdots, m$。通过确定对应元素之差的绝对值的最大值和最小值,计算参考数据序列和比较数据序列的相关系数 $\zeta_i(k)$。

### 5.2.2 电磁环境半实物仿真方法

1) 基于灰色关联理论的电磁环境场景映射方法

本部分以无人机机载数据链为例,描述基于灰色关联理论的电磁环境场景映射方法原理[160-161]。当无人机处于飞行状态时,地面的固定干扰源、或其他运动的干扰源相对于无人机都是运动的,且干扰来波方向与地面站到无人机运动方向连线之间的夹角也实时改变,因此从无人机的角度来看,无人机数据链面临的电磁干扰具有动态特性[166]。

无人机实际飞行场景面临的外部电磁干扰场景与微波暗室内模拟设备的映射关系如图 5-3 所示。

为了实现图 5-3 中无人机数据链面临的外部电磁干扰与微波暗室内辐射天线的最优匹配,达到模拟的暗室电磁环境场景逼近真实外部电磁环境场景,需要实时计算无人机实际飞行场景中干扰来波方向与地面站到无人机飞行方向连线的夹角。如图 5-3 所示,设当前时刻实际干扰源 $j$ 与地面站到无人机飞行方向连线之间的夹角为 $\beta_j$。

$$\beta_j = \arccos \frac{a_j^2 + b_j^2 - c_j^2}{2 a_j b_j} \tag{5.4}$$

式中    $a_j$——地面站到无人机之间的距离;

$b_j$——无人机到干扰 $j$ 的距离;

$c_j$——地面站到干扰 $j$ 之间的距离。

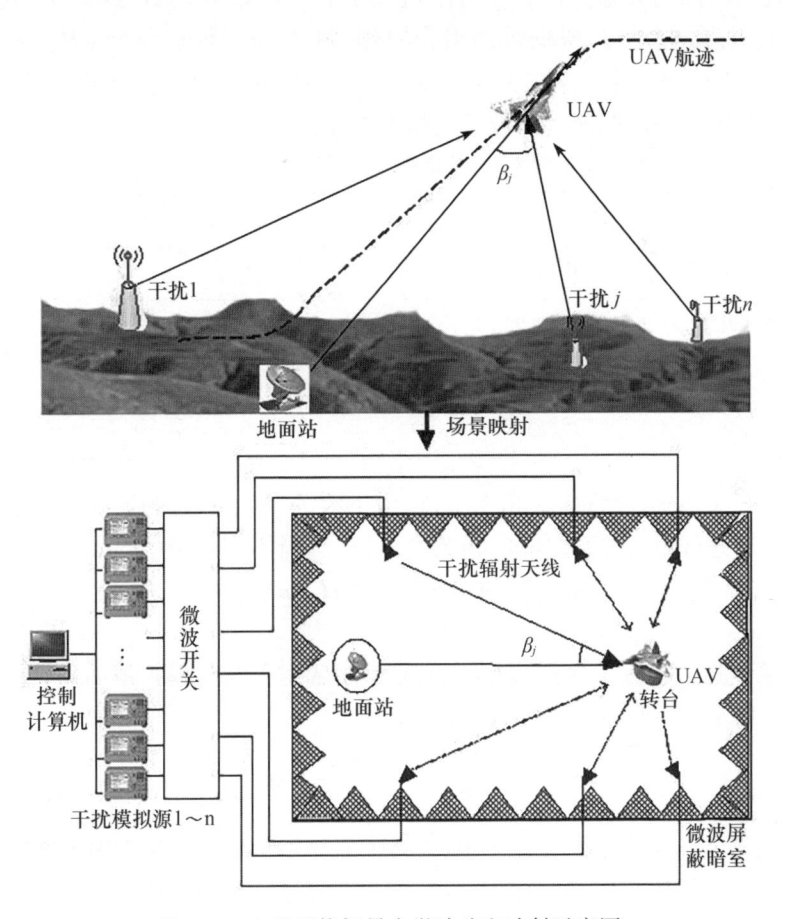

# 第 5 章　基于场景驱动的复杂电磁环境半实物仿真技术

图 5-3　电磁干扰场景在微波暗室映射示意图

由图 5-3 可知,无人机的实际飞行场景中面临多个干扰,由于干扰源的位置不同以及无人机的运动,无人机在不同时刻所面临的电磁干扰功率实时变化,干扰类型、频率等参数也可能发生变化;为了在微波暗室模拟真实场景中复杂、动态的电磁干扰环境,利用上面所述的灰色关联理论,分析外部电磁环境与微波暗室模拟环境之间的相似或关联程度,并分析影响模拟逼真性的主要因素。

设微波暗室中 $n$ 个辐射天线与模拟的地面站到转台连线之间的夹角为 $\gamma(n)$,其中, $\gamma(n) = \{\theta(1), \theta(2), \cdots, \theta(n)\}$, $\theta(k)$ 表示暗室中第 $k$ 个干扰辐射天线与模拟的地面站到转台连线之间的夹角。通过实时计算无人机在飞行过程中所面临的第 $j$ 个干扰源与地面站到无人机方向连线之间的夹角,记为 $\Gamma(j), 1 \leq j \leq n$, 其中, $\Gamma(j) = \{\beta(1), \beta(2), \cdots, \beta(j-1), \alpha(j)\}$, $\alpha(k)$ 表示干扰源 $k$ 与地面站到无人机飞行方向连线之间的夹角。在 $\Gamma(j)$ 中补充 $n-j$ 个 $\varepsilon$,$(0<\varepsilon\ll 1)$,得到 $\Gamma(n)=\{\beta(1),\beta(2),\cdots,\beta(j),\varepsilon,\cdots\}$。根据排列组合原理,将 $\Gamma(n)$ 排列后得到 $H_\vartheta(n)$,其中,$\vartheta=A_n^j$ 表示干扰源与地面站到无人机飞行方向连线夹角的排列个数。用 $\Gamma_i(n)$ 表示 $\Gamma(n)$ 的第 $i$ 组排列,所得角域关系如表 5-1 所列。

表 5-1 干扰源与地面站到无人机飞行方向的角域关系

| 主因子序列 $\gamma(n)$ | 影响因子序列 $H_\vartheta(n),\vartheta=A_n^j$ | | | |
|---|---|---|---|---|
| $\theta(1)$ | $\Gamma_1(1)$ | $\Gamma_2(1)$ | $\cdots$ | $\Gamma_{A_n^j}(1)$ |
| $\theta(2)$ | $\Gamma_1(2)$ | $\Gamma_2(2)$ | $\cdots$ | $\Gamma_{A_n^j}(2)$ |
| $\vdots$ | $\vdots$ | $\vdots$ | $\ddots$ | $\vdots$ |
| $\theta(n)$ | $\Gamma_1(n)$ | $\Gamma_2(n)$ | $\cdots$ | $\Gamma_{A_n^j}(n)$ |

由表 5-1 可知,将固定夹角 $\gamma(n)$ 作为主因子,$H_\vartheta(n)$ 作为影响因子。采用灰色关联方法进行角域关系之间的相关度分析,选择 $H_\vartheta(n)$ 中与 $\gamma(n)$ 相关度最大的 $\Gamma_i(n)$,并将其作为当前时刻的映射依据。$H_\vartheta(n)$ 与 $\gamma(n)$ 之间的相关度分析步骤如下。

步骤 1:选取主因子序列,即为微波暗室中辐射天线与模拟地面站到转台连线之间的夹角 $\gamma(n)$,并对其无量纲化处理。

$$\overline{\gamma(n)}=\left(1,\frac{\theta(2)}{\theta(1)},\cdots,\frac{\theta(j)}{\theta(1)},\cdots,\frac{\theta(n)}{\theta(1)}\right) \tag{5.5}$$

式中:$n$ 为微波暗室中辐射天线个数;$\overline{\gamma(j)}$ 为无量纲化处理后的主因子序列。

步骤 2:选取影响因子序列 $H_\vartheta(n)$,并分别对 $H_\vartheta(n)$ 中的每一组 $\Gamma_i(n)$ 进行无量纲化处理。

$$\overline{\Gamma_i(n)}=\left(1,\frac{\alpha(2)}{\alpha(1)},\cdots,\frac{\alpha(j)}{\alpha(1)},\cdots,\frac{\alpha(n)}{\alpha(1)}\right) \tag{5.6}$$

式中:$\overline{\Gamma_i(n)}$ 为无量纲化处理后的影响因子序列。从而得到 $\overline{H_\vartheta(n)}=(\overline{\Gamma_1(n)},\overline{\Gamma_2(n)},\cdots,\overline{\Gamma_j(n)},\cdots,\overline{\Gamma_\vartheta(n)})$。

步骤 3:计算关联系数,关联系数计算公式为

$$\zeta_i(j)=\frac{\min_i\min_j Y+\rho\max_i\max_j Y}{Y+\rho\max_i\max_j Y} \tag{5.7}$$

式中:$\rho$ 为分辨系数($\rho\in[0,1]$),这里取 $\rho=0.5$;$Y=|\overline{\gamma(n)}-\overline{\Gamma_i(n)}|$;$\zeta_i(j)$ 为影响因子序列 $\overline{\Gamma_i(n)}$ 对主因子列 $\overline{\gamma(n)}$ 的关联系数。

## 第5章 基于场景驱动的复杂电磁环境半实物仿真技术

步骤4：为了便于比较分析，这里对关联系数进行平均化处理，计算公式为

$$r_i = \frac{1}{N}\sum_{k=1}^{N}\zeta_i(k) \tag{5.8}$$

式中：$r_i$ 为影响因子序列 $\overline{\Gamma_i(n)}$ 对主因子序列 $\overline{\gamma(n)}$ 的相关度，$i=1,2,\cdots,A_n^j$；$N=j!$。

选取相关度 $r_i$ 中最大者所对应的 $\Gamma_i(n)$ 作为模拟过程中微波开关切换的依据，并通过控制微波开关，使得暗室的干扰辐射天线对应的角度最接近实际场景中干扰源与地面站与无人机飞行方向之间的夹角。

2) 干扰功率修正算法

在仿真的每一时刻，各个干扰源与地面站到无人机飞行方向连线之间的角域关系以及干扰源到达无人机的辐射功率实时变化。因此，在仿真的每一时刻干扰源到达无人机的辐射功率需要不断调整。根据实时动态功率解算式(5.9)，可以得到干扰信号到达无人机数据链接收端的功率 $P_R$，可表示为

$$P_R = P_t + G_t - G_S \tag{5.9}$$

式中　$P_t$——干扰源发射功率；
　　　$G_t$——干扰源发射天线增益；
　　　$G_S$——空间传播损耗。

在实际场景中，若干扰源1与地面站到无人机飞行方向连线之间的的夹角为 $\alpha$，通过灰色关联后，若微波暗室中辐射天线 $j$ 辐射外部场景中的干扰源1，天线 $i$ 辐射地面站信号，且辐射天线 $i$、$j$ 与暗室中数据链接收机之间的夹角为 $\beta$。由于 $|\overline{\Gamma_i(n)} - \overline{\gamma(n)}| \neq \vec{0}$，从而造成角域对应关系的误差。由于该误差的存在，使暗室模拟仿真精度会在一定程度上受到影响，因此，需要对这种关联误差进行修正，修正方法原理如图5-4所示。

在图5-4中，设 $t$ 时刻外场干扰源1和地面站信号到达数据链机载接收机天线口面的功率分别为 $p_1$、$p_2$，可以得到两信号的合成功率为

$$s_1^2 = p_1^2 + p_2^2 + 2p_1 p_2 \cos(\alpha) \tag{5.10}$$

设 $t$ 时刻，暗室内辐射天线 $i$、$j$ 到达被试接收机天线口面的信号功率分别为 $p_i$、$p_j$，则两辐射源信号合成功率为

$$s_2^2 = p_i^2 + p_j^2 + 2p_i p_j \cos(\beta) \tag{5.11}$$

令 $s_1 = s_2$，联立式(5.10)和式(5.11)可得

$$p_j = \sqrt{p_1^2 + p_2^2 + 2p_1 p_2 \cos(\alpha) - p_i^2 \sin^2(\beta)} - p_i \cos(\beta) \tag{5.12}$$

设 $p_i = p_2$，可以得到 $p_j$。因此，在辐射过程中，微波暗室内辐射天线 $j$ 可以按照式(5.12)进行功率控制发射，这样就可以保证信号功率在暗室的准确模拟。

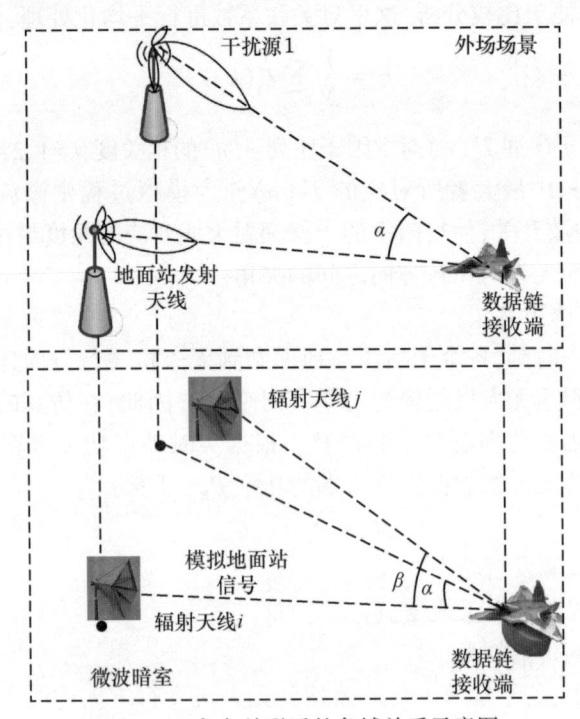

图 5-4　灰色关联后的角域关系示意图

3) 灰色关联场景映射方法验证

设在微波暗室内有 $N$ 个辐射天线(其编号为 $1\sim N$),各辐射天线与暗室中模拟的地面站到转台之间连线的夹角为 $\gamma(N)$ = {15°, 24.8°, 34.5°, 45.3°, -15°, -24.8°, -34.5°, -45.3°}, $N$=8。设无人机数据链的仿真场景设置如图 5-5 所示,场景中包括无人机、地面站、数据链机载设备,干扰源 1、干扰源 2,在无人机飞行航迹上设置 30 个仿真点。

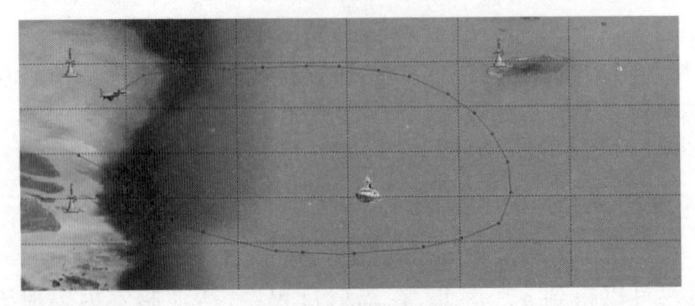

图 5-5　场景设置

设在仿真起始时刻,仿真场景中无人机、地面站、干扰源位置坐标如表 5-2 所列。

表 5-2　仿真起始时刻各仿真对象的位置坐标

| 对象 | $X/m$ | $Y/m$ | $Z/m$ |
| --- | --- | --- | --- |
| UAV | 124232.69 | 35329.73 | 1000 |
| 地面站 | 110949 | 67699 | 0 |
| 干扰源 1 | 152260 | 6180 | 0 |
| 干扰源 2 | 153912 | 22409 | 0 |

在每一仿真时刻,根据式(5.4)计算两个干扰源的来波方向与地面站到无人机飞行方向之间连线的夹角,在仿真起始时刻,两个干扰源来波方向与地面站到无人机飞行方向之间连线的夹角如表 5-3 所列。

表 5-3　仿真起始时刻干扰源与无人机到地面站之间连线的夹角

| 干扰源 | 夹角 $\theta_i'/\mathrm{rad}$ | 夹角 $\theta_i'/(°)$ |
| --- | --- | --- |
| 干扰源 1 | 0.3763 | 21.5631 |
| 干扰源 2 | 0.7708 | 44.1621 |

根据表 5-3,在仿真起始时刻,可以计算出角度相关度为 0.9348。随着无人机位置坐标的变化,干扰来波方向与地面站到无人机飞行方向连线的夹角 $\theta_i'$ 不断变化。采用灰色关联法对 $\theta_i'$ 以及微波暗室内设定的干扰模拟源相对于模拟的地面站到转台连线的夹角进行相关性分析,并选取每一仿真时刻中相关度的最大值,关联分析结果如图 5-6 所示。

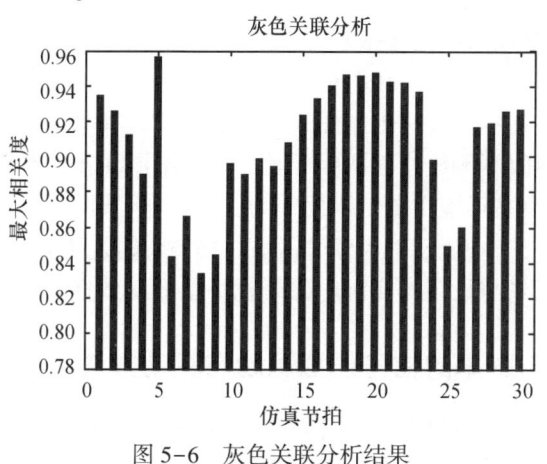

图 5-6　灰色关联分析结果

从图 5-6 中可以看出,无人机数据链实际的干扰场景与在微波暗室内模拟的场景在每一仿真时刻的最大相关度随着飞行位置的变化不断改变,最小值为 0.8344,最大值达到 0.9563。根据图 5-6 所示的相关度,选择每一时刻对应的微波开关切换方式如图 5-7 所示。

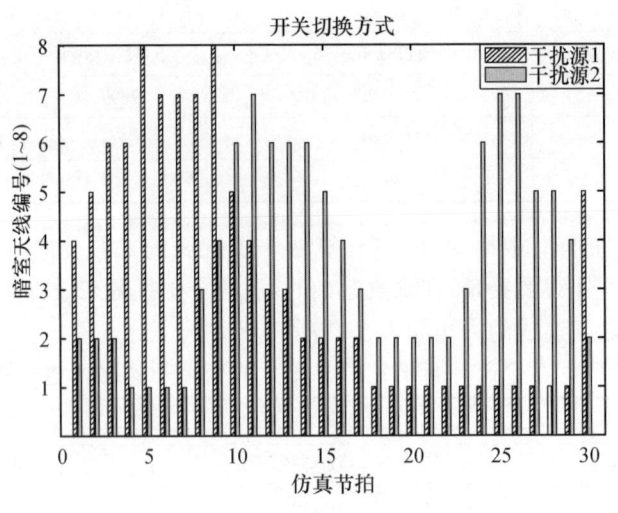

图 5-7　每一时刻开关切换方式

从图 5-7 中可以看出,实际场景中的两个干扰源到微波暗室辐射天线的映射关系随着仿真时间不断改变。在仿真的第 15 时刻,干扰源 1 对应暗室中 2 号辐射天线,干扰源 2 对应暗室中 5 号辐射天线。根据每一仿真时刻开关切换方式,通过频谱分析仪测量得到每一仿真时刻干扰及其通信信号暗室模拟的实际功率值;通过理论计算设定的实际场景中干扰及其地面站到达无人机数据链接收端的信号功率值,两者之间的对比图如图 5-8 所示。

从图 5-8 可以看出,两个干扰源在实际场景与在暗室模拟环境下到达数据链机载接收端的功率基本一致。根据图 5-8 干扰信号功率值,计算每一时刻到达无人机数据链机载接收端天线口面的信干比,计算结果如图 5-9 所示。根据图 5-9 中的信干比,选取暗室环境中的信干比作为主控因子,实际场景中的信干比作为影响因子,根据式(5.5)~式(5.8)计算二者之间的相关度为 0.9968,说明了微波暗室模拟电磁干扰场景与设定的实际电磁干扰场景的一致性。

### 5.2.3　基于脚本的信号模拟源动态驱动方法

在微波暗室模拟产生复杂电磁环境信号,一般是控制驱动信号模拟源产生所需的电磁干扰信号。传统信号模拟源驱动方式如图 5-10 所示[167]。

由图 5-10 可以看出,传统的信号模拟源驱动方法需要根据不同的信号模拟源编写相应的驱动代码,并分别驱动信号模拟源完成干扰信号的模拟输出,增加了电磁环境半实物仿真的复杂性,降低了系统的执行效率。当加入新的信号模拟源时,需要

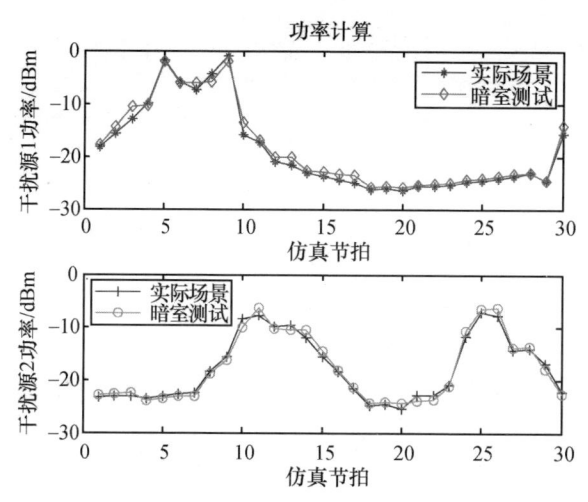

图 5-8　各仿真时刻暗室模拟的信号功率与实际场景信号功率比较

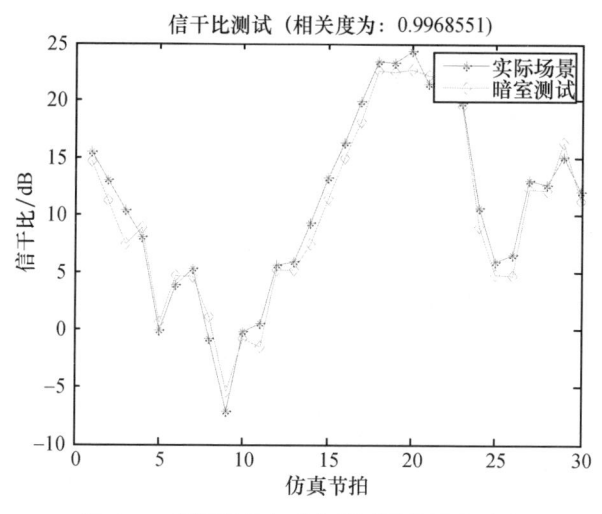

图 5-9　实际场景与暗室测试的信干比对比

针对该信号模拟源在程序中添加相应的驱动代码,在无法获得其驱动代码的情况下,将无法扩展添加新的信号模拟源,使电磁环境半实物仿真系统的扩展性、灵活性受到限制。因此,传统信号模拟源驱动方式无法满足复杂、动态电磁干扰环境模拟需要。

为了解决上述问题,可利用基于脚本的信号模拟源动态驱动方法,该方法原理是在控制程序中加入脚本文件对信号模拟源进行控制,如图 5-11 所示。这样方式在添加不同厂家提供的不同类型信号模拟源时,简化了添加流程,降低了信号源驱动指令的重复性,可提高驱动信号模拟源的执行效率。

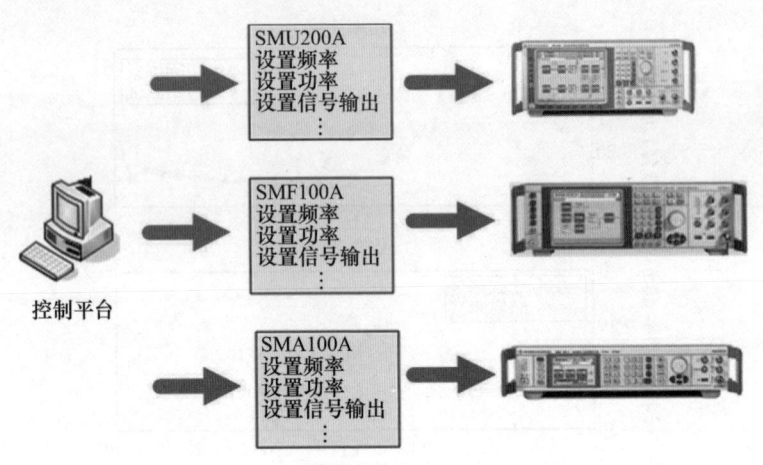

图 5-10　传统信号模拟源驱动方式

(a) 两台信号模拟源驱动

(b) 三台信号模拟源驱动

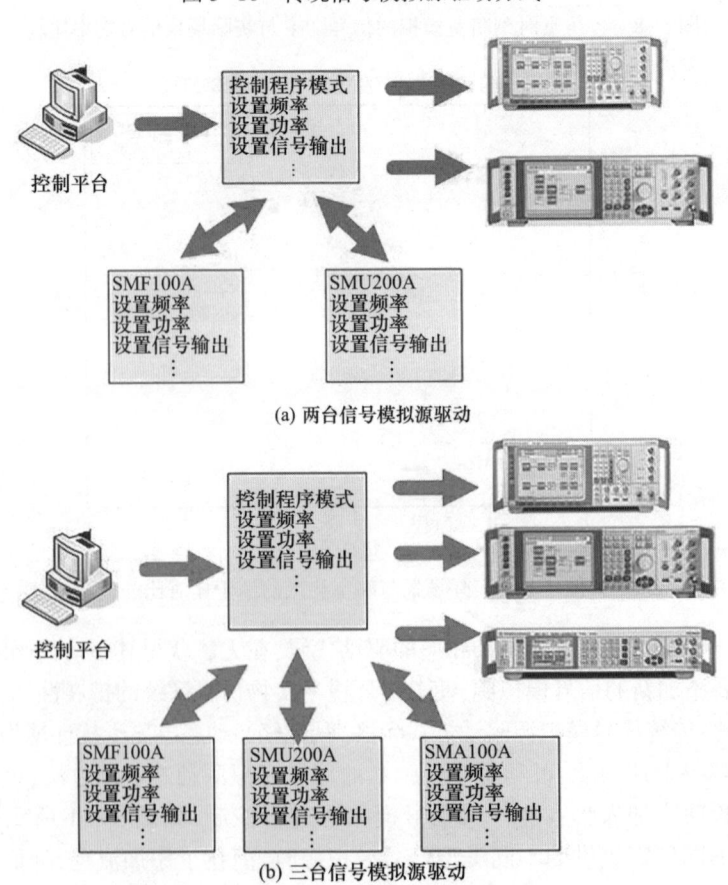

图 5-11　脚本驱动方式

## 第5章 基于场景驱动的复杂电磁环境半实物仿真技术

基于脚本的信号模拟源动态驱动方法不仅克服了传统信号模拟源驱动的复杂性,而且提高了系统的可扩展性,增强了信号模拟源驱动的智能性。这种方式不需要针对特定型号的信号模拟源编写特定的程序代码段,不需要在驱动程序中加入大量的信号模拟源型号判断指令,也不需要考虑驱动程序与其他型号信号模拟源的兼容性问题,适应了电磁环境动态变化的模拟需求。基于脚本的信号模拟源动态驱动方法流程如图 5-12 所示。

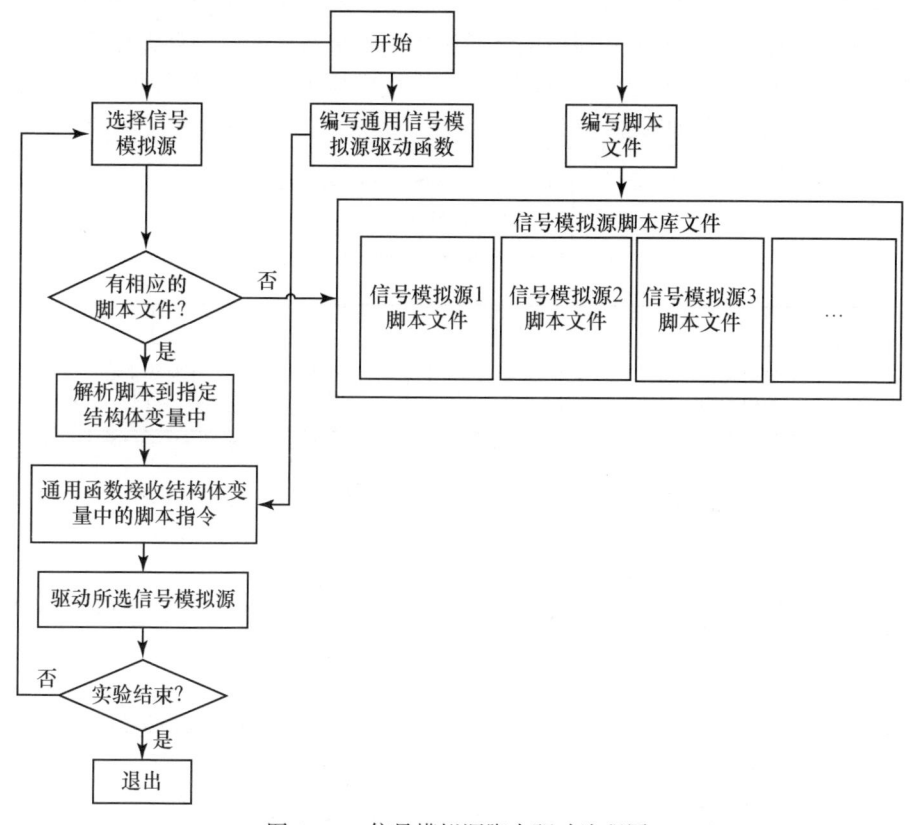

图 5-12 信号模拟源脚本驱动流程图

基于脚本的信号模拟源动态驱动方法不需要执行多余代码,提高了系统执行效率,降低了系统驱动信号模拟源的时间,为电磁干扰的实时模拟提供了基础。另外当加入新的干扰信号模拟设备时,只需遵循统一格式编写相应信号模拟设备的驱动文件,通过控制程序指令调用该驱动文件,即可实现新添信号模拟设备的驱动,使得半实物仿真系统的可扩展性得到保证。

## 5.3 复杂电磁环境半实物仿真系统设计

### 5.3.1 复杂电磁环境半实物仿真系统组成

基于场景驱动的复杂电磁环境半实物仿真系统由主控管理软件实现统一管理，并通过计算机控制系统和通信网络系统实现整个系统的软硬件连接，系统由总控管理软件、电磁环境模拟控制、数据接口、干扰模拟源管理、干扰模拟数据库等部分组成。其组成框图如图5-13所示。

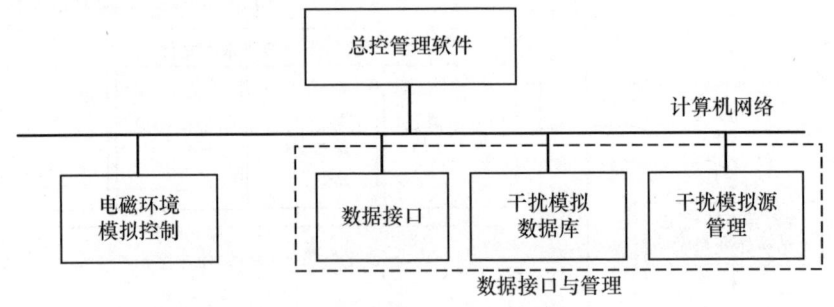

图5-13　基于场景驱动的复杂电磁环境半实物仿真系统组成框图

1）总控管理软件

总控管理软件完成测试场景的构建，参数设置，试验准备、试验过程控制、试验数据处理等功能。

2）复杂电磁环境模拟控制

复杂电磁环境模拟完成对多路、不同形式的电磁信号的模拟与控制。

3）数据接口

将总控管理软件建立的测试场景数据，形成可供复杂电磁环境模拟控制可以调用的信息文件或数据库。

4）干扰模拟源的管理

对系统中需要扩充的各种类型的干扰模拟设备进行管理，包括建立、更改属性、删除等功能。

5）干扰模拟数据库

干扰模拟数据库包括两方面的内容：①可能预期的干扰形式；②已发现或监测到的干扰形式。以上两种形况的干扰信号形式都需要通过数据库的形式进行管理。

## 5.3.2 复杂电磁环境半实物仿真系统硬件组成

基于场景驱动的复杂电磁环境半实物仿真系统的硬件组成包括计算机控制系统、干扰模拟源设备、光纤通信模块、多入多出微波开关、微波电缆与配件等,其硬件工作配置如图 5-14 所示[166]。

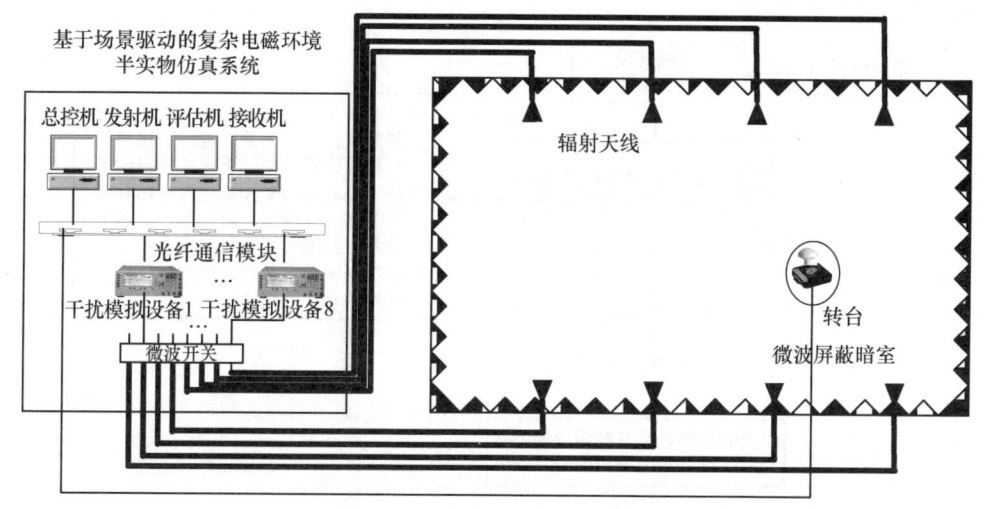

图 5-14 系统硬件工作配置图

1) 计算机控制系统

计算机控制系统用来控制整个系统的正常运行,完成对系统的管理控制、数据存储等功能。其中包括主控计算机、设备控制计算机等。

主控计算机系统用来控制整个系统的正常运行,其上安装的自主开发应用管理控制软件、数据库系统、系统评估软件系统、通信网络系统主控软件,完成对系统的管理控制、模型解算、系统评估、数据存储、实时控制等功能。

2) 干扰模拟源设备

干扰模拟源设备由主控计算机来控制,在系统运行过程中模拟各类由总控计算机下发的干扰模拟指令任务,干扰模拟源设备由各种信号模拟设备组成。

3) 光纤通信模块

光纤通信系统主要建立各台设备计算机和信号模拟设备之间的网络连接,实现设备之间数据交换,保证整个仿真测试系统数据流通畅。

4) 多入多出微波开关

为了在微波暗室实现动态复杂电磁环境的模拟,需要模拟的干扰源可以根据测试要求从任意的辐射端口进行辐射,使用可程控的多入多出微波开关进行控制实现。

5) 微波电缆与配件

高性能射频电缆以及转接适配器,保证系统的射频链路工作正常。

### 5.3.3 复杂电磁环境半实物仿真系统软件流程

以某无人机数据链为被测试对象,基于场景驱动的复杂电磁环境半实物仿真流程如图 5-15 所示。

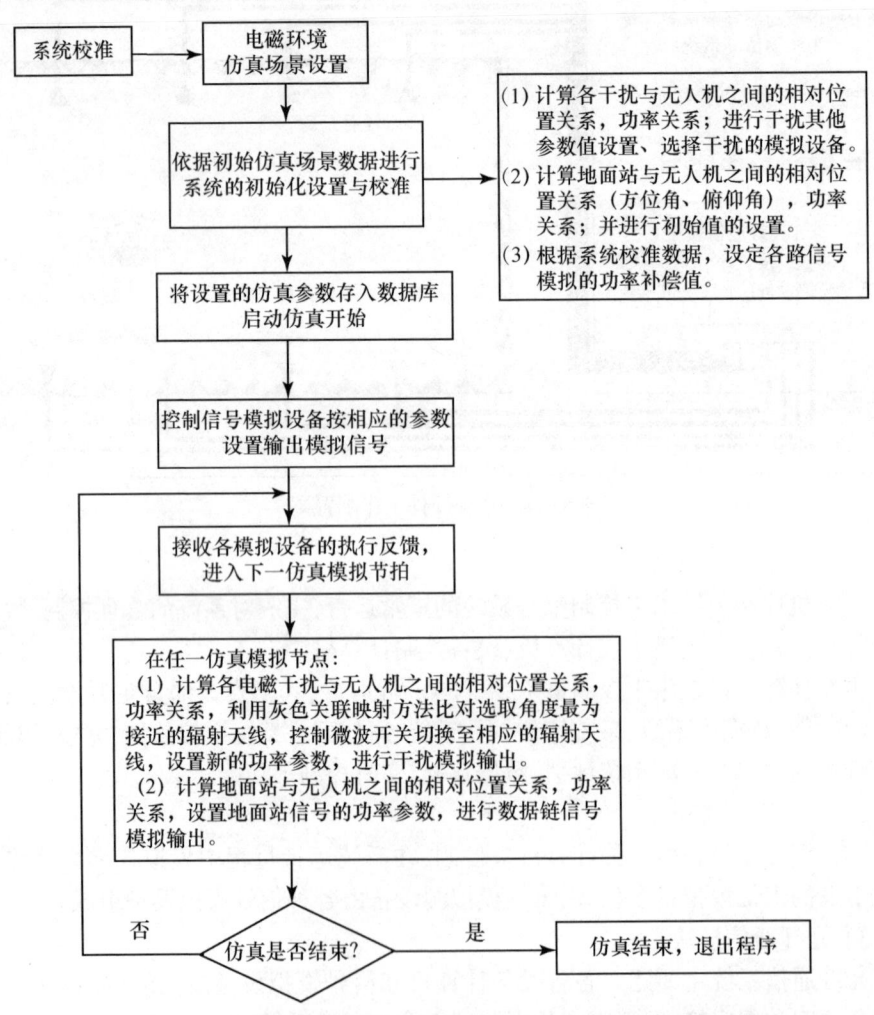

图 5-15 基于场景驱动的复杂电磁环境半实物仿真总体流程图

基于场景驱动的复杂电磁环境半实物仿真从系统初始化开始,系统校准过程包括对系统仿真过程中的无人机飞行角度,干扰信号与数据链信号功率及网络连接状况进行检查与校准；仿真场景的设置主要通过在仿真场景中动态添加各种仿真元素，包括无人机、干扰源、地面站等，同时还可以根据需求对场景中的地形进行选择变换；设置干扰源与数据链信号的初始参数，完成参数初始化后，将这些参数导入数据库中；通过无人机与干扰源，无人机与地面站的相对位置关系解算出干扰源与地面站相对于无人机的方位角和俯仰角，根据干扰源与地面站的发射功率初始设定值解算无人机数据链机载接收端接收的信号功率，根据系统校准数据，设定各链路信号模拟的功率补偿值。

当仿真启动后，在每一个仿真节拍中，随着无人机机体的运动，干扰源与地面站相对于无人机的位置关系发生了改变，无人机数据链机载接收端接收到的信号功率也发生了改变；因此，解算每一个仿真节拍中各干扰源与无人机之间的相对位置关系(方位角、俯仰角)、功率关系；并根据新的干扰源与无人机间的方位角与俯仰角，比对选取角度最为接近的辐射天线，由主控程序根据比对结果，动态控制微波开关切换至相应的辐射天线进行干扰模拟输出；根据新的功率关系，进行干扰源参数的设置，实时模拟输出符合当前仿真节拍中的干扰辐射功率；同时计算地面站与无人机之间的相对位置关系(方位角、俯仰角)、功率关系，根据新的功率关系，进行数据链信号参数的设置；当本仿真节拍完成后，判断仿真是否结束，如果结束则仿真结束；否则，转入下一个仿真节拍，依次循环直至仿真完成。

复杂电磁环境半实物仿真系统将数据链信号与干扰信号分开进行模拟，直接由主控机设置干扰参数与数据链信号参数，其逻辑流程如图5-16所示。

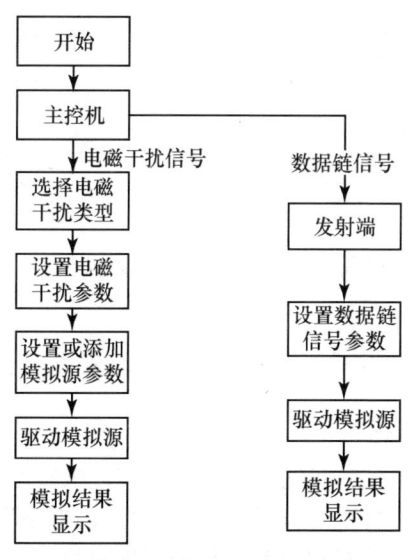

图5-16 系统逻辑流程图

仿真开始后,首先在主控机上进行复杂电磁环境的场景设置,分别下发电磁干扰与数据链信号的参数值,在主控机上设置并编辑场景中各个干扰源参数,选择相应的信号模拟源进行驱动,生成多通道的电磁干扰辐射信号,在微波暗室进行多路电磁干扰的复现;同时,主控机发送数据链信号的参数信息给发射端计算机,由发射端计算机将设置好的参数信息,传递给选择的模拟源,模拟数据链信号。电磁干扰模拟实施流程如图5-17所示。

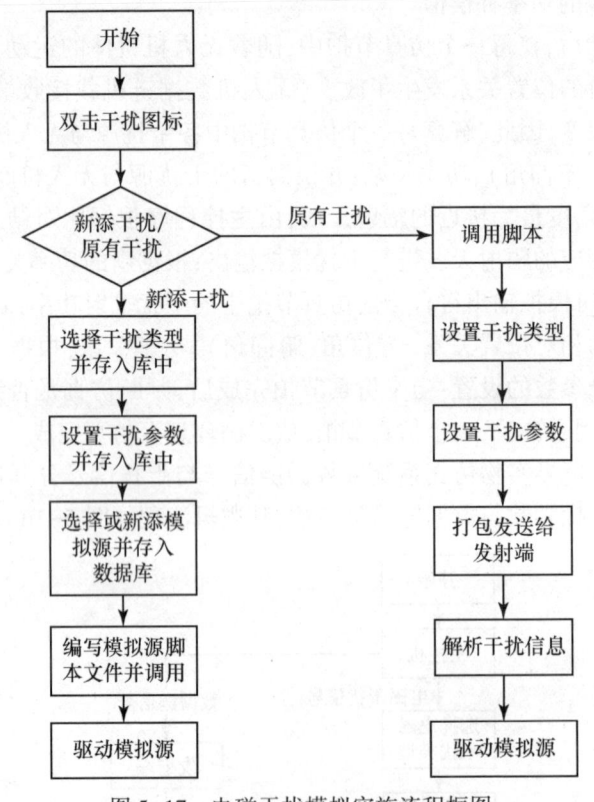

图5-17 电磁干扰模拟实施流程框图

## 5.3.4 复杂电磁环境半实物仿真系统实施方案

### 5.3.4.1 总控管理模块

总控管理模块完成测试场景的构建、参数设置、试验准备、试验过程控制、试验数据处理等功能。根据仿真需求,利用前面已建立的电磁环境信号模型,可实现某无人机作战区域电磁环境的模拟控制。总控管理模块首先进行仿真场景的初始化设置,其次通过对微波暗室中的干扰模拟源、被试设备、相关配试设备的控制,实现设定的电磁环境场景在微波暗室的逼真模拟以及被试装备的电磁环境适应性试验。总控管理模块控制流程如图 5-18 所示。

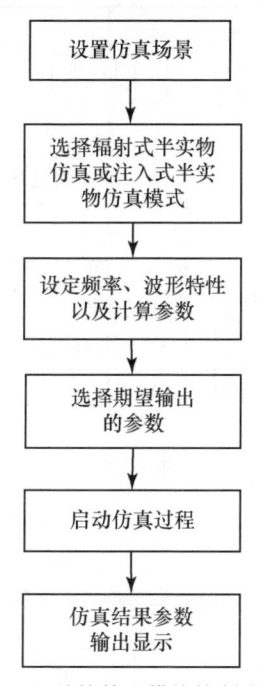

图 5-18 总控管理模块控制流程图

1) 仿真场景与仿真模式设置

仿真场景的初始化设置信息包括：在测试场景上加载无人机、干扰源、地面站等仿真元素，并设定上述元素的地理坐标信息，选择辐射式半实物仿真或注入式半实物仿真模式。

无人机的初始化信息主要包括：初始坐标、初始速度、加速度、航迹设置等。

干扰源的初始化信息主要包括：干扰源的数量、各个干扰源的初始坐标、经纬度位置、干扰类型、干扰信号天线增益、天线方向图、天线极化、中心频率、发射功率、系统带宽、载噪比等；对于脉冲信号还需设置重复频率、脉冲宽度、码速率等；对于扫频信号需要设置起始频率、终止频率等；当干扰是动态干扰时，需要设置干扰的运行轨迹与运动状态信息。并能够设置仿真场景中的地形、气象状况等，这些对电磁环境的传输特性构成影响。

辐射式半实物仿真硬件连接关系如图 5-19 所示。

注入式半实物仿真硬件连接关系如图 5-20 所示。

2) 试验准备、试验过程控制、试验数据处理

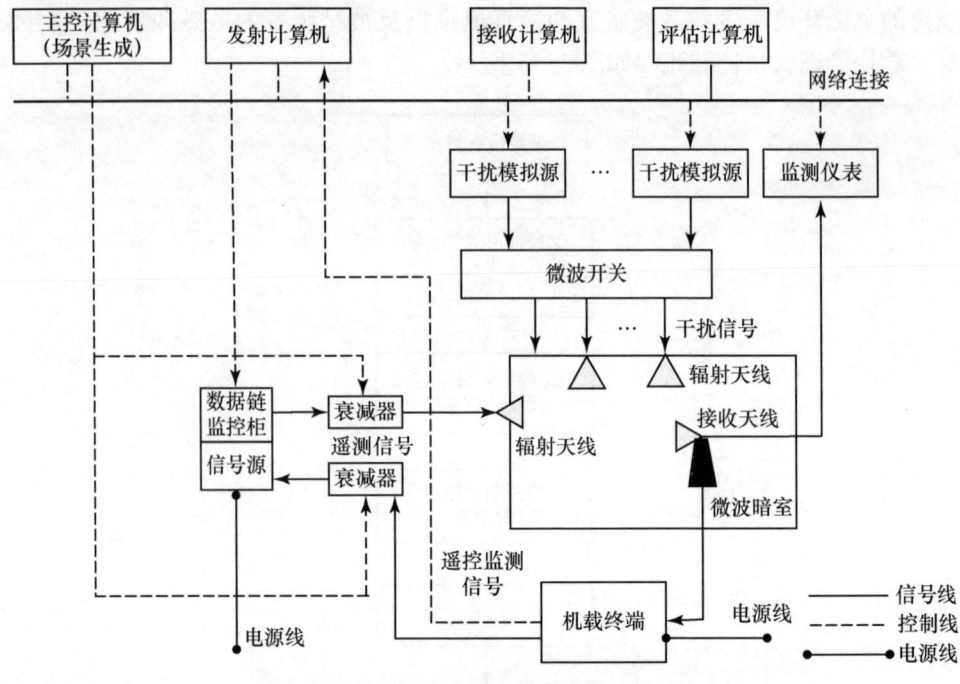

图 5-19　辐射式半实物仿真硬件连接关系

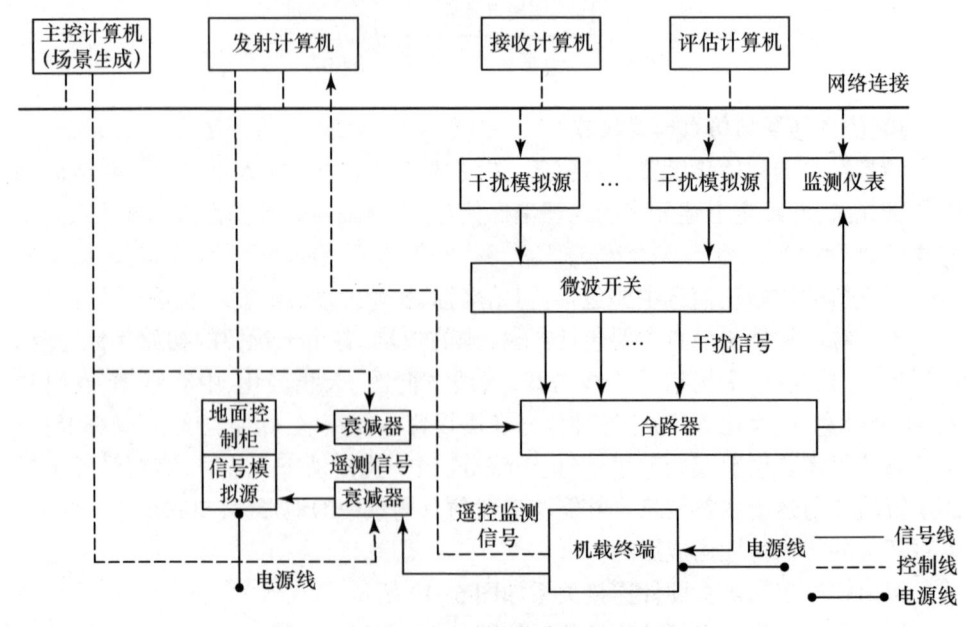

图 5-20　注入式半实物仿真硬件连接关系

## 第 5 章 基于场景驱动的复杂电磁环境半实物仿真技术

（1）试验准备。

试验准备包括对试验条件的设置、联机状态的确认及半实物仿真系统各子系统准备就绪的检查及系统校准；试验准备重点是对系统进行校准，主要是对微波暗室仿真试验链路进行校准，链路校准的目的是为了减少试验链路中诸多环境因素对仿真试验结果的影响，可利用向量网络分析仪对试验链路损耗进行校准。

（2）试验过程控制。

试验过程控制是对半实物仿真系统同步、中断、仿真条件的控制，并控制记录仿真过程中实时产生的数据及根据试验情况中断试验过程等。

试验过程控制尤其表现在控制半实物仿真系统的仿真同步上，在仿真过程中，电磁干扰信号和无人机地面站发出的遥控信号由总控管理模块控制信号模拟源或地面站设备通过辐射天线进行发放，干扰信号模拟指令由主控机直接下发给干扰模拟信号源，地面站信号模拟指令由主控机发送给发射机后，由发射机下发给信号模拟源或地面站；在主控机上，当上述指令完成的反馈信息到达时，主控机方可实施下一步仿真。半实物仿真系统仿真同步流程如图 5-21 所示。

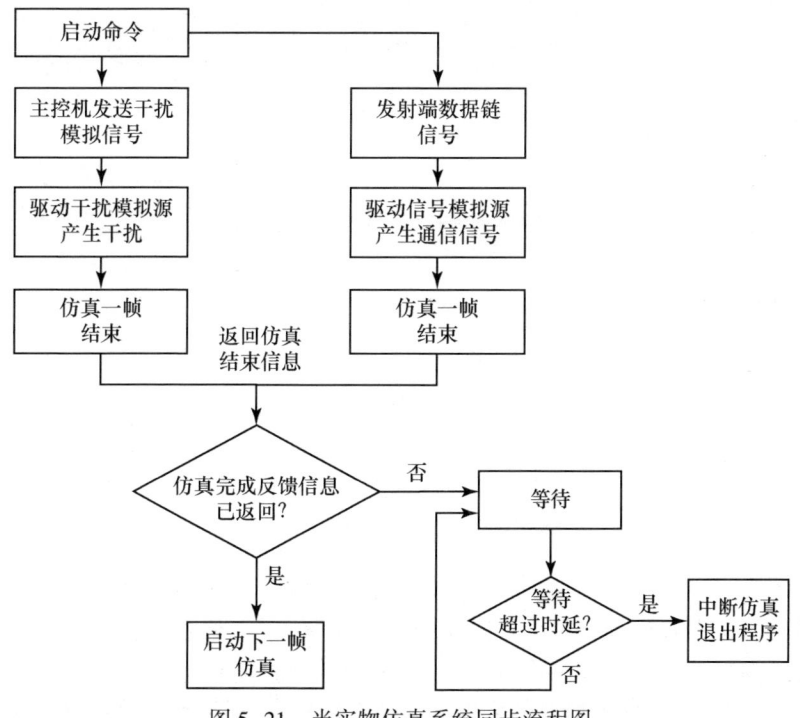

图 5-21 半实物仿真系统同步流程图

(3) 试验数据处理。

试验数据处理包括对整个仿真过程中产生的中间数据、最终试验结果数据进行处理,例如,绘制数据链误码率曲线,对被试数据链进行电磁环境适应性评估并给出评估结果等。

#### 5.3.4.2 电磁环境模拟控制

电磁环境模拟控制完成对多路、不同形式的电磁信号的模拟与控制。针对测试场景中不同类型的电磁干扰信号,首先统一建立干扰与信号的数据库来保存测试场景中设置的电磁信号参数。在对多路电磁信号的模拟过程中,由于无人机的运动,干扰信号、数据链信号相对于无人机的位置在不断变化,在微波暗室模拟中必须逼真复现上述变化。复杂电磁环境模拟流程如图 5-22 所示。

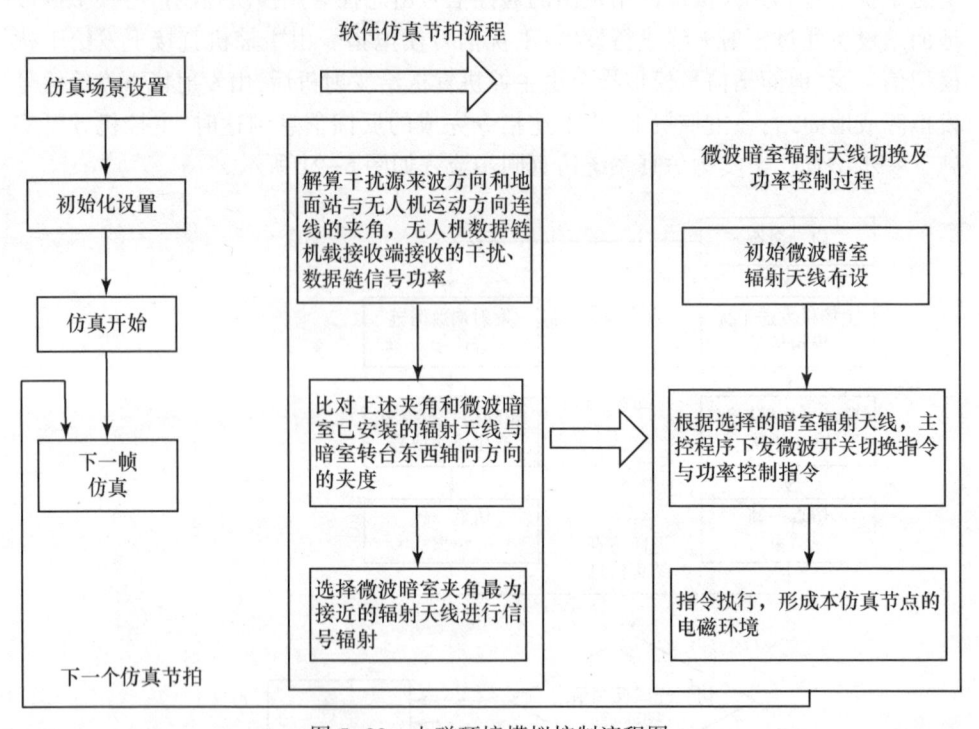

图 5-22 电磁环境模拟控制流程图

在图 5-22 中,电磁环境模拟控制在每一个仿真节拍实时解算各电磁干扰与地面站相对于无人机的相对位置以及角度与功率关系,利用灰色关联映射方法选取角度最为接近的微波暗室辐射天线,控制微波开关将信号切换至相应的辐射天线发射,同时控制干扰模拟源的发射功率,实现设定电磁环境场景在微波暗室的逼真复现。

### 5.3.4.3 数据接口与管理

1) 仿真系统的数据接口关系

将总控管理软件建立的测试场景数据与底层模拟源、其他硬件的驱动模块之间的数据接口关系定义为两层接口关系；场景设置参数到干扰模拟与信号模拟源数据库之间的接口关系为第一层数据接口，干扰模拟与信号模拟源数据库与底层模拟源与其他硬件的驱动模块之间的数据接口关系为第二层数据接口。仿真系统的数据接口关系如图 5-23 所示。

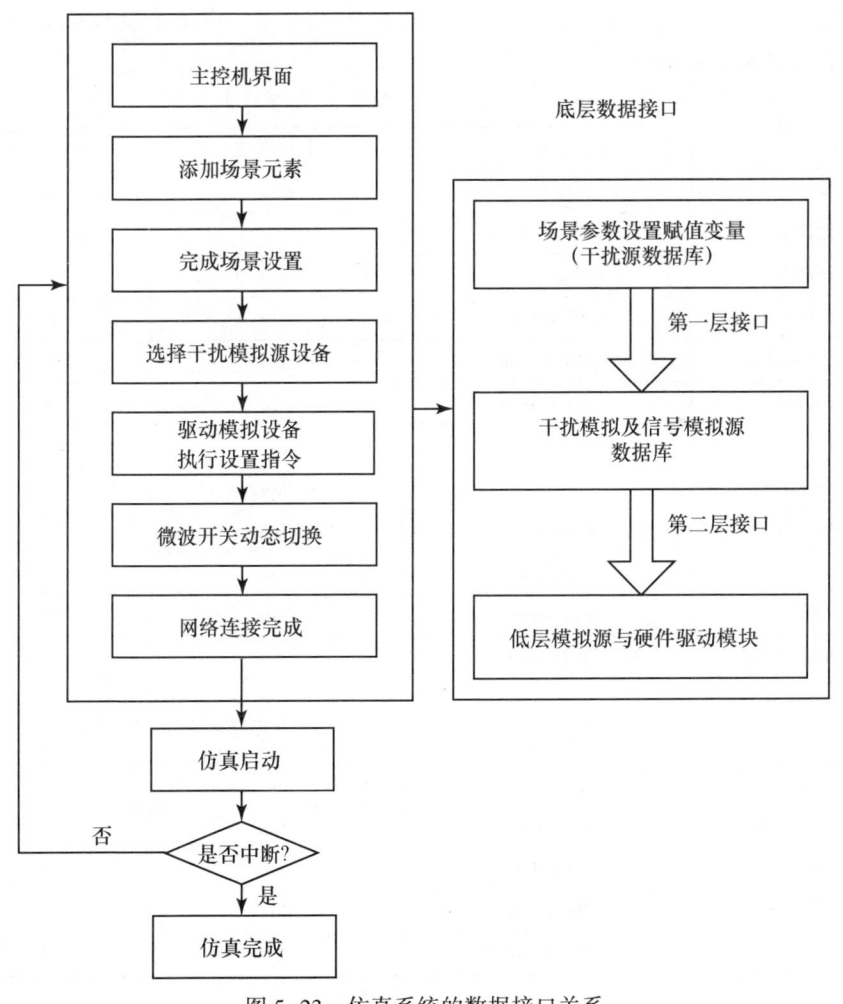

图 5-23 仿真系统的数据接口关系

## 2）干扰模拟数据库

从图 5-23 中可以看出，场景参数设置中重要的参数设置是干扰源的参数设置，它是干扰模拟真实性的基础。通过建立某无人机可能面临的电磁干扰库，包括预期的电磁干扰和已检测到的电磁干扰。上述电磁干扰通过数据库的形式进行存储，为电磁干扰场景的设置提供依据。

干扰模拟数据库的建立，首先定义描述干扰属性的数据库字段，将各种干扰的参数按规定字段存入到数据库中，当电磁干扰场景设置时，可以从数据库中调用相关参数进行场景设置。干扰模拟数据库支持干扰信息的动态添加、删除、修改，可在主控界面进行上述操作，或在软件后台进行相关操作。设定干扰模拟数据库的主要字段如表 5-4 所列。

表 5-4　干扰模拟数据库的主要字段

| 字段名称 | ID | 数据类型 | 字段长度 |
| --- | --- | --- | --- |
| 发射功率 | fSendPower | float | 10 |
| 载波频率 | fWaveFreq | int | 10 |
| 调制方式 | Modutype | char | 50 |
| 天线增益 | fWireApp | float | 10 |
| 天线方向图 | sWireOrient | char | 50 |
| 天线极化 | sWireExtreme | char | 50 |
| 起始频率 | fStartFreq | float | 10 |
| 终止频率 | fEndFreq | float | 10 |
| 中心频率 | fCenterFreq | float | 10 |
| 重复频率 | fRepFreq | float | 10 |
| 载噪比 | fNoiseRatio | float | 10 |
| 脉冲宽度 | fPulseWidth | float | 10 |
| 码速率 | fCodeSpeed | int | 10 |
| 调制深度 | fModuDepth | float | 10 |
| 频率偏移 | fFreqExcur | float | 10 |
| 相位偏移 | fRangeExcur | float | 10 |
| 噪声形式 | sNoiseType | char | 50 |
| 系统带宽 | fBandWidth | float | 10 |
| 中频带 | fSendPower | int | 10 |

## 3）干扰模拟源管理

半实物仿真系统中需要多种干扰模拟设备（如 R&S、安捷伦信号源等）作为半实物仿真的信号模拟源，根据电磁环境的动态模拟需求，需要对干扰模拟源建立数据库并进行管理，包括建立干扰模拟源数据库、更改属性、删除等操作。

半实物仿真系统中控制使用的多个干扰模拟源，可由用户自主设置其 IP 地址，半实物仿真系统支持手动扫描、自动扫描模式扫描系统中存在的干扰模拟源并进行配置。扫描配置干扰模拟源方式支持 GPIB 接口扫描、自定义地址扫描、支持 LAN 接口扫描，并可自定义扫描网段并提供干扰模拟源的状态信息。每一个 IP 地址对应一个干扰模拟源，半实物仿真系统可显示系统中存在的干扰模拟源的名称、驱动、接口及地址等相关信息，并可进行列表显示，可动态添加与删除干扰模拟源设备等。

# 第6章 用频设备复杂电磁环境适应性评估方法

用频设备复杂电磁环境适应性评估是在分析电磁环境复杂性、不确定性的基础上，通过具体的用频设备复杂电磁环境适应性仿真或试验得出用频设备复杂电磁环境适应性指标的变化情况，建立电磁环境的适应性指标与复杂电磁环境的关系，最后依据相应的评估方法评估得到用频设备在此复杂电磁环境下的适应性。对用频设备电磁环境适应性评估方法的研究，是衡量用频设备在复杂电磁环境下发挥作战效能的基础与前提。

## 6.1 电磁环境适应性评估方法分析

电磁环境适应性是装备、系统以及平台受电磁环境影响时的适应能力。适应性是一种交互性的表达，可通过用频设备在特定环境条件下的效能来反映其作战能力。因此，用频设备在复杂电磁环境下的适应能力为用频设备在特定电磁环境条件下完成作战任务的能力。用频设备复杂电磁环境适应性评估[168-170]是在分析复杂电磁环境中电磁信号复杂性的基础上，构建用频设备复杂电磁环境适应性指标体系，通过具体的用频设备复杂电磁环境适应性仿真与试验得出用频设备复杂电磁环境适应性指标的变化情况，建立适应性指标与复杂电磁环境的关系，最后利用评估方法评估得到用频设备在此复杂电磁环境下的适应能力或作战效能。

若要对某一系统或对象进行评估，首先必须明确评估指标体系，然后研究合适的评估方法并建立评估模型，最后给出评估结果。评估方法是在相关评估理论的指导下，进行具体评估采取的途径、步骤、手段等，是通过一定的数学模型将多个评估指标值合成为一个整体性的综合评估值。可用于评估的数学方法较多，关键在于根据评估目的及评估对象的特点选择合适的评估方法。常用的评估方法有灰色关联分析法、主成分分析法、层次分析法、模糊理论评估法、云理论评估法、BP神经网络法等[171-174]。

灰色关联分析法是一种多因素统计方法,以各因素的样本数据为依据,用灰色关联度来描述因素间关系的强弱、大小和次序,主要分析各个组成因素与整体的关联大小。其基本思想是根据系列曲线几何形状的相似程度来判断其联系是否紧密,曲线越接近,相应序列之间的关联度就越大,反之就越小[165]。主成分分析法是把原来多个变量化为少数几个综合指标的一种统计分析方法,而这些综合指标能够反映指标的绝大部分信息;通过将原变量线性组合,产生一系列互不相关的新变量,从中选出含有较多原变量信息的少数新变量,使采用这几个新变量代替原变量分析特定问题[175]。层次分析法是把一个复杂的无结构问题分解成若干子因素,如目标、准则、方案等,按照不同的属性,把这些元素分成互不相交的层次,上一层次对相邻的下一层次的全部和某些元素起支配作用,形成层次间自上而下的逐层支配关系,即一种递阶层次关系。运用层次分析法进行适应性评估时,需要构造递阶层次结构,将用频设备不同方面的性能进行细分,研究具体指标受电磁环境的影响,评估过程中的关键问题是判断矩阵的构建以及不同指标值的归一化问题,底层指标值的大小依赖于特定的电磁环境,判断矩阵的建立及不同指标值的归一化问题有着一定的主观性[176]。模糊理论评估是在模糊的环境中,综合考虑多种因素的影响,对某事物关于某种目标做出综合判断或决策的方法。可以处理用其他方法无法处理的模糊信息,是一个定性与定量相结合的决策过程,能够在定性分析各种因素的基础上,定量地对各影响因素进行科学的评价,从而为正确的指挥决策提供条件。传统的模糊综合评价法中,关键是得到指标集权重及模糊矩阵,其中,模糊矩阵通过隶属度函数求得。如果隶属度函数的确定及指标权重的获取都含有一定的主观性,会影响评估结果的可信度[177-178]。云理论是在概率理论和模糊集合理论进行交叉渗透的基础上,通过特定构造的算法,形成定性概念与其定量表示之间的转换模型,能揭示随机性和模糊性的内在关联性[179]。BP神经网络法能较好的处理评估过程中存在的模糊及非线性问题,但输入层需要输入各因素的权重系数及一定的训练样本,权重系数的合理性及训练样本的客观性决定了评估结果的准确性[180]。

## 6.2 基于不确定性分析的模糊综合评估方法

用频设备面临的复杂电磁环境具有分布密集、模式多样、动态随机等不确定性特征,这些不确定性在客观上表现为多种电磁干扰因素的综合作用,以往的评估方法中,未考虑电磁环境动态、随机等不确定性特征对用频设备效能的影响,只适用于在特定的电磁环境下,对用频设备的适应性进行评估。

本部分以用频设备为评估对象,构建用频设备面临的复杂电磁环境,试验或仿真用频设备在复杂电磁环境下的对抗过程,将整个过程看成一个评估模型,模型输入为电磁环境参数,输出为用频设备的作战效能评估结果。由于电磁环境存在不确定性特征(电磁环境参数的动态变化性),用频设备各评估指标也存在着一定的不确定性,可采用不确定性分析方法对用频设备效能各评估指标进行探索性分析并结合模糊综合评估法对用频设备的电磁环境适应性进行评估。

### 6.2.1 不确定性分析

电磁环境的动态随机特性表现为其参数的不确定性,虽然大量的工程经验表明,物理过程中的不确定性参数往往是服从某种概率分布的随机变量,但是要确定其分布规律,则需要进行大量的辅助实验和统计处理。因此,目前对不确定性的分析过程,认为含有不确定性因素的物理过程是随机过程,其不确定性参数是服从一定已知概率分布的随机变量[46,49]。

对电磁环境的参数进行不确定性分析,将参数的不确定性量化,通过系统响应模型,获得系统输出结果的不确定性,并对系统输出结果的不确定性进行分析,如以概率分布的形式加以表征等。由于电磁环境不确定性所表现出来的模糊性,可采用模糊理论对用频设备的电磁环境适应性进行评估,模糊综合评估法中构建模糊矩阵是评估的重要与关键环节。通过对系统输出结果的不确定性分析得到模糊矩阵,模糊矩阵的合理性可反映评估结果的真实性,从而得到可信度高的评估结果[181]。为实现对用频设备复杂电磁环境适应性的评估,采用以下方法对系统不确定性进行仿真分析,具体方法包括统计类方法和非统计类方法,统计类方法如蒙特卡罗方法,非统计类方法如多项式混沌方法。

1) 蒙特卡罗方法

蒙特卡罗方法[182]是一种与一般数值计算方法有本质区别的计算方法,属于试验数学的一个分支,它利用随机数进行统计试验,以求得的统计特征值(如均值、概率等)作为待解问题的数值解。蒙特卡罗方法不仅在处理具有概率性质的问题方面获得广泛的应用,对于具有不确定性问题的计算也因其程序简单等优点获得了广泛的应用。在用蒙特卡罗方法解算问题时,一般需要这样几个过程。①构造或描述概率过程:对于本身就具有随机性质的问题,主要是正确地描述和模拟这个随机过程。对于本来不是随机性质的确定性问题,要使用求蒙特卡罗方法求解,就必须事先构造一个人为的概率过程,它的某些参量正好是所要求问题的解,即要将不具有随机性质的问题,转化为随机性质的问题;这构成了蒙特卡罗方法研究与应用上的重要问题之一。②建立各种估计量:使其期望值是所要求解问题的解。③根据所构造的概率模型编制计算程序并进行计算,获得计算结果。

蒙特卡罗方法应用于用频设备复杂电磁环境适应性评估中,可以用概率分布的形式对模型输出的不确定性进行表征,评估过程需要多次采样获取样本点。运用计算机仿真对用频设备复杂电磁环境适应性进行研究时,蒙特卡洛方法比较容易实现。

2) 多项式混沌方法

蒙特卡罗方法对于通过试验手段研究用频设备复杂电磁环境适应性时不太适合,原因是通过试验手段获取大量采样点会耗费大量人力物力,多项式混沌方法通过少量的采样点即可达到表征不确定性的目的[183]。多项式混沌方法其基本思想是采用正交多项式方法对不确定变量进行展开,用含独立随机变量的正交多项式混沌之和来近似表示随机过程。

对于任意随机变量响应 $Y(\theta)$,可用正交多项式混沌来展开,其中 $\theta$ 为随机事件。为了进行数值计算,只能取有限项来近似表示精度。设取 $S$ 项,则此二阶随机过程可以表示为

$$Y(\theta) = \sum_{k=0}^{S-1} y_k \varphi_k(\xi(\theta)) \tag{6.1}$$

式中　$y_k$——要求解的确定性系数;

$\varphi_k(\xi_1, \xi_2, \cdots, \xi_n)$——$k$ 阶广义 Askey-Wiener 多项式混沌。

针对不同分布可采用不同的基函数,均匀分布对应的基函数为 Legendre 多项式,高斯分布对应的基函数为 Hermite 多项式。对于一个含有 $n$ 个不确定性输入参数的模型,其输出响应采用 $P$ 阶多项式混沌展开时所含有的项数为

$$S = \frac{(n+p)!}{n! \, p!} \tag{6.2}$$

在评估过程中,设电磁干扰参数服从正态分布,因此这里对参数服从正态分布的情况下,输出随机响应的 Hermite 多项式混沌展开进行分析。

Hermite 多项式形成了一组完备的正交基:

$$<\phi_i, \phi_j> = <\phi_i^2> \delta_{ij} \tag{6.3}$$

$$<f(\xi), g(\xi)> = \int f(\xi) g(\xi) \omega(\xi) \mathrm{d}\xi \tag{6.4}$$

式中　$\delta_{ij}$——Kronecker delta 函数;

$<\cdot, \cdot>$——内积;

$\omega(\xi)$——权函数,$\omega(\xi) = \frac{1}{\sqrt{(2\pi)^n}} e^{-\frac{1}{2}\xi^\mathrm{T}\xi}$,$n$ 为随机变量的维数。

Hermite 多项式的前几阶为

$$\begin{cases} 1, & 0\text{ 阶} \\ \xi, & 1\text{ 阶} \\ \xi^2-1, & 2\text{ 阶} \\ \xi^3-3\xi, & 3\text{ 阶} \end{cases} \tag{6.5}$$

式(6.1)中的系数 $y_k$ 可由式(6.6)求得：

$$y_k = \frac{<Y\varphi_k>}{<\varphi_k^2>} = \frac{1}{<\varphi_k^2>}\int Y\varphi_k(\xi)\omega(\xi)\mathrm{d}\xi \tag{6.6}$$

求出式(6.1)中的系数，即可进一步计算出输出响应 $Y$ 的各类统计特征。$Y$ 的均值为随机多项式展开的 0 阶项，即

$$\bar{Y} = y_0 \tag{6.7}$$

$Y$ 的方差表达式为

$$\mathrm{Var}(Y) = <(Y-\bar{Y})^2> = \sum_{i=1}^{s-1}[y_i^2<\varphi_i^2>] \tag{6.8}$$

多项式混沌方法的关键在于确定每个多项式的系数 $y_i$。对于很多复杂模型，多项式混沌展开的系数可以通过系统在某些配置点的输出来计算，配置点使用正交配点法来计算。多项式混沌方法通过少量的采样点即可达到表征不确定性的目的，因此，在无法多次测量获取大量测试结果或没有准确的模型进行仿真时，采用多项式混沌方法可以对用频设备电磁环境适应性进行研究。

### 6.2.2 模糊综合评估法

模糊综合评估法是以模糊数学为基础，应用模糊关系合成原理，对受到多种因素制约的事物或对象，将一些边界不清、不易定量的因素定量化，按多项模糊的准则参数对备选方案进行综合评判，再根据综合评判结果对各备选方案进行比较排序，选出最好的方案[184]。

模糊综合评估法首先建立能反映评估对象的参数指标，建立评估指标权重，并建立评判集，然后依据模糊理论方法中隶属度函数确定性能指标等级的模糊矩阵，最后按照最大隶属度原则，得到评估结果。模糊综合评估法的流程如图 6-1 所示。

1) 建立评估指标体系

指标因素是指评估对象的各种属性和性能，能综合反映出评估对象的性能、质量等，因而可由这些因素来评估对象，建立评估指标体系。评估指标因素集为：$U = \{U_1, U_2, \cdots, U_n\}$，其中 $U_i$ 是指标体系中的第 $i(i=1,2,\cdots,n)$ 个因素。

参照一般效能评估指标体系选取原则，用频设备评估指标体系选取应该遵循

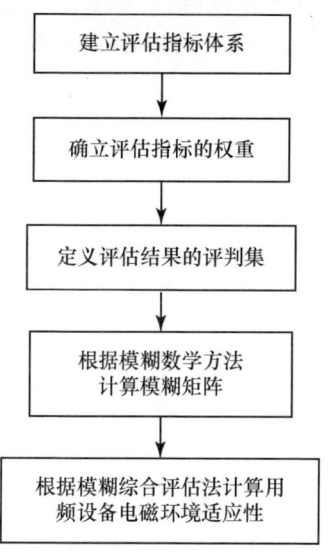

```
       ┌─────────────────┐
       │  建立评估指标体系  │
       └────────┬────────┘
                ↓
       ┌─────────────────┐
       │  确立评估指标的权重 │
       └────────┬────────┘
                ↓
       ┌─────────────────┐
       │  定义评估结果的评判集│
       └────────┬────────┘
                ↓
       ┌─────────────────┐
       │  根据模糊数学方法   │
       │  计算模糊矩阵      │
       └────────┬────────┘
                ↓
       ┌─────────────────┐
       │ 根据模糊综合评估法计算用 │
       │ 频设备电磁环境适应性    │
       └─────────────────┘
```

图 6-1　模糊综合评估法流程图

以下原则。

（1）最简性，即在基本满足评估需求和给定任务需求的情况下，应尽量以较少的关键指标来评估各种电磁环境因素影响下用频设备受到的影响。

（2）可测性，即尽可能选择容易定量计算的指标和容易准确确定的指标，尤其是尽量选择可以试验测试的定量指标。以提高评估的科学性，降低主观随意性。

（3）客观性，即从物质本身属性出发，使指标能逼真的与被评估对象联系，减少评估人员的主观性的影响。

（4）完备性，即各指标应能较为全面地反映被评估对象的全部方面和内容。

（5）独立性，即指标体系中各指标应尽可能地独立，减少指标内涵的重叠度，在确定指标权重时，可以在不考虑或少考虑指标重叠造成的影响的情况下得到较切合实际的权重。

按照上述原则，以无人机的典型用频设备数据链、导航系统为例，建立其评估指标。

（1）数据链设备评估指标。

数据链的基本任务是传递与交换信息，强调信息传输的准确性和有效性。针对这两点构建其评估指标，即通信距离与误码率。

① 通信距离。

通信距离指的是无人机与地面站之间的信息传输距离。其值可以根据无人机

所处电磁环境的电波传播损耗 $L$ 逆推得到,具体表达式如下:
$$L = P_s + G_s + G_r - P_1 \tag{6.9}$$
式中　$P_s$——数据链信号发射功率;

　　　$G_s$——发射天线增益;

　　　$G_r$——接收天线增益;

　　　$P_1$——数据链接收机接收功率。

假设在自由空间传播的情况下,其传播损耗为 $L_{\text{free}}$,则其传输距离 $d$ 为
$$d = 10\exp(L_{\text{free}} - 32.45 - 20\lg(f)/20) \tag{6.10}$$
式中　$f$——中心频点。

② 误码率。

数据链信息传输的准确性用误码率来衡量,可表示为
$$P_e = \frac{N_e}{N} \tag{6.11}$$
式中　$N_e$——单位时间内数据链设备接收的错误码元数;

　　　$N$——单位时间内数据链设备传输的总码元数。

(2) 导航系统评估指标。

导航系统为无人机提供实时的导航信息、定位信息和时间信息。为体现其准确性和实效性,建立其评估指标,即包括定位精度与首次定位时间。

① 定位精度。

定位精度是衡量导航系统应用性能的最重要指标,定位精度评定通常可以用径向误差率的圆概率误差(CEP)半径来表示,可表示为
$$\text{CEP} = 0.615\sigma_{\min} + 0.562\sigma_{\max} \tag{6.12}$$
$$\sigma_{\min} = \min(\sigma_x, \sigma_y) \tag{6.13}$$
$$\sigma_{\max} = \max(\sigma_x, \sigma_y) \tag{6.14}$$
$$\sigma_x = \sqrt{\frac{\sum_{i=1}^{n}(X_i - X_0)^2}{n}} \tag{6.15}$$
$$\sigma_y = \sqrt{\frac{\sum_{i=1}^{n}(Y_i - Y_0)^2}{n}} \tag{6.16}$$
式中　$\sigma_x$——水平定为 $X$ 坐标测试数据均方根误差;

　　　$\sigma_y$——水平定为 $Y$ 坐标测试数据均方根误差;

　　　$\sigma_{\max}$——$\sigma_x$ 和 $\sigma_y$ 之间的较大值;

　　　$\sigma_{\min}$——$\sigma_x$ 和 $\sigma_y$ 之间的较小值;

$X_i$——对点位 $X$ 坐标的第 $i$ 个测试值;
$X_0$——$X$ 坐标真值,m;
$Y_i$——对点位 $Y$ 坐标的第 $i$ 个测试值;
$Y_0$——$Y$ 坐标真值,m。

② 首次定位时间。

首次定位时间是导航系统另一个重要的评价指标,通过多次测量取均值的方式对首次定位时间进行解算。首次定位时间 $T_p$ 的估算公式为

$$T_p = \frac{1}{m}\sum_{i=1}^{m} t_i \tag{6.17}$$

式中 $m$——实验次数;
$t_i$——每次定位成功所需时间。

2) 确定指标权重

为了体现各个评估指标在评估指标体系中的作用、地位及重要程度,在指标体系确定之后,必须对各个指标赋予不同的权重。

指标权重的确定方法较多,根据权重计算时原始数据的来源,可分为主观赋权法、客观赋权法。主观赋权法包括德尔菲法、相对比较法、连环比率法、集值迭代法、最小平方和法、层次分析法等;客观赋权法包括熵值法、拉开档次法、变异系数法、主成分分析法等。

主观赋权法中,德尔菲法通过组织若干专家,对指标进行多次打分,直到专家意见趋于一致,由打分结果求解指标权重;相对比较法通过不同指标间的两两比较,依据 3 级重要性标度值求解指标权重;连环比率法对各指标排序并依次比较,权重依赖于相邻指标的比率值,比率值的主观判断误差会在逐步计算中产生传递,影响指标权重精度;集值迭代法需征求专家意见,各专家在指标集中选取其认为重要的指标组成集合,统计每个指标出现的次数求解权重;最小平方和法与层次分析法需要评估者依据评估指标的相对重要程度关系建立判断矩阵,其中,最小平方和法在平方误差和最小的条件下求解指标权重,层次分析法首先对判断矩阵进行一致性检验,在一致性满足的条件下由判断矩阵得出各指标权重。

客观赋权法根据各指标样本集中所反映的客观差异程度和对其他指标的影响程度进行赋权;熵值法利用指标熵值来确定权重,根据同一指标观测值之间的差异程度来反映各指标的重要程度,指标观测值差异越大,则该指标权重越大,反之越小;拉开档次法重点突出整体差异来确定各指标权重;变异系数法认为指标取值差异越大的指标,即为越难实现的指标,这样的指标更能反映评估对象的差距;主成分分析法主要用于多变量高维复杂系统,利用降维思想,将相互关联的多个变量用

少数的几个主成分变量表示,求解主成分变量的权重。

可依据数据来源并结合评估对象特征选择合理的权重确定方法。客观赋权法需要对多个评估对象的指标样本集进行差异性分析来确定各指标权重,适用于可以获取一种类型多个评估对象指标样本的情况。主观赋权法主要是通过专家经验给出各指标的权重,德尔菲法及集值迭代法需要一定数量的专家、相对比较法中指标重要性标度等级较少、连环比较法中比率值的主观判断误差会产生传递,影响权重计算精度。另外,考虑到实现的难易程度,在主观赋权法中层次分析法最为广泛。

主观赋权法中,层次分析法确定权重的具体步骤如下。

(1) 建立判断矩阵。

设有 $n$ 个指标,构造判断矩阵的方法是向专家反复询问,对 $n$ 个指标两两进行比较,对重要性程度按 1~9 赋值(重要性标度值见表 6-1 所列),得两两比较判断矩阵 $\boldsymbol{C}=(c_{ij})_{n\times n}$。

表 6-1 重要性标度表

| 重要性标度 | 含义 |
| --- | --- |
| 1 | 表示两个元素相比,具有同等重要性 |
| 3 | 表示两个元素相比,前者比后者稍重要 |
| 5 | 表示两个元素相比,前者比后者明显重要 |
| 7 | 表示两个元素相比,前者比后者强烈重要 |
| 9 | 表示两个元素相比,前者比后者极端重要 |
| 2,4,6,8 | 表示上述判断的中间值 |
| 倒数 | 若指标 $i$ 与元素 $j$ 的重要性之比为 $a_{ij}$,则元素 $j$ 与元素 $i$ 的重要性之比为 $a_{ji}=1/a_{ij}$ |

(2) 一致性检验。

第一步,计算一致性指标 C.I.,即

$$\text{C.I.} = \frac{\lambda_{\max}-n}{n-1} \tag{6.18}$$

式中 $\lambda_{\max}$——判断矩阵的最大特征根;

$n$——判断矩阵阶数。

第二步,查表确定相应的平均随机一致性指标 R.I.。根据判断矩阵不同阶数查表 6-2,得到平均随机一致性指标 R.I.。例如,对于 4 阶的判断矩阵,查表得到 R.I. = 0.89。

表 6-2　平均随机一致性指标 R.I.

| 矩阵阶数 | 1 | 2 | 3 | 4 | 5 | 6 | 7 | 8 |
| --- | --- | --- | --- | --- | --- | --- | --- | --- |
| R.I. | 0 | 0 | 0.52 | 0.89 | 1.12 | 1.26 | 1.36 | 1.41 |
| 矩阵阶数 | 9 | 10 | 11 | 12 | 13 | 14 | 15 | |
| R.I. | 1.46 | 1.49 | 1.52 | 1.54 | 1.56 | 1.58 | 1.59 | |

第三步，计算一致性比例 C.R. 并进行判断，即

$$\text{C.R.} = \frac{\text{C.I.}}{\text{R.I.}} \tag{6.19}$$

当 C.R. <0.1 时，认为判断矩阵的一致性是可以接受的。当 C.R. >0.1 时，认为判断矩阵不符合一致性要求，需要对该判断矩阵进行重新修正。

(3) 计算权重向量。

依据判断矩阵的最大特征值及该特征值对应的特征根可求得权重向量。本部分采用方根法求解权重向量，具体过程如下。

① 计算判断矩阵每一行元素的乘积 $M_i$

$$M_i = \sum_{j=1}^{m} c_{ij}, \quad j = 1, 2, \cdots, m \tag{6.20}$$

② 计算 $M_i$ 的 $n$ 次方根 $\overline{W_i}$；

③ 对向量 $\boldsymbol{W} = [\overline{W_1}, \overline{W_2}, \cdots, \overline{W_n}]$ 进行正规化，即

$$w_i = \frac{\overline{W_i}}{\sum_{i=1}^{n} \overline{W_i}} \tag{6.21}$$

则求得的权重向量为

$$\boldsymbol{W} = [w_1, w_2, \cdots, w_m] \tag{6.22}$$

客观赋权法中，当可以获取多个评估对象的指标时，且在评价指标体系中各项指标的量纲不同，不宜直接比较其差别程度，可采用变异系数法确定各指标权重，指标取值差异越大，也就是越难以实现的指标，这样的指标更能反映被评价对象的差距。变异系数法求权重步骤如下。

① 求各指标的变异系数。

各指标的变异系数为

$$V_i = \frac{\sigma_i}{\overline{x_i}}, \quad i = 1, 2, \cdots, n \tag{6.23}$$

式中　$V_i$——第$i$项指标的变异系数,也称为标准差系数;
　　　$\sigma_i$——第$i$项指标的标准差;
　　　$\bar{x}_i$——第$i$项指标的平均数。
② 求各指标的权重
各项指标的权重为

$$W_i = \frac{V_i}{\sum_{i=1}^{n} V_i} \tag{6.24}$$

式中　$W_i$——第$i$项指标的权重;
　　　$V_i$——第$i$项指标的变异系数。

3) 确定评估的评判集

评判集是评估主体对评估对象可能做出的各种总的评价结果组成的集合,实际上就是对评估对象变化区间的一个划分。建立评估等级集 $C = [c_1, c_2, \cdots, c_m]$,如某一用频设备工作性能的优、良、中、差。评判集是等级的集合,也是适应度的集合。

4) 建立模糊矩阵

隶属度是指各种已知性能评价指标隶属于特定评价等级的概率。隶属度函数的确定是模糊综合评估模型的关键,各因素的隶属度函数直接影响评估结果的优劣。隶属度函数的确立目前还没有一套成熟有效的方法,大多数系统的确立方法还停留在经验和实验的基础上。确定隶属度函数常用的方法有模糊统计法、例证法、专家经验法、二元对比排序法等。

确立了各评估指标的隶属度函数,并构造评估的评判集之后,需要对评估对象从每个因素 $U_i$ 上进行量化,也就是确定评估对象对各评判子集的隶属度,进而得到模糊矩阵 $\boldsymbol{R}$。

$$\boldsymbol{R} = \begin{bmatrix} r_{11} & r_{12} & \cdots & r_{1m} \\ r_{21} & r_{22} & \cdots & r_{2m} \\ \vdots & \vdots & & \vdots \\ r_{n1} & r_{n2} & \cdots & r_{nm} \end{bmatrix} \tag{6.25}$$

式中　$n$——指标因素集的数量;
　　　$m$——模糊判定集合的等级种类数量;
　　　$r_{ij}$——隶属度,评估对象的第$i$个指标被评为等级$j$的可能性大小。

第$i$个指标的隶属度向量 $\boldsymbol{R}_i = (r_{i1}, r_{i2}, \cdots, r_{im})$,$i = 1, 2, \cdots, n$,由该指标的隶属度函数确定,且归一化后满足 $\sum_{j=1}^{m} r_{ij} = 1$。

5) 评估结果

根据步骤2)确定 $n$ 个评估指标的权重矩阵 $w$,结合根据步骤4)得到模糊矩阵 $R$,可得综合评判模型为

$$A = [w_1, w_2, \cdots, w_n] \begin{bmatrix} r_{11} & r_{12} & \cdots & r_{1m} \\ r_{21} & r_{22} & \cdots & r_{2m} \\ \vdots & \vdots & & \vdots \\ r_{n1} & r_{n2} & \cdots & r_{nm} \end{bmatrix} = [A_1, A_2, \cdots, A_m] \quad (6.26)$$

评价向量 $A = [A_1, A_2, \cdots, A_m]$ 中 $A_i$ 为评估对象被评为等级 $c_i$ 的隶属度,按照最大隶属度原则得出评估结论,取评价向量 $A$ 中最大值所对应的等级即为评估结果。

### 6.2.3 基于不确定性分析的模糊综合评估方法

基于不确定性分析的模糊综合评估方法的原理如图6-2所示。

从图6-2可以看出,基于不确定性分析的模糊综合评估方法分为五步。第一步,建立用频设备的评估指标体系;第二步,确定评估指标权重,可采用层次分析法或变异系数法等;第三步,建立用频设备的电磁环境适应性能力评判集,评判集的确定可根据专家经验给出;第四步,建立模糊矩阵,评估模糊矩阵的建立是用频设备电磁环境适应性评估的核心,采用探索性仿真方法对电磁环境参数不确定性影响下的用频设备各指标进行仿真或试验,获取用频设备各评估指标的仿真或试验数据,解算得到用频设备电磁环境适应性评估的模糊矩阵;第五步,计算用频设备电磁环境适应性评估的评价向量,按最大隶属度原则,给出评估结果。评估方法的核心是用频设备评估指标体系中每个指标的隶属度向量确定,即电磁环境适应性评估的模糊矩阵构建。

用频设备各评估指标的隶属度向量解算主要包含四部分:构建复杂电磁环境的不确定性参数空间;求解各电磁环境输入参数不确定性对评估指标影响的权重;计算评估模糊矩阵;解算该指标的隶属度向量。具体解算过程如图6-3所示。

评估指标隶属度向量具体求解过程如下。

1) 建立电磁环境的不确定性参数空间

根据对电磁环境复杂性、不确定性特性的分析,建立电磁环境的不确定性参数空间,设其为 $U = \{W_1, W_2, \cdots, W_n\}$,或称不确定性输入参数空间,其中,$W_i$ 表示电磁环境的某一不确定性参数。

2) 不确定性参数空间内的探索性仿真或试验

不确定性参数空间内的探索性仿真或试验是在不确定性参数空间内进行探

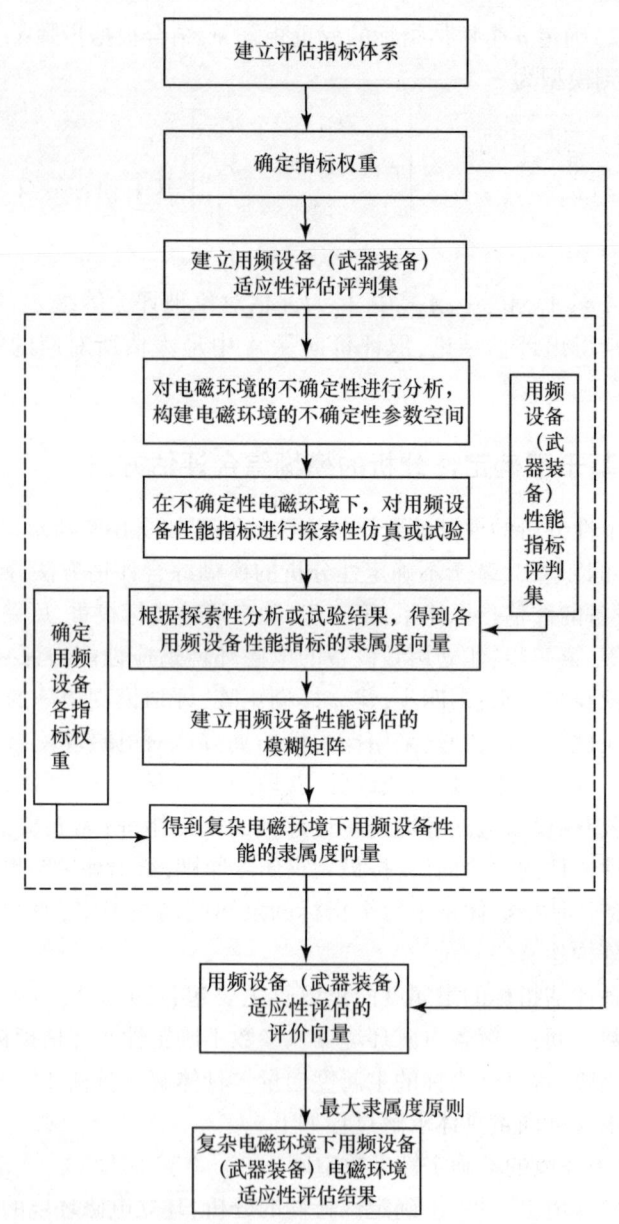

图 6-2 基于不确定性分析的模糊综合评估方法原理

索,通过数字仿真或试验,得到复杂电磁环境下用频设备各评估指标数据,通过统计分析得到用频设备某一性能指标的概率分布。

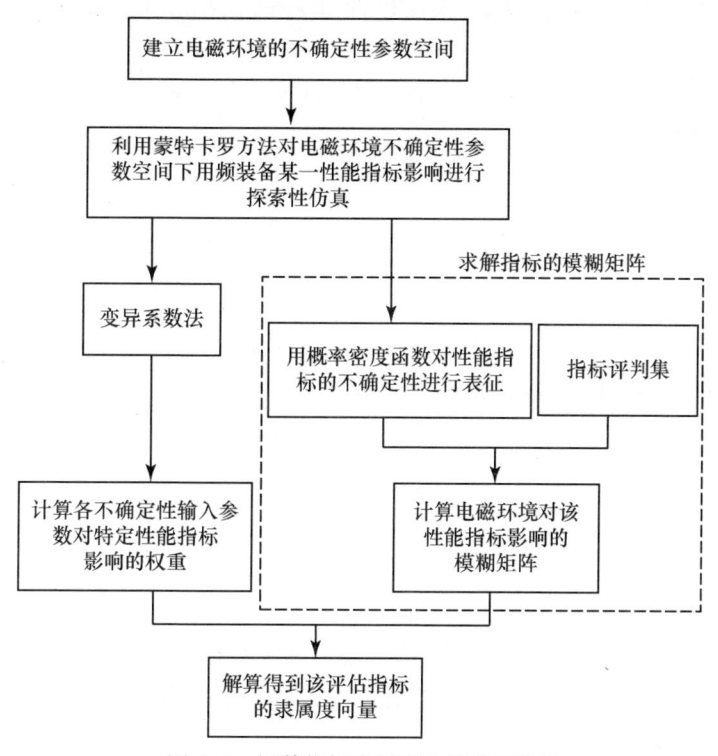

图 6-3 评估指标隶属度向量求解流程

3) 计算用频设备的隶属度向量

（1）依据指标评判集中的阈值 1，阈值 2，…，阈值 $m-1$，根据不确定性参数影响下性能指标的概率密度分布曲线，如图 6-3 所示，可求出性能指标值在区间 1，区间 2，…，区间 $m$ 中的概率，分别用 $p_{11},p_{12},\cdots,p_{1m}$ 表示，即可得到不确定性参数影响下该性能指标的隶属度向量 $\boldsymbol{r}_1 = [p_{11},p_{12},\cdots,p_{1m}]$。

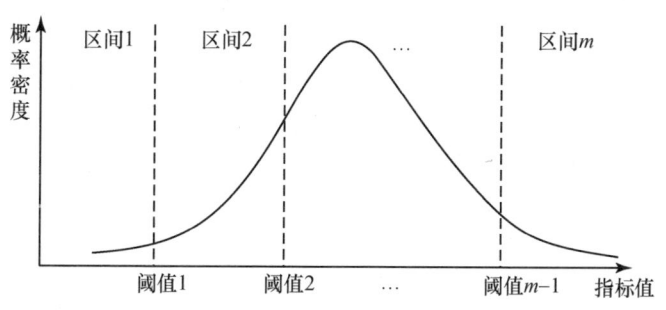

图 6-4 不确定性输入参数影响下性能指标的概率密度分布

(2) 依次求其他性能指标的隶属度向量 $r_2 = [p_{21}, p_{22}, \cdots, p_{2m}], \cdots, r_n = [p_{n1}, p_{n2}, \cdots, p_{nm}]$。

(3) 由不确定性参数影响下的用频设备性能指标的隶属度向量,可得到用频设备的模糊矩阵 $R_1$,即

$$R_1 = \begin{bmatrix} p_{11} & p_{12} & \cdots & p_{1m} \\ p_{21} & p_{22} & \cdots & p_{2m} \\ \vdots & \vdots & & \vdots \\ p_{n1} & p_{n2} & \cdots & p_{nm} \end{bmatrix} \tag{6.27}$$

(4) 在获得用频设备各性能指标权重和模糊矩阵式(6.27)的基础上,可计算出复杂电磁环境下用频设备的隶属度向量:

$$a_1 = w * R_1 = \begin{bmatrix} w_1 & w_2 & \cdots & w_n \end{bmatrix} \begin{bmatrix} p_{11} & p_{12} & \cdots & p_{1m} \\ p_{21} & p_{22} & \cdots & p_{2m} \\ \vdots & \vdots & & \vdots \\ p_{n1} & p_{n2} & \cdots & p_{nm} \end{bmatrix} = \begin{bmatrix} A_1 & A_2 & \cdots & A_m \end{bmatrix}$$
$$\tag{6.28}$$

下面以某无人机为例,通过在电磁环境不确定性参数空间内的探索性仿真,进行无人机系统复杂电磁环境的适应性评估。具体评估过程如下。

1) 无人机评估指标体系建立

假设某无人机系统由飞行器子系统、数据链子系统、地面控制站子系统、任务设备载荷子系统、维修保障子系统等组成,无人机系统上对电磁环境最为敏感的用频设备包括无人机数据链、机载卫星导航接收机、雷达探测系统等。本部分以上述用频设备为主要分析对象,仿真评估无人机系统的电磁环境适应性。数据链的性能指标考虑误码率,导航接收机的性能指标考虑捕获概率、定位精度,雷达探测系统的性能指标考虑探测位置精度。

2) 确定评估指标的权重

确定指标权重,可考虑使用层次分析法或变异系数法,这里采用层次分析法验证评估方法的评估过程。层次分析法采用专家打分方式,给出评估指标相对重要程度,如果设定数据链比导航接收机稍重要,导航接收机比雷达探测系统稍重要,依据层次分析法得到判断矩阵为

$$C = \begin{bmatrix} 1 & 3 & 5 \\ \dfrac{1}{3} & 1 & 3 \\ \dfrac{1}{5} & \dfrac{1}{3} & 1 \end{bmatrix} \tag{6.29}$$

解算得到无人机数据链、机载导航接收机及雷达探测系统所占的权重为

$$w = [0.6054 \quad 0.2915 \quad 0.1031] \tag{6.30}$$

3) 建立用频设备适应性评估评判集

依据工程、专家经验或设计指标,各用频设备的评判集可设置如下。

设某无人机数据链误码率的评价集如表 6-3 所列。

表 6-3 无人机数据链误码率对应的评价集

| 评判集 | 优 | 良 | 中 | 差 |
|---|---|---|---|---|
| 评价区间 | 小于 $10^{-6}$ | 大于 $10^{-6}$,小于 $10^{-5}$ | 大于 $10^{-5}$,小于 $10^{-4}$ | 大于 $10^{-4}$ |

设机载导航接收机定位精度及捕获概率的评判集如表 6-4 所列。

表 6-4 机载导航接收机定位精度及捕获概率对应的评价集

| 评判集 | 优 | 良 | 中 | 差 |
|---|---|---|---|---|
| 定位精度/m | 小于 10 | 10~20 | 20~30 | 大于 30 |
| 捕获概率 | 0.95~1 | 0.85~0.95 | 0.75~0.85 | 小于 0.75 |

设雷达探测系统的评价集如表 6-5 所列。

表 6-5 雷达探测系统探测位置精度对应的评价集

| 评判集 | 优 | 良 | 中 | 差 |
|---|---|---|---|---|
| 评价区间/m | 小于 8 | 8~12 | 12~20 | 大于 20 |

4) 建立用频设备适应性评估的模糊矩阵

(1) 设定各用频设备工作参数。

无人机数据链工作参数包括:信号频率、数据速率、扩频增益、带宽、调制体制等。

导航接收机工作参数包括:载波频率、扩频码、码元速率、调制方式等。

雷达探测系统工作参数包括:雷达工作频率,工作方式、调制体制、接收机灵敏度等。

(2) 建立电磁环境的不确定性参数空间。

假设电磁干扰环境中存在三路干扰,各参数可设置如下。

干扰 1:宽带噪声干扰,干扰信号频率范围为 895~905MHz;干扰信号与数据链信号干信比为 20~23dB。

干扰 2:宽带干扰,频率 1575.42MHz,带宽 2MHz,干扰信号与导航信号干信比为 10~60dB。

干扰 3:脉冲干扰,频率 1.2GHz,干扰信号功率与雷达探测系统信号功率比为 0~30dB。

(3) 不确定性参数空间的探索性仿真分析。

根据已建立的数据链、机载导航接收机及雷达探测系统受扰分析模型，在电磁环境不确定性输入参数空间，通过仿真分析得到上述电磁环境设置下数据链、导航接收机、雷达探测系统各性能指标(误码率、导航接收机捕获概率、定位精度、探测位置精度)的仿真结果数据，对仿真结果进行统计分析得到其概率分布。

(4) 计算用频设备的隶属度向量。

根据上述指标评判集对应的评价区间及数据链误码率、导航接收机捕获概率、定位精度及雷达探测系统探测位置精度的概率分布，可求得数据链、导航接收机、雷达探测系统性能的隶属度向量；隶属度向量由用频设备各性能指标的权重与其模糊矩阵相乘得到。

设求解得到无人机数据链误码性能的隶属度向量为

$$\boldsymbol{a}_1 = [0.1273 \quad 0 \quad 0.4091 \quad 0.4636] \tag{6.31}$$

导航接收机的隶属度向量为

$$\boldsymbol{a}_2 = [0.1755 \quad 0.7132 \quad 0.0440 \quad 0.0673] \tag{6.32}$$

雷达探测系统的隶属度向量为

$$\boldsymbol{a}_3 = [0.2258 \quad 0.2903 \quad 0.1290 \quad 0.3548] \tag{6.33}$$

(5) 用频设备适应性评估的模糊矩阵。

由用频设备的隶属度向量，构成无人机复杂电磁环境适应性评估的模糊矩阵为

$$\boldsymbol{R} = \begin{bmatrix} 0.1273 & 0 & 0.4091 & 0.4636 \\ 0.1755 & 0.7132 & 0.0440 & 0.0673 \\ 0.2258 & 0.2903 & 0.1290 & 0.3548 \end{bmatrix} \tag{6.34}$$

(6) 复杂电磁环境适应性评估结果。

无人机电磁环境适应性评估的评价向量 $A$ 由权重和模糊矩阵相乘得到

$$\begin{aligned} A &= w \cdot R \\ &= [0.6054 \quad 0.2915 \quad 0.1031] \begin{bmatrix} 0.1273 & 0 & 0.4091 & 0.4636 \\ 0.1755 & 0.7132 & 0.0440 & 0.0673 \\ 0.2258 & 0.2903 & 0.1290 & 0.3548 \end{bmatrix} \\ &= [0.1515 \quad 0.2378 \quad 0.2738 \quad 0.3369] \end{aligned} \tag{6.35}$$

按照最大隶属度原则，无人机平台在所建立的不确定性电磁干扰环境下，落在评判集等级差中的概率较大，则无人机电磁环境适应性评估结果为差。

## 6.3 半实物仿真平台置信度评估

半实物仿真平台置信度评估是进行用频设备(武器装备)电磁环境适应性评估的前提,因此在进行用频设备(武器装备)电磁环境适应性仿真试验前,需要保证半实物仿真平台的可信性,由于半实物仿真平台具有多层结构,本部分采用层次分析法对半实物平台的置信度进行评估。

### 6.3.1 半实物仿真平台的层次结构

对半实物仿真平台的置信度进行评估时,应从分析影响半实物仿真平台置信度的因素出发,依据各因素的相互关联及作用情况划分半实物仿真平台层次结构。按此原则,可将半实物仿真平台分为微波暗室、转台、干扰模拟和信号检测四大模块,然后逐层细分,建立四阶层次结构模型,四阶层次结构示意如图 6-5 所示[162,166]。

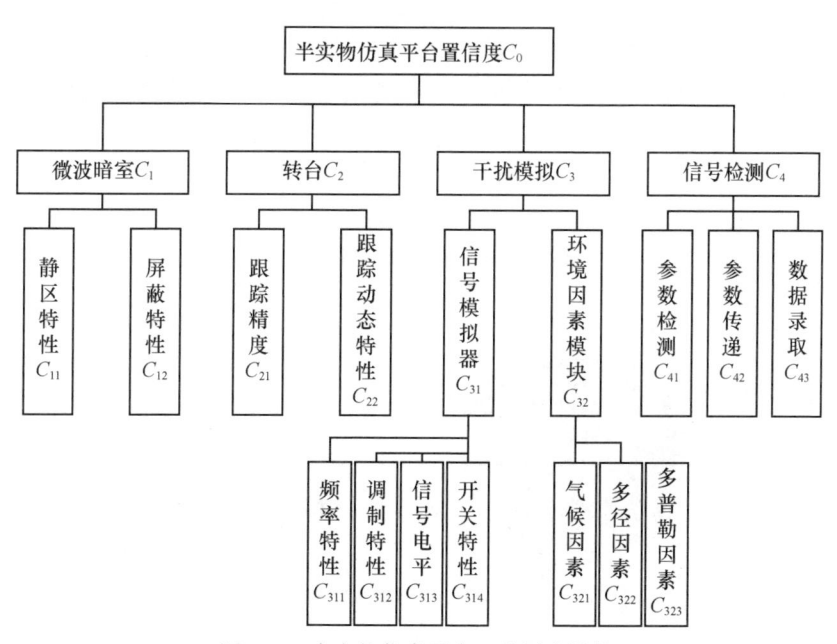

图 6-5 半实物仿真平台四阶层次结构

微波暗室是指由微波吸波材料铺设内壁以减少墙壁反射,从而在其内部某一区域形成无回波区。表征其性能的参数主要为静区特性和屏蔽特性。

转台主要用于用频设备相对于电磁模拟信号的空间相对位置关系。表征其性能的参数主要为跟踪精度和跟踪动态特性。

干扰模拟模块主要是指信号模拟器和环境因素模拟模块。其中信号模拟器性能表征参数主要为频率特性、调制特性、信号电平和开关特性；环境因素模块性能表征参数主要为气候、多径和多普勒因素。

信号检测模块实现试验场地模拟环境的监测，接收信号的采集、分选和识别以及被测系统性能参数的检测。表征其性能的参数主要为参数检测、参数传递和数据录取。

针对半实物仿真平台的层次结构特点，采用层次分析法确定半实物仿真平台评估指标的权重，然后进行平台置信度评估。

### 6.3.2 评估指标权重确定

1) 构造判断矩阵

从最高层仿真平台总置信度 $C_0$ 开始，对于半实物仿真平台的置信度，认为微波暗室、转台、干扰与综合信号模拟模块（信号模拟器）和信号检测通道这4个因素对其有不同程度的影响。根据层次分析法中的1~9标度表法，给出各层指标的相对重要性比较值，建立判断矩阵。首先建立半实物仿真平台的判断矩阵，如表6-6所列。

表6-6 半实物仿真平台的判断矩阵元素表

| $C_0$:电磁环境模拟平台 | 1:微波暗室 | 2:转台特性 | 3:信号模拟器 | 4:信号检测 |
|---|---|---|---|---|
| 1:微波暗室 | 1 | 2 | 1/3 | 3 |
| 2:转台特性 | 1/2 | 1 | 1/3 | 3 |
| 3:信号模拟器 | 3 | 3 | 1 | 5 |
| 4:信号检测 | 1/3 | 1/3 | 1/5 | 1 |

然后建立半实物仿真平台的子系统各层指标元素的判断矩阵，如表6-7~表6-10所列。

表6-7 微波暗室的判断矩阵元素表

| $C_2$:微波暗室 | 1:静区特性 | 2:屏蔽特性 |
|---|---|---|
| 1:静区特性 | 1 | 1 |
| 2:屏蔽特性 | 1 | 1 |

## 第6章 用频设备复杂电磁环境适应性评估方法

表 6-8 转台的判断矩阵元素表

| $C_1$:转台特性 | 1:跟踪精度 | 2:跟踪动态特性 |
|---|---|---|
| 1:跟踪特性 | 1 | 1 |
| 2:跟踪动态特性 | 1 | 1 |

表 6-9 干扰模拟模块的判断矩阵元素

| $C_3$:干扰模拟模块 | 1:信号发生器 | 2:环境因素模拟 |
|---|---|---|
| 1:信号发生器 | 1 | 3 |
| 2:环境因素模拟 | 1/3 | 1 |

表 6-10 信号检测模块的判断矩阵元素表

| $C_4$:信号检测模块 | 1:参数检测 | 2:参数传递 | 3:数据存储 |
|---|---|---|---|
| 1:参数检测 | 1 | 2 | 3 |
| 2:参数传递 | 1/2 | 1 | 3 |
| 3:数据存储 | 1/3 | 1/3 | 1 |

建立干扰模拟模块各子层指标判断矩阵分别如表 6-11 和表 6-12 所列。

表 6-11 信号模拟器的判断矩阵元素表

| $C_{31}$信号模拟器 | 1:频率特性 | 2:调制特性 | 3:信号电平 | 4:开关特性 |
|---|---|---|---|---|
| 1:频率特性 | 1 | 2 | 2 | 5 |
| 2:调制特性 | 1/2 | 1 | 1/3 | 2 |
| 3:信号电平 | 1/2 | 3 | 1 | 5 |
| 4:开关特性 | 1/5 | 1/2 | 1/5 | 1 |

表 6-12 环境因素模块的判断矩阵元素表

| $C_{32}$:环境因素模块 | 1:气候因素 | 2:多径 | 3:多普勒 |
|---|---|---|---|
| 1:气候因素 | 1 | 1/3 | 1/2 |
| 2:多径 | 3 | 1 | 3 |
| 3:多普勒 | 2 | 1/3 | 1 |

2) 判断矩阵的一致性检测

由于三阶以下的判断矩阵一定是一致性矩阵,所以不需要判断,这里只对三阶以上(包括三阶)的矩阵进行一致性检验。

计算判断矩阵 $C_0$ 的一致性指标为

$$\text{C.I.} = \frac{\lambda_{max} - n}{n-1} = \frac{4.1042 - 4}{4-1} = 0.0347 \tag{6.36}$$

计算一致性比率为

$$\text{C.R.} = \frac{\text{C.I.}}{\text{R.I.}} = \frac{0.0347}{0.89} = 0.0390 < 0.1 \tag{6.37}$$

满足一致性要求。

同样的方法对以上所以有矩阵进行解算,计算结果如表 6-13 所列。

表 6-13 各判断矩阵的一致性指标和一致性比率值

| 判断矩阵 | $C_4$ | $C_{31}$ | $C_{32}$ |
| --- | --- | --- | --- |
| C.I. | 0.0268 | 0.0376 | 0.0268 |
| C.R. | 0.0515 | 0.0422 | 0.0515 |

经判断一致性比率均满足一致性要求。

3) 判断矩阵的权值计算

权重的确定采用方根法进行求解,得到各指标的权重向量如下。

半实物仿真平台的指标权重向量为

$$\boldsymbol{W} = [0.2375 \quad 0.1680 \quad 0.5174 \quad 0.0771]$$

微波暗室指标权重向量为

$$\boldsymbol{W} = [0.5 \quad 0.5]$$

转台指标权重向量为

$$\boldsymbol{W} = [0.5 \quad 0.5]$$

干扰模拟模块指标权重向量为

$$\boldsymbol{W} = [0.75 \quad 0.25]$$

信号检测通道指标权重向量为

$$\boldsymbol{W} = [0.5278 \quad 0.3326 \quad 0.1396]$$

信号模拟器指标权重向量为

$$\boldsymbol{W} = [0.4315 \quad 0.1550 \quad 0.3377 \quad 0.0768]$$

环境因素模块指标权重向量为

$$\boldsymbol{W} = [0.1571 \quad 0.5936 \quad 0.2493]$$

## 6.3.3 半实物平台置信度评估

在对半实物平台进行置信度评估前,先要确定平台底层指标的可信度,可通过定量模拟进行统计获得,也可通过专家打分方式进行综合分析获得指标可信度。以下是通过试验以及专家打分方式获得的指标可信度,如表 6-14 所列。

表 6-14 平台层次关系和各底层指标可信度

| 层次 0 | 层次 1 | 层次 2 | 层次 3 | 可信度 $q_i$ |
|---|---|---|---|---|
| $C_0$ 电磁环境模拟半实物仿真平台 | 1:微波暗室 | 1:静区特性 |  | 0.95 |
|  |  | 2:屏蔽特性 |  | 0.95 |
|  | 2:转台特性 | 1:跟踪特性 |  | 0.93 |
|  |  | 2:跟踪动态特性 |  | 0.93 |
|  | 3:干扰与综合信号模拟模块 | 1:信号发生器 | 1:频率特性 | 1.00 |
|  |  |  | 2:调制特性 | 1.00 |
|  |  |  | 3:信号电平 | 0.99 |
|  |  |  | 4:开关特性 | 0.97 |
|  |  | 2:环境因素模拟 | 1:气候因素 | 0.85 |
|  |  |  | 2:多径 | 0.85 |
|  |  |  | 3:多普勒 | 0.94 |
|  | 4:信号检测 | 1:参数检测 |  | 0.90 |
|  |  | 2:参数传递 |  | 0.98 |
|  |  | 3:数据存储 |  | 0.99 |

通过底层指标可信度值和分析得到的对应权值,通过层次关系,从下到上可计算出各层指标的置信度。

环境因素模块置信度为

$$q_{31} = \sum_{i=1}^{3} W_{31i} q_{31i} = 0.1571 \times 0.85 + 0.5936 \times 0.85 + 0.2493 \times 0.94 = 0.8724$$

(6.38)

信号模拟器置信度为

$$q_{32} = \sum_{i=1}^{4} W_{32i} q_{32i} = 0.4315 \times 1 + 0.1550 \times 1 + 0.3377 \times 0.99 + 0.0768 \times 0.97$$
$$= 0.9953$$

(6.39)

微波暗室置信度为

$$q_1 = \sum_{i=1}^{2} W_{1i}q_{1i} = 0.5 \times 0.95 + 0.5 \times 0.95 = 0.95$$

转台置信度为

$$q_2 = \sum_{i=1}^{2} W_{2i}q_{2i} = 0.5 \times 0.93 + 0.5 \times 0.93 = 0.93$$

干扰模拟模块置信度为

$$q_3 = \sum_{i=1}^{2} W_{3i}q_{3i} = 0.75 \times 0.8724 + 0.25 \times 0.9953 = 0.9031 \quad (6.40)$$

信号检测模块置信度为

$$q_4 = \sum_{i=1}^{3} W_{4i}q_{4i} = 0.5278 \times 0.90 + 0.3326 \times 0.98 + 0.1396 \times 0.99 = 0.9392$$

$$(6.41)$$

电磁环境模拟半实物仿真平台置信度为

$$q = \sum_{i=1}^{4} W_i q_i = 0.2375 \times 0.95 + 0.1680 \times 0.93 + 0.5174 \times 0.9031 + 0.0771 \times 0.9392$$
$$= 0.9215 \quad (6.42)$$

通过上述解算,电磁环境模拟半实物仿真平台置信度计算结果为0.9215。相关资料显示,半实物仿真平台的置信度优于90%时,一般可认为仿真平台试验结果真实可信。

# 第 7 章 电磁环境演示验证系统

## 7.1 系统功能与组成

### 7.1.1 电磁环境演示验证系统功能

电磁环境演示验证系统具有以下功能：
(1) 多维复杂电磁环境的建模与仿真功能；
(2) 电子对抗复杂电磁环境的快速构建功能；
(3) 多维复杂电磁环境的可视化功能；
(4) 基于场景驱动的复杂电磁环境半实物仿真功能；
(5) 用频设备复杂电磁环境适应性评估功能。

### 7.1.2 电磁环境演示验证系统组成

电磁环境演示验证系统包括两个部分：第一部分是多维复杂电磁环境建模与可视化仿真软件，第二部分是基于场景驱动的复杂电磁环境半实物仿真系统构建[185-186]。电磁环境演示验证系统系统组成如图 7-1 所示。

多维复杂电磁环境建模与可视化仿真软件的功能为：①多维复杂电磁环境的建模与仿真功能；②电子对抗复杂电磁环境的快速构建功能；③多维复杂电磁环境的可视化功能；④用频设备复杂电磁环境适应性评估功能。各部分功能具体如下。

1) 多维复杂电磁环境的建模与仿真功能

(1) 辐射源特性建模功能：主要包括各种雷达信号、通信信号、噪声干扰信号、自然干扰以及天线方向图建模等。

(2) 传播特性建模：主要包括各种基础的传播特性模型，如理论模型、经验模

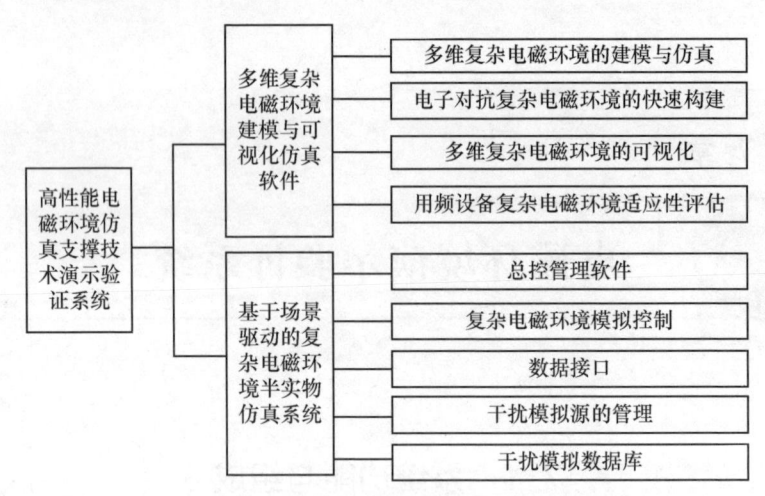

图 7-1　电磁环境演示验证系统组成

型以及特定场景的传输模型等。

（3）分布特性建模：建立了电磁环境的分布特性参数模型。

（4）三维仿真场景元素建模：建立了三维陆战场、海战场场景模型，自然气候模型等。

（5）二维仿真场景符号库建模：建立了二维典型场景图形库和仿真单元符号库模型等。

（6）系统仿真功能：具备电磁环境空间场强分布预测功能；电磁环境下无人机数据链抗干扰仿真功能。

2）电子对抗战场环境的快速构建功能

（1）二维战场仿真环境的快速构建。

（2）三维战场仿真环境的快速构建。

（3）基于二/三维联动的战场环境快速构建。

3）多维复杂电磁环境的可视化功能

（1）电磁辐射源辐射特性的可视化。

（2）电磁环境空间电磁态势可视化。

（3）战场电磁环境多维态势信息可视化。

（4）雷达电磁环境效应的可视化。

4）用频设备复杂电磁环境适应性评估功能

（1）多维复杂战场的电磁环境复杂度。

（2）某无人机数据链复杂电磁环境适应性评估。

（3）雷达复杂电磁环境适应性评估。

基于场景驱动的复杂电磁环境半实物仿真系统的功能如下。
(1) 模拟产生多种体制的雷达、通信及干扰信号。
(2) 实现电磁环境在暗室的物理映射。
(3) 在微波暗室,以某无人机数据链为参试设备,考核无人机数据链的抗干扰能力等。

半实物仿真系统各组成部分协作完成上述功能,具体如下。
(1) 总控管理软件:总控管理软件完成半实物仿真场景的构建、参数设置、仿真准备、仿真过程控制、仿真数据处理等功能。
(2) 复杂环境模拟控制模块:复杂电磁环境模拟完成对多路、不同形式的电磁信号的模拟与控制。
(3) 数据接口模块:实现仿真系统中各控制计算机之间的网络数据交互与控制;完成系统各分模块的初始化参数及实时仿真参数的交互。
(4) 干扰模拟数据库模块:针对不同的干扰类型和仪表类型提供相应的数据支持,建立干扰模拟数据库。
(5) 干扰模拟源管理模块:实现多通道仪表的远程控制功能,调用脚本形式驱动多个干扰源,实现干扰灵活的模拟。

## 7.2 多维复杂电磁环境建模与可视化仿真软件功能

多维复杂电磁环境建模与可视化仿真软件二维、三维主控界面如图7-2和图7-3所示。

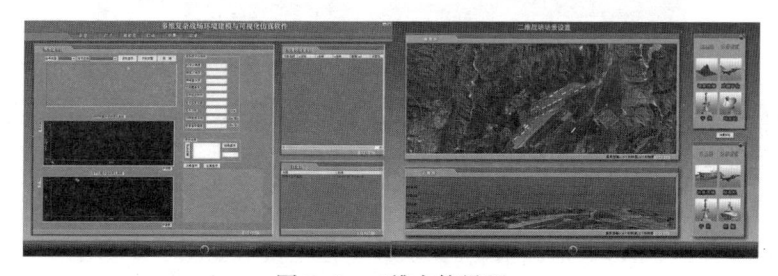

图7-2 二维主控界面

### 7.2.1 多维复杂电磁环境建模与仿真功能

1) 辐射源特性建模功能
主要包括各种雷达信号、通信信号、其他干扰信号、自然干扰以及天线方向图

# 电磁环境仿真与模拟技术
Electromagnetic Environment Modeling and Simulation Technology

图 7-3 三维主控界面

建模等。

软件可仿真实现多种雷达信号模型,仿真软件中雷达信号模型选择菜单如图 7-4 所示,如单载频矩形脉冲信号、相位编码信号、时频编码信号、频率捷变雷达、单频连续波信号、线性调频连续波;仿真软件中部分雷达信号时域、频域波形如图 7-5 所示。

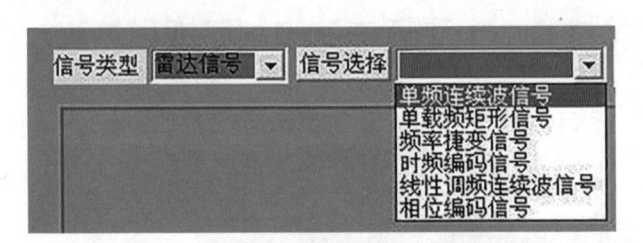

图 7-4 仿真软件中雷达信号模型选择菜单

软件可仿真实现多种通信信号模型,仿真平台通信信号模型选择菜单如图 7-6 所示,包括双边带调幅 AM 信号、单边带调幅(SSB)、频率调制 FM 信号、相位调制 PM 信号、幅度键控 ASK 信号、频率键控 FSK 信号、最小频移键控、相位键控 PSK 信号等;其中部分通信信号时域、频域信号模型如图 7-7 所示。

软件可仿真多种电磁干扰信号模型,仿真平台干扰信号模型选择菜单如图 7-8 所示,包括单频干扰信号、多频干扰信号、扫频干扰信号、线性调频干扰信号、相位编码干扰信号、噪声调幅信号、噪声调频信号、噪声调相信号等;其中部分噪声干扰信号时、频域信号模型如图 7-9 所示。

软件可仿真各种类型的天线方向图模型,包括高斯型、全向型、相控阵、辛克型、余割平方型天线方向图等,如图 7-10 所示。

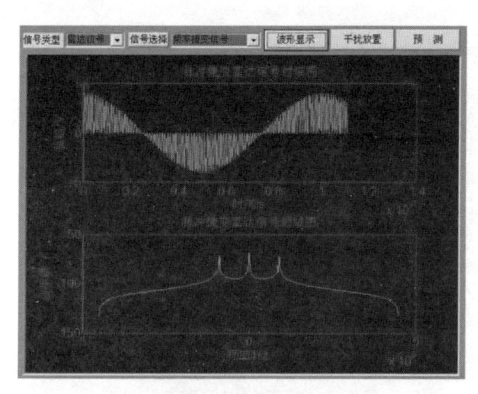

(a) 频率捷变雷达信号模型 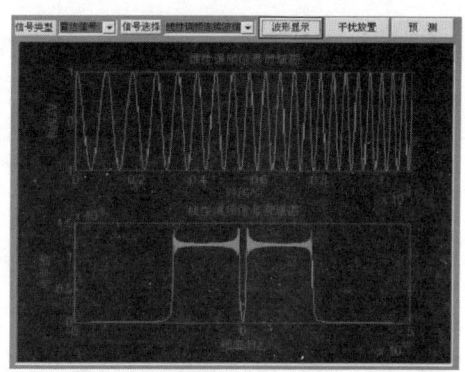　　　　(b) 线性调频连续波模型

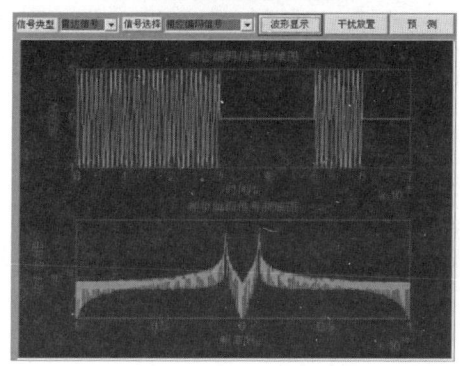

(c) 相位编码信号模型 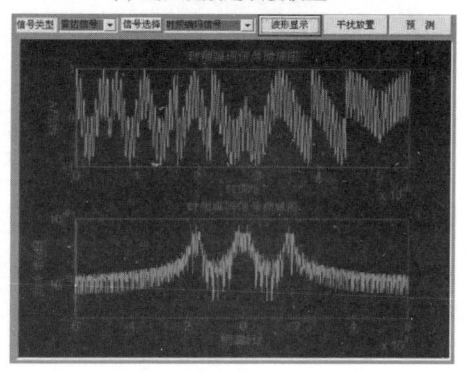　　　　(d) 时频编码信号模型

图 7-5　雷达信号模型

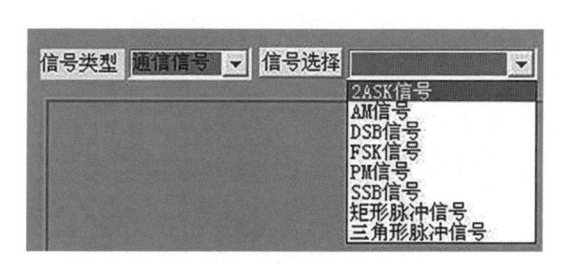

图 7-6　仿真平台通信信号模型选择菜单

2) 传播特性建模

主要包括各种基础的传播特性模型以及特定传输场景的传播特性建模。

软件可仿真以下几种传播特性模型,包括 Egli 模型、Okumura-Hata 模型、CCIR(ITU-R) 模型、COST231-Hatam 模型、Miller-Brown 模型、射线追踪模型、抛物方程模型、统一电波传播模型,如图 7-11 所示。

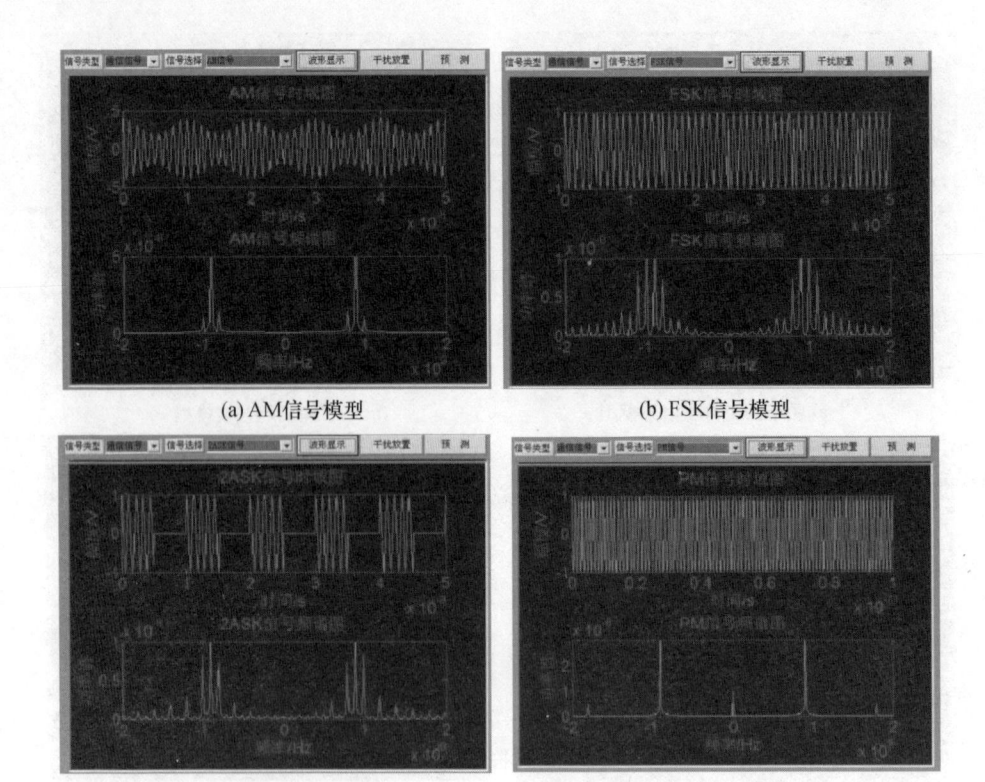

(a) AM信号模型　　　　　　　　　(b) FSK信号模型

(c) 2ASK信号模型　　　　　　　　(d) PM信号模型

图 7-7　通信信号模型

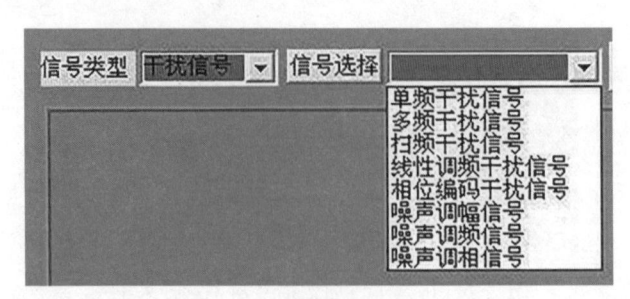

图 7-8　仿真平台干扰信号模型选择菜单

3) 分布特性建模

软件可仿真电磁环境分布特性，仿真界面如图 7-12 所示。分布特性参数分别为：信号功率、频率占有度、频率重合度、时间占有度、空间覆盖率、信号样式种类、功率密度系数、背景信号强度和信号密度系数等。

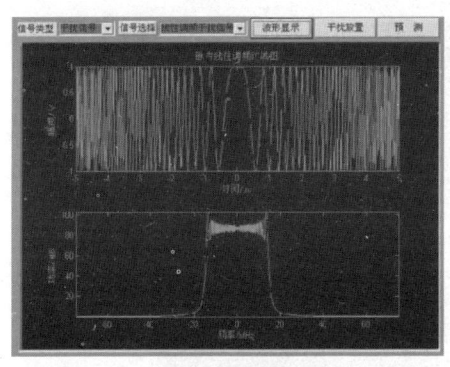

(a) 线性调频干扰信号 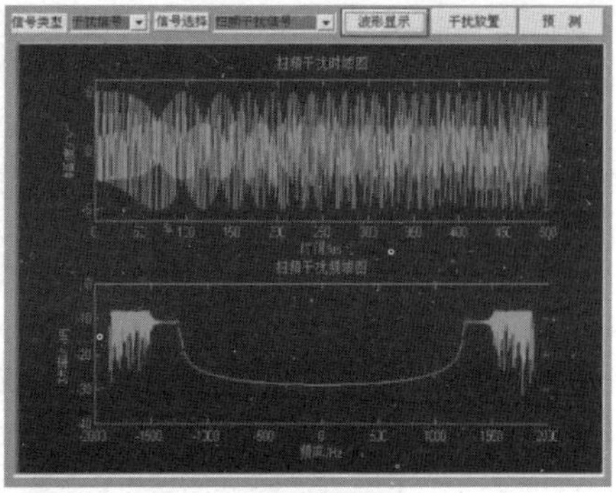　　　　　　　(b) 扫频干扰信号

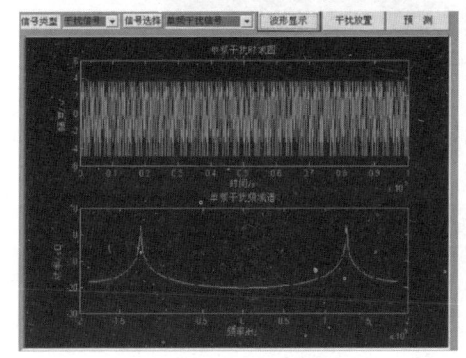

(c) 单频干扰信号 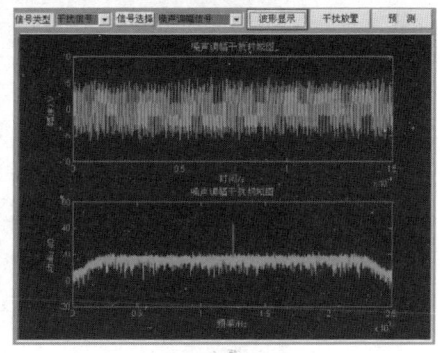　　　　　　　　　(d) 噪声调幅信号

图 7-9　干扰信号模型

4) 三维仿真场景元素建模

软件可仿真多种三维场景模型和三维实体模型,三维场景模型包括:陆地场景模型、海上场景模型、气象因素模型(云、雾、降雨、降雪等),如图 7-13 和图 7-14 所示。

5) 系统仿真功能

软件可实现电磁环境空间场强分布预测功能;辐射源场强分布预测、电磁环境下数据链抗干扰能力仿真功能如图 7-15 和图 7-16 所示。

在图 7-16 中,仿真软件提供数据链在干扰影响下的信干比、误码率的实时显示可为数据链的电磁环境适应性评估提供支持。

## 7.2.2　电子对抗战场环境的快速构建功能

电子对抗战场环境的快速构建功能包括:①二维战场仿真环境的快速构建;②三维战场仿真环境的快速构建;③基于二/三维联动的战场环境快速构建。

(a) 高斯型　　　　　　(b) 全向型　　　　　　(c) 相控阵型

(d) 辛克型　　　　　　(e) 余割平方型

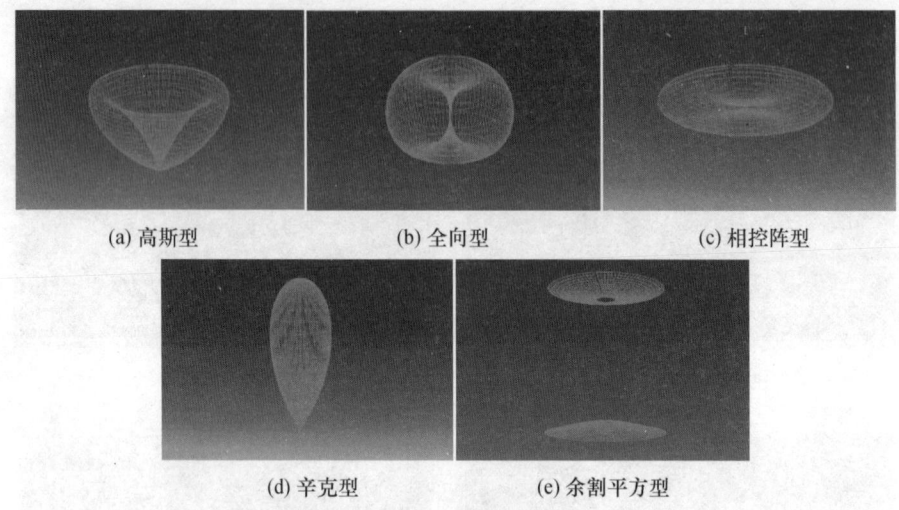

图 7-10　各类型天线方向图模型

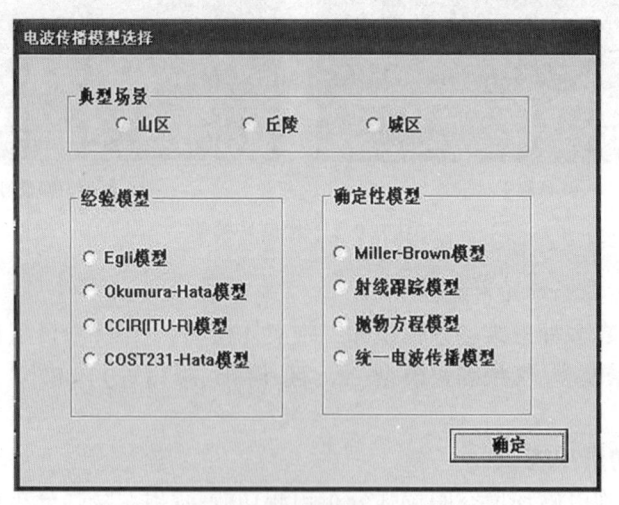

图 7-11　信号传播模型选择框图

软件相关功能已在 3.2 节和 3.3 节给出了展示。

## 7.2.3　多维复杂电磁环境的可视化功能

多维复杂电磁环境的可视化功能包括：①电磁辐射源辐射特性的可视化；②电磁环境空间电磁态势可视化；③战场电磁环境多维态势信息可视化；④雷达电磁环境效应的可视化。软件相关功能实现已在第 4 章给出了展示。

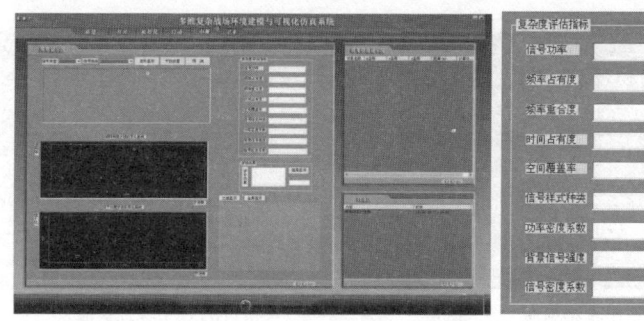

第7章 电磁环境演示验证系统

图 7-12 电磁环境分布特性仿真界面

(a) 陆地场景　　　　　　　　　　(b) 海上场景

图 7-13 陆地、海上场景模型

(a) 雨场景　　　　　　　　　　(b) 雪场景

(c) 雾场景　　　　　　　　　　(d) 云场景

图 7-14 气象因素模型

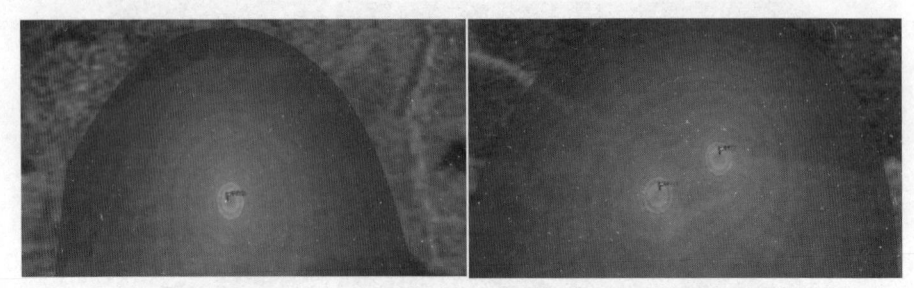

(a) 单干扰辐射源　　　　　　　　　(b) 双干扰辐射源

图 7-15　辐射源场强分布预测

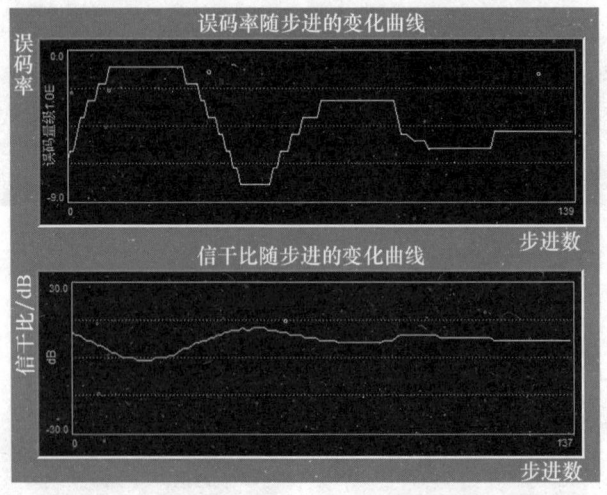

图 7-16　数据链实时信干比、误码率仿真结果显示

另外,在某一区域,显示动态电磁态势可视化模式下,可以对选择区域中某一平面上的场强分布以切片的形式进行显示;假设在战场电磁环境中选择图 7-17 中所示的无人机前方垂直平面上的场强分布,和无人机右侧垂直平面上的电磁态势分布可视化,其切片可视化效果如图 7-17 所示。

在三维电磁态势可视化时,具有电磁环境的空域预测报警功能,即当仿真的武器装备(如无人机)进入危险区域时,会有语音报警提示,并以特殊效果可视化方式显示无人机进入电磁环境危险区域,如图 7-18 所示。

## 7.2.4　用频设备复杂电磁环境适应性评估功能

用频设备复杂电磁环境适应性评估功能包括:①多维复杂战场的电磁环境复

图 7-17　动态区域电磁态势的切片展示方式

图 7-18　无人机进入危险区域时的特效显示

杂度;②用频装备复杂电磁环境适应性评估。

多维复杂战场电磁环境的复杂度评估,首先在设定相关场景参数情况下,构建复杂电磁环境场景,基于所构建的场景,利用复杂度特征参数评估电磁环境的复杂度,相关复杂度参数仿真评估结果显示如图 7-19 所示。

仿真软件建立了复杂电磁环境适应性评估软件模块,包括以下部分:无人机数据链受扰分析模块;无人机机载导航接收机受扰分析模块;评估结果显示模块显示最终的评估结果,各界面如图 7-20 所示。

图 7-19　电磁环境复杂度评估

## 7.3　基于场景驱动的复杂电磁环境半实物仿真系统功能

### 7.3.1　总控管理软件功能

总控管理软件完成半实物仿真场景的构建、参数设置、仿真准备、仿真过程控制、仿真数据处理等功能。半实物仿真场景的构建，首先进行仿真初始化，然后选定参战单元(无人机、地面站及干扰)，并设置参数(功率、频率等)，设置成功后保存到数据库，进而完成仿真场景构建与仿真准备[187-188]，总控管理软件界面如图 7-21 所示。

总控管理软件可通过导入背景选择对话框，实现仿真场景地形的动态切换与显示如图 7-22 所示。

总控管理软件通过仿真网络，控制半实物仿真系统中的各台计算机同步协调工作。仿真网络中各控制计算机的同步协调界面信息如图 7-23 所示。

在仿真启动前，需要先进行主控机与发射机、接收机的网络连接，进行信息交互，实现网络中各控制计算机的同步协调。

第 7 章　电磁环境演示验证系统

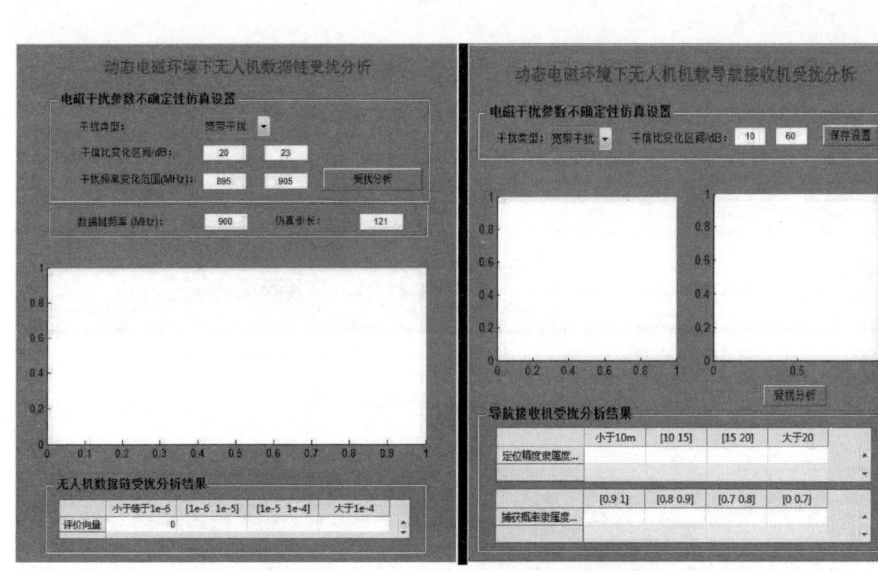

(a) 无人机数据链受扰分析　　　(b) 无人机机载导航接收机受扰分析

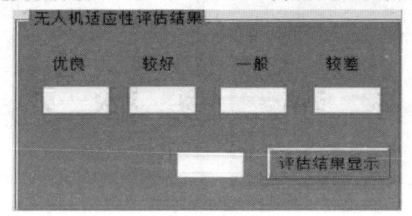

(c) 评估结果显示

图 7-20　无人机复杂电磁环境适应性评估界面

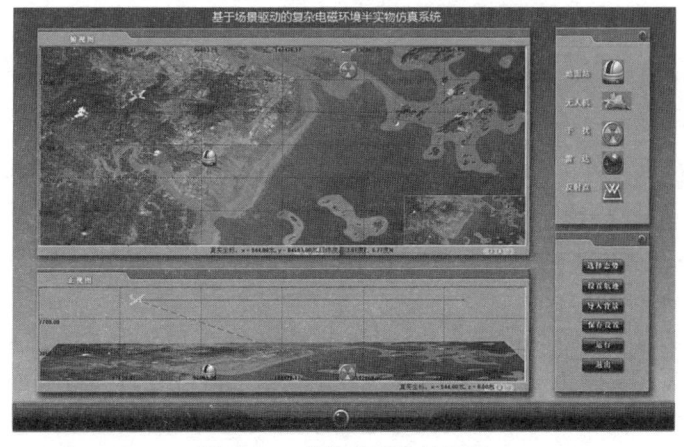

图 7-21　总控管理软件界面

(a) 地形选择　　　　　　　　　(b) 场景地形显示

图 7-22　仿真场景地形的动态切换

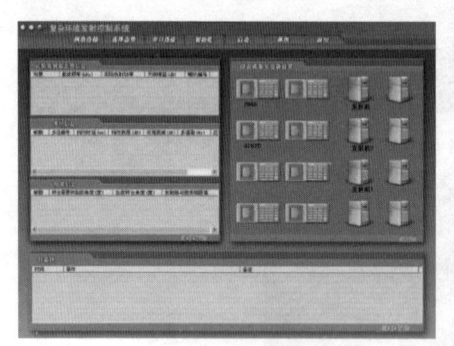

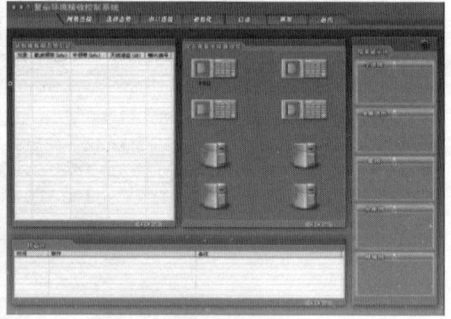

(a) 发射机控制界面　　　　　　(b) 接收机控制界面

图 7-23　仿真网络中各控制计算机的同步协调信息

## 7.3.2　复杂电磁环境模拟控制功能

复杂电磁环境模拟控制主要功能为完成多路、不同形式的电磁信号的模拟与控制。完成电磁信号的模拟与控制，是在仿真场景的驱动下，通过基于灰色关联的场景映射方法进行外部场景的微波暗室影射，具体的实现是通过控制连接在多入、多出微波开关上的模拟设备实现多路、不同形式的电磁信号的控制，并通过功率误差修正算法，补偿由于映射角度误差引起的功率失真，实现对多路、不同形式的电磁信号的精确模拟与控制。

下面以某无人机数据链为例，说明通过对多入/多出微波开关的动态切换，完成干扰辐射源天线的角度及方位与暗室发射天线的匹配。具体过程如下。

实时计算干扰源相对于无人机与地面站连线之间的角域关系，通过开关切换算法，更新仿真场景中干扰源应采用的辐射天线。微波动态开关切换的原理如图 7-24 所示，设微波暗室内干扰源辐射天线相对于地面站与转台连线之间的角度分别为：10°、30°、50°、70°、-70°、-50°、-30°、-10°。

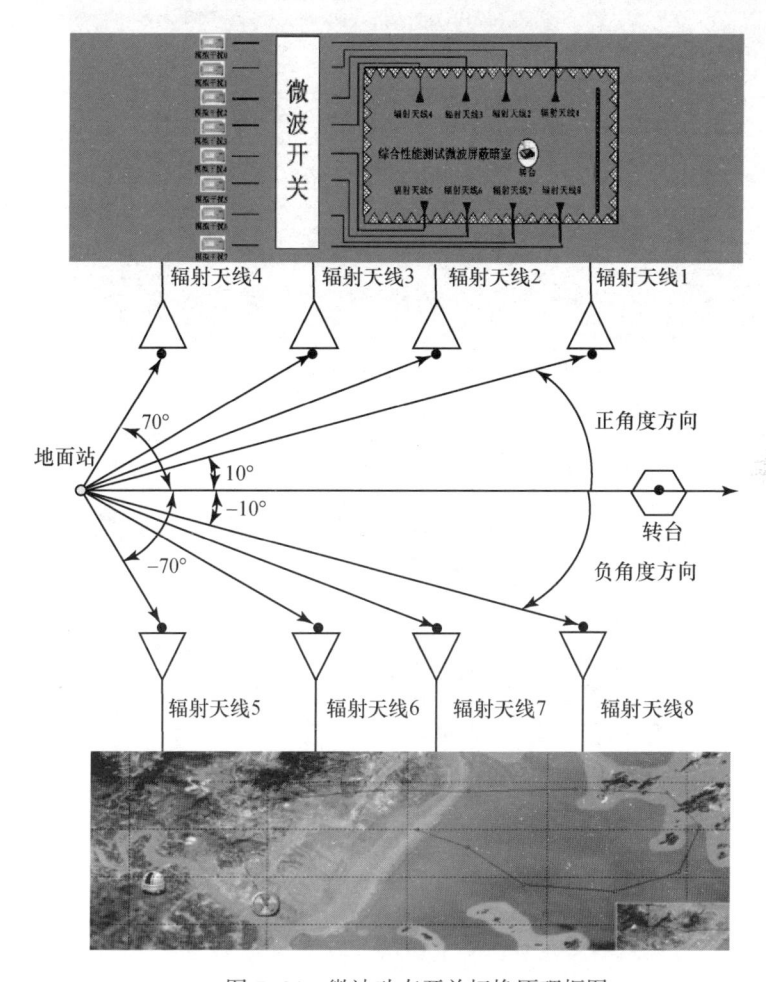

图 7-24 微波动态开关切换原理框图

（1）当存在一个干扰源时，微波开关的动态切换仿真。

假设某无人机数据链的仿真场景如图 7-25 所示。设地面站位置坐标为：(57.6,79.7)，干扰源位置坐标为：(96.5,87.7)，无人机在每个关键仿真点位置坐标分别为(72.9,49.1)、(82.4,44.7)、(90.5,44.2)、(100.4,45.2)、(109.8,49.8)，坐标单位为 km。

暗室内微波开关与天线对应关系如图 7-26 所示。

在每一个仿真节点，计算干扰源与地面站到无人机连线之间的角域关系，通过控制微波开关切换算法，微波动态开关切换结果如图 7-27 所示。

电磁环境仿真与模拟技术
Electromagnetic Environment Modeling and Simulation Technology

图 7-25 数据链仿真场景(见彩图)

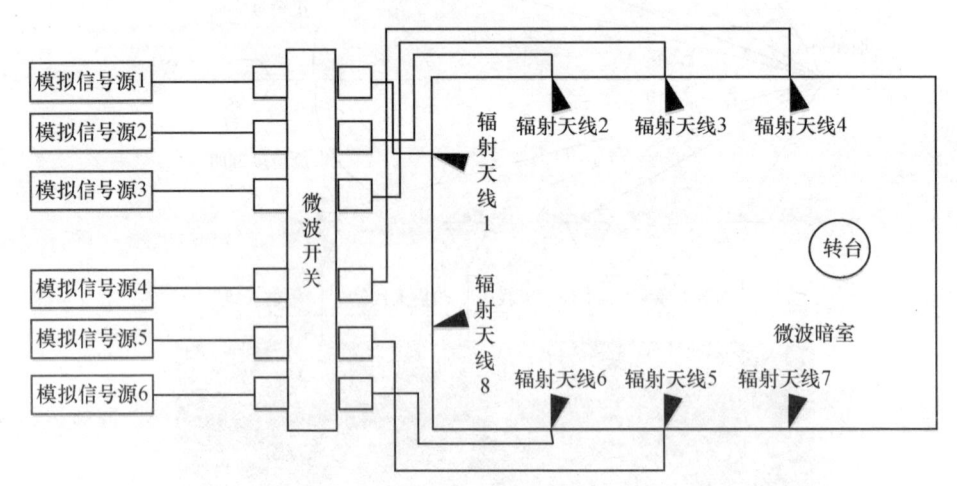

图 7-26 暗室内微波开关与天线对应关系

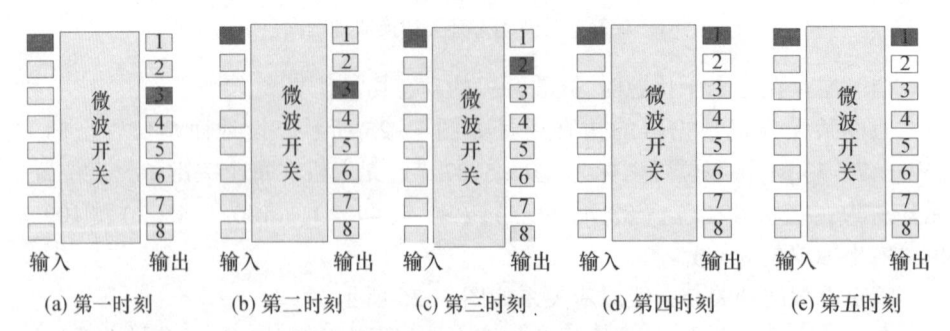

(a) 第一时刻　　(b) 第二时刻　　(c) 第三时刻　　(d) 第四时刻　　(e) 第五时刻

图 7-27 不同时刻开关切换结果

第一时刻:无人机坐标为(72.9,49.1),开关切换结果如图7-27(a)所示,选3号端口为干扰辐射端口。

第二时刻:无人机坐标为(82.4,44.7),开关切换结果如图7-27(b)所示,选3号端口为干扰辐射端口。

第三时刻:无人机坐标为(90.5,44.2),开关切换结果如图7-27(c)所示,选2号端口为干扰辐射端口。

第四时刻:无人机坐标为(100.4,45.2),开关切换结果如图7-27(d)所示,选1号端口为干扰辐射端口。

第五时刻:无人机坐标为(109.8,49.8),开关切换结果如图7-27(e)所示,选1号端口为干扰辐射端口。

(2) 当存在两个干扰源时,微波开关的动态切换仿真。

设置存在两个干扰源时仿真场景如图7-28所示。地面站坐标为(90.4,96.0),干扰源1采用SMA100A模拟,其坐标为(114.3,98.4),干扰源2采用E8267D模拟,其坐标为(65.2,764.3),无人机在某三个仿真节点其坐标分别为(78.6,48.1)、(112.1,56.8)、(142.6,55.9),坐标单位为km。

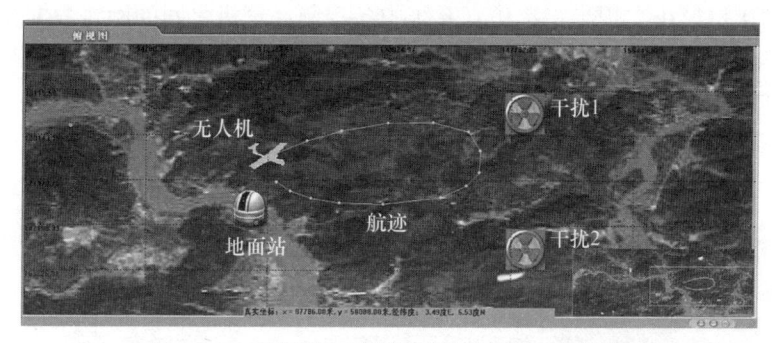

图7-28 存在两个干扰源时仿真场景(见彩图)

通过计算干扰源1与地面站到无人机连线之间的角域关系,计算干扰源2与地面站到无人机连线之间的角域关系,基于上述解算的角域关系控制微波开关切换算法,干扰源1、干扰源2的微波开关切换结果如图7-29所示。

第一时刻:无人机坐标为(78.6,48.1),开关切换结果如图7-29(a)所示,选择2号和7号端口作为两个干扰源的辐射端口。

第二时刻:无人机坐标为(112.1,56.8),开关切换结果如图7-29(b)所示,选择2号和7号端口作为两个干扰源的辐射端口。

第三时刻:无人机坐标为(142.6,55.9),开关切换结果如图7-29(c)所示,选择1号和7号端口作为两个干扰源的辐射端口。

(a) 第一时刻　　　　　　(b) 第二时刻　　　　　　(c) 第三时刻

图 7-29　不同时刻开关切换结果

由上述结果可知，通过实现多入/多出微波开关的动态切换，满足理论计算的干扰源（单干扰和多干扰情况）与地面站到无人机连线之间的角域关系与实际辐射天线的角度的优化匹配。

### 7.3.3　数据接口模块功能

数据接口模块实现半实物仿真系统中各控制计算机之间的网络数据交互与控制；完成半实物仿真系统各分模块的初始化参数及实时仿真参数的交互。

半实物仿真系统中各控制计算机之间的网络数据交互与控制是通过 SOCKET 通信，实现各个控制计算机之间的数据交换与控制，并在不同控制计算机日志区实时显示数据的交互状态，如图 7-30 所示。

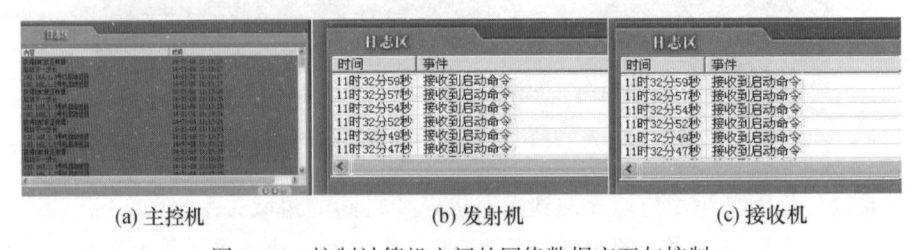

(a) 主控机　　　　　　(b) 发射机　　　　　　(c) 接收机

图 7-30　控制计算机之间的网络数据交互与控制

在图 7-30 中，日志区分别显示主控机、发射机和接收机间的数据交互，主控机发送控制指令，发射和接收机获取主控机的启动命令并向主控机反馈；并完成系统各分模块的初始化参数设置及实时仿真参数的交互，如图 7-31 所示。

图 7-31 显示了半实物仿真主控系统与发射、接收端控制系统之间的数据交互，主控系统设置通信信号并选择使用仪表，发射、接收端接收无人机通信信息，表明主控系统与收发端控制系统数据交互的正常。

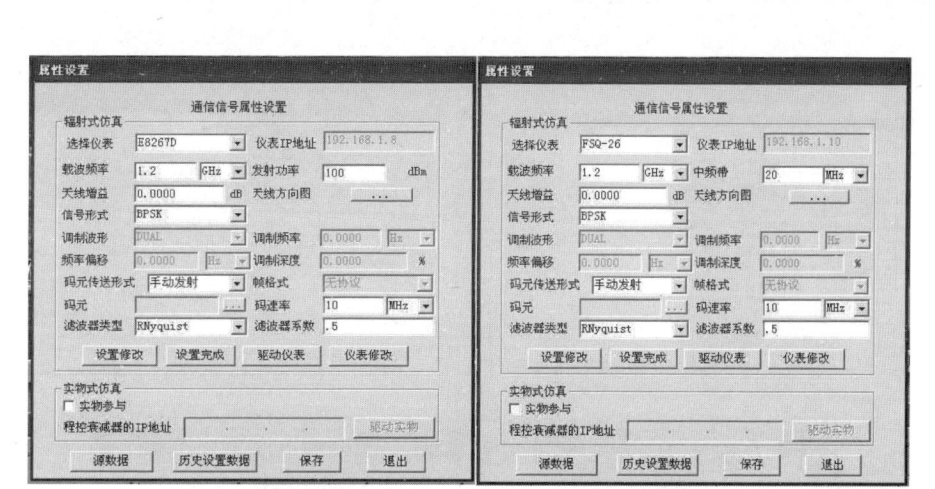

(a) 通信发射信号模拟初始化参数设置　　(b) 通信信号监测设备初始化参数设置

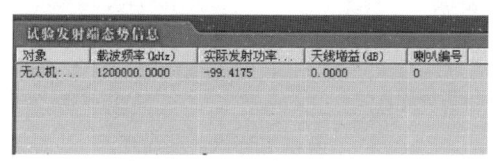

(c) 试验发射端态势信息实时交互显示

图 7-31　初始化参数设置及实时仿真参数交互

## 7.3.4　干扰模拟数据库模块

干扰模拟数据库模块可针对不同的干扰类型和仪表类型提供相应的数据支持，建立干扰模拟数据库以及完成对数据的增添、修改和删除。通过建立干扰数据库，为干扰模拟提供依据，对干扰数据库的读取、修改、删除等功能的实现模块显示如图 7-32 所示。

## 7.3.5　干扰模拟源管理模块

干扰模拟源管理模块实现多通道仪表的远程控制功能，调用脚本形式驱动多个干扰源，实现干扰灵活的模拟。通过数据库存储仪表管理数据，实现对干扰信号模拟的管理，仪表管理数据库如图 7-33 所示。

在图 7-33 中，通信发射仪表有 SMU200A、E8267D、SMF100A、SMA100A，接收仪表为 FSQ-26，仪表所能产生的信号类型及仪表的 IP 地址也存入数据库，方便实现多通道仪表管理的远程控制。利用仪表产生干扰信号时，通过读取脚本文件，驱动相应仪表模拟干扰信号，SMA100A 脚本驱动仪表产生单频连续波信号干扰信号如图 7-34 所示。

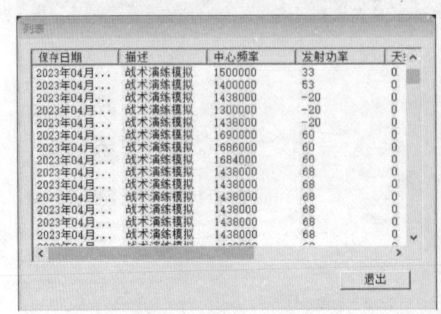

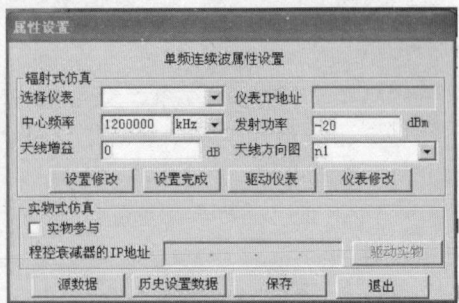

(a) 数据库读取

(b) 数据库修改

(c) 数据库删除

图 7-32 干扰模拟数据库

(a) 仪表管理数据

(b) 仪表控制数据

图 7-33 仪表管理数据库

## 7.3.6 复杂电磁环境半实物仿真系统应用

在模拟的复杂电磁环境下,实现了某无人机数据链抗干扰能力的仿真评估。

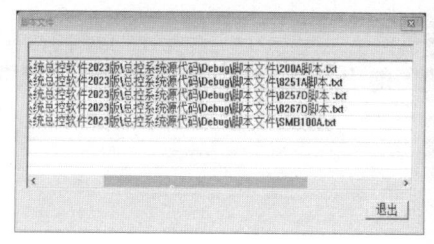

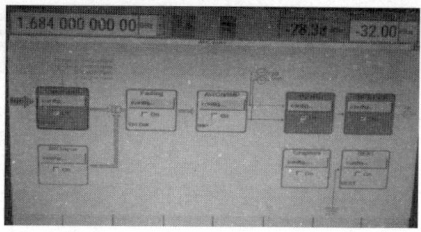

图 7-34　脚本驱动仪表方式

#### 7.3.6.1　应用仿真试验系统框图

无人机数据链抗干扰能力的仿真验证的试验系统框图如图 7-35 所示。

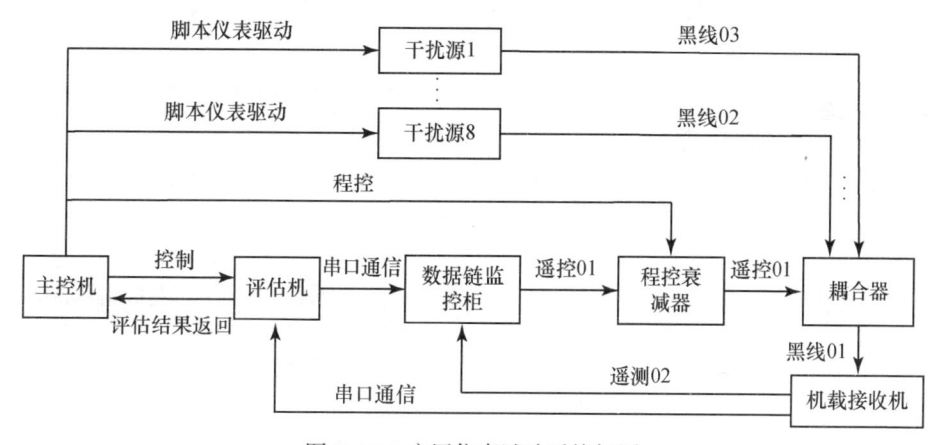

图 7-35　应用仿真试验系统框图

应用仿真试验系统通过主控机，利用脚本驱动微波仪表以及相关设备，可模拟无人机数据链面临的多路干扰信号，实时动态仿真验证某无人机数据链在动态电磁环境的误码性能，考核无人机数据链的抗干扰能力。在应用仿真试验中使用的主要仪器设备如表 7-1 所列，仿真系统使用的主要设备及现场如表 7-1 所列。

表 7-1　仿真所需仪器设备清单

| 序号 | 所需仪器仪表 | 数量 |
| --- | --- | --- |
| 1 | 信号源 | 4 |
| 2 | 向量信号分析仪 | 1 |
| 3 | 程控衰减器 | 1 |
| 4 | 多入/多出微波开关 | 1 |
| 5 | 数据链监控柜 | 1 |

### 7.3.6.2 某无人机数据链数字仿真模型

为了验证电磁环境下半实物仿真系统的能力,设以数据链为例,建立了数据链受扰分析模型,仿真建模过程如下。

1) 信号体制

设数据链信号体制为扩频信号,可表示为

$$S_U(t) = \sqrt{2P_U} d_{UI} PN_I(t) \cos(2\pi f_U t) \tag{7.1}$$

式中　$P_U$——发射信号功率;

　　　$d_{UI}$——发射信号速率;

　　　$PN_I$——扩频码;

　　　$f_U$——载波频率。

2) 发射机模型

数据链产生的控制指令经过相应的信号处理,完成扩频,扩频信号对本地载波信号进行调制生成载波调制信号,然后送至功率放大器进行功率放大,最后将放大后的射频信号经过馈线或以辐射的形式发送到天线发射出去。发射机模型示意图如图 7-36 所示。

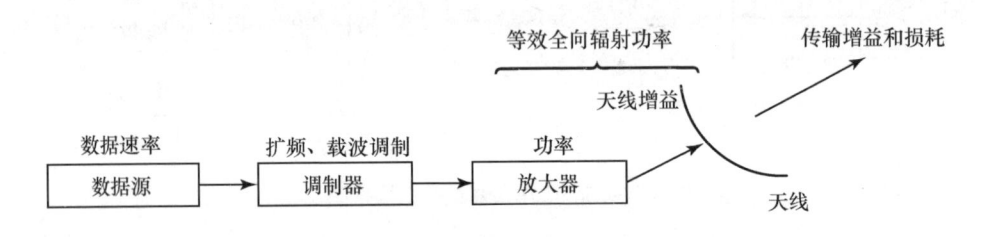

图 7-36　发射机模型示意图

3) 接收机模型

某无人机数据链机载天线接收到的上行遥控信号经过高频放大、混频处理、中频放大,得到中频信号,再经过滤波、整形进行解扩、解调后,得到遥控基带信号数据流并送至飞控机处理。接收机模型示意图如图 7-37 所示。

4) 某无人机数据链上行链路受扰分析模型

某无人机数据链上行链路受扰分析原理框图如图 7-38 所示。

### 7.3.6.3 受扰分析模型与半实物仿真结果的比对

1) 噪声情况下某无人机数据链的误码率仿真

在未加人为电磁干扰情况下,仅存在噪声干扰,在相同的情况下对受扰分析模型与半实物仿真结果进行了比对。

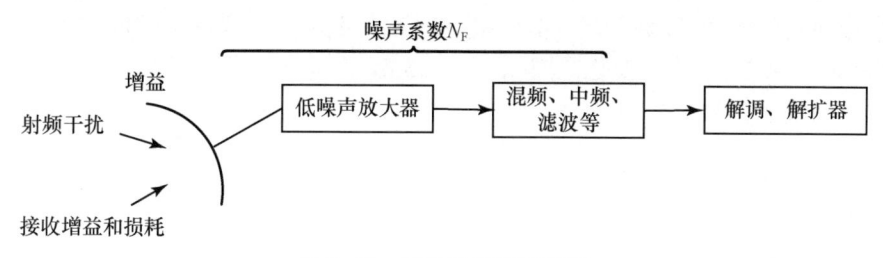

图 7-37 接收机模型示意图

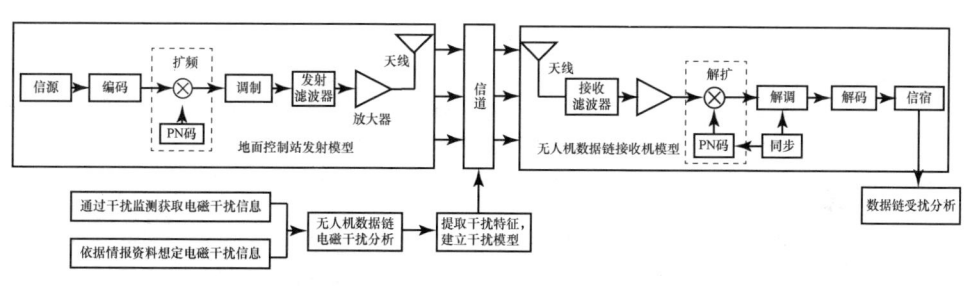

图 7-38 某无人机数据链上行链路受扰分析原理框图

假设仿真的初始参数设置如下：数据链信号发射功率为 $-50\text{dBm}$，噪声功率为 $-70\text{dBm}/10\text{MHz}$。噪声干扰下数字与半实物仿真数据链误码曲线比较如图 7-39 所示。

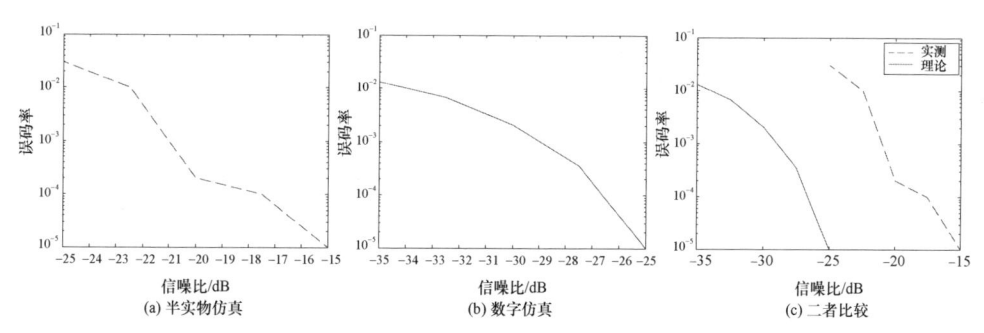

图 7-39 噪声干扰下数字与半实物仿真数据链误码曲线比较

从图 7-39 中可看出，受扰分析模型与半实物仿真数据链误码曲线趋势一致，但存在一定误差，经分析是数据链机载实物接收机或半实物仿真系统存在的固有误差所致。

2) 人为干扰下无人机数据链的误码率仿真

在人为电磁干扰情况下，在相同的场景下对受扰分析模型与半实物仿真结果进行分析评估。

设仿真的初始参数设置如下:遥控信号发射功率为 $-40\text{dBm}$,噪声功率 $-70\text{dBm}/13\text{MHz}$,信干比变化范围 $-11\sim-7.5\text{dB}$,人为电磁干扰下数字与半实物仿真误码曲线比较如图 7-40 所示。

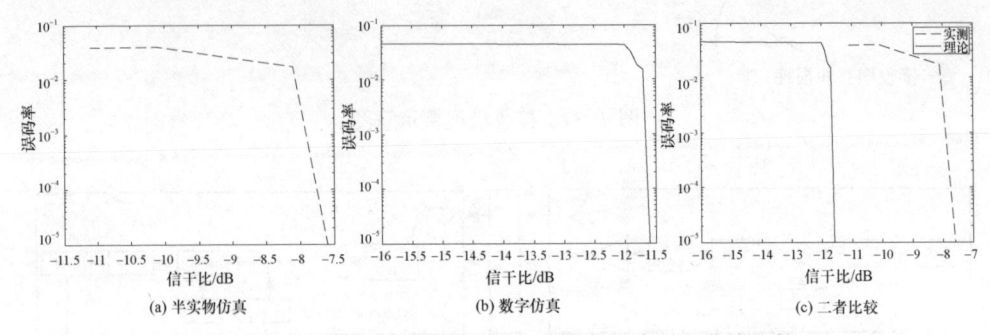

图 7-40　人为电磁干扰下数字与半实物仿真误码曲线比较

从图 7-40 中可看出,受扰分析模型与半实物仿真数据链误码曲线趋势一致,因此,使用复杂电磁环境半实物仿真系统可验证无人机数据链的抗干扰能力。

# 结 束 语

本书针对复杂电磁环境建模与模拟中的难点、热点以及基础性问题进行了深入探讨,得到了具有实际意义的研究成果,主要包括以下几个方面。

1) 在多维复杂电磁环境的建模与仿真方面

分析了战场电磁环境的构成,给出了基于层次关系的电磁环境综合描述方法;介绍了基于本体论的电磁环境仿真概念模型;建立了多维复杂电磁环境的仿真模型、包括辐射、传输、分布特性模型;论述了复杂电磁环境的探索性仿真方法,可仿真分析电磁环境的不确定性对用频设备性能的影响,为仿真探索复杂电磁环境的不确定性对用频设备性能的影响提供了新思路。

2) 在多维复杂电磁环境的可视化技术方面

针对抽象、不可见的复杂电磁环境,给出了多维电磁环境的三维球体可视化方法;建立了电磁辐射源以及受干扰情况下的空间域三维数据场,介绍了基于混合采样并结合面绘制的可视化方法,实现了辐射源及其电磁环境效应的可视化;通过建立动态的空间电磁态势"体数据场",利用基于区间映射的体绘制方法实现了电磁环境的态势可视化。为全面、系统展示复杂电磁环境的整体态势以及电磁环境对用频设备的影响效应提供了技术途径。

3) 在复杂电磁环境的快速构建技术方面

建立了战场环境的符号库与实体模型,介绍了基于符号库分类管理的快速构建技术;采用 LynX Prime 脚本定制方法,给出了基于脚本的复杂电磁环境快速配置方法,实现了三维实体模型的批量快速加载;还介绍了基于二维/三维联动的拖拽式复杂电磁环境的快速构建方法,通过统一模型数据和消息驱动技术,实现了电磁环境二维/三维场景之间的快速映射。为在仿真系统中快速生成想定的复杂电磁环境提供了技术支撑。

4) 在基于场景驱动的复杂电磁环境半实物仿真技术方面

分析了电磁环境仿真场景的构成,给出了基于灰色关联理论的复杂电磁干扰场景映射方法,实现了外部电磁干扰场景在室内微波暗室的逼真映射;介绍了基于脚本的电磁干扰模拟源动态驱动技术,可驱动不同类型的电磁干扰模拟源产生想定的复杂电磁干扰环境,实现了复杂电磁环境在微波暗室的半实物仿真,为考核用频设备在复杂电磁环境下的适应性提供了新手段。

5) 在用频设备复杂电磁环境适应性评估方法方面

依据电磁环境的复杂性、不确定性特点,介绍了基于不确定性分析的模糊综合评估方法,该方法在电磁环境的不确定参数空间中通过对评估指标的探索性分析,并利用概率密度分布等描述电磁环境对评估指标的影响,保证了模糊矩阵建立的合理性,可提高评估结果的置信度。

# 参考文献

[1] 刘尚合,孙国至. 复杂电磁环境内涵及效应分析[J]. 装备指挥技术学院学报,2008,1(19):1-5.

[2] 王汝群. 战场电磁环境[M]. 北京:解放军出版社,2016.

[3] 邵国培. 战场电磁环境的定量描述与模拟构建及复杂性评估[J]. 军事运筹与系统工程,2007,21(4):17-20.

[4] 汪连栋,许雄,曾勇虎. 复杂电磁环境问题的产生与研究[J]. 航天电子对抗,2013,2(29):20-26.

[5] JAEKEL B. Electromagnetic environment phennomena, classfication, compatibility and immunity levels[C]. EUROCON,2009:1498-1502.

[6] 梁高光. 复杂电磁环境仿真研究[D]. 北京:北京邮电大学,2013.

[7] 石昕阳,宋东安,方重华,等. 多舰平台间雷达电磁环境预测研究[J]. 装备环境工程,2011,8(2):42-45.

[8] 高颖,王凤华,张政,等. 基于本体的电磁环境描述与仿真概念模型[J]. 武汉理工大学学报,2013,36(8):120-126.

[9] 叶礼邦,耿宏峰,焦斌,等. 基于 Multi-Agent 技术的动态电磁环境建模与仿真[J]. 火力与指挥控制,2016,41(4):43-47.

[10] 许雄,汪连栋,曾勇虎. 复杂电磁环境模拟的研究思路分析[J]. 航天电子对抗,2013,29(6):48-54.

[11] 李修和. 战场电磁环境建模与仿真[M]. 北京:国防工业出版社,2014.

[12] 王磊,苏东林,谢树果. 飞机进近着陆电磁环境建模与辐射分布分析[J]. 北京航空航天大学学报,2012,38(10):1369-1374.

[13] 程健庆,余云智. 信息化战场条件下复杂电磁环境仿真建模技术[J]. 舰船电子工程,2008,28(8):152-157.

[14] 杨万海. 雷达系统建模与仿真[M]. 西安:西安电子科技大学出版社,2007.

[15] 贾琳. 雷达辐射源识别方法研究与实现[D]. 北京:北京理工大学,2014.

[16] 何正日. 雷达辐射源识别方法研究与实现[D]. 西安:西安电子科技大学,2015.

[17] 王晶,李智,来嘉哲,等. 战场电磁环境系统研究[J]. 现代防御技术,2010,38(5):96-100.

[18] 李莉. 天线与电波传播[M]. 北京:科学出版社,2009.

[19] 黄培培. 通信辐射源特征提取技术研究[D]. 成都:电子科技大学,2017.

[20] 汤扣林. 电磁态势的气象环境影响分析[J]. 指挥信息系统与技术,2014,5(5):20-24,48.

[21] 王月清,王先义. 电波传播模型选择及场强预测方法[M]. 北京:电子工业出版社,2015.

[22] 郭淑霞,单雄军,张政,等. 典型场景下电波传播特性建模[J]. 激光技术,2015,39(1):124-128.

[23] 张永栋. 基于抛物方程的电波传播问题研究[D]. 长沙:国防科学技术大学,2011.

[24] LEVY M. 电磁波传播的抛物方程方法[M]. 王红光,张利军,等译. 北京:电子工业出版社,2017.

[25] HARDIN R H,TAPPERT F D. Application of the split-step fourier method to the numerical solution of nonlinear and variable coefficient wave equation[J]. SIAM Review,1973,15(2):423-429.

[26] CLAERBOUT J F. Fundamentals of geophysical data processing with application to petroleum prospect[M]. New York:McGraw-Hill Press,1976.

[27] FEIT M D,FLECK J A. Light propagation in graded-index fibers[J]. Application Optics,1978,17(24):3990-3998.

[28] BARRIOS A E. Terrain parabolic equation model(TPEM)[Z]. San Diego. Naval Command Control and Ocean Surveillance Center,RDT&E Division,ltd.,1996.

[29] THOMSON D J,CHAPMAN N R. A wide-angle split-step algorithm for the parabolic equation[J]. Journal of the Acoustical Society of America,1983,74(6):1848-1854

[30] 高颖,邵群,闫彬舟,等. 复杂环境下标准抛物方程变步长解法[J]. 西北工业大学学报,2019,37(10):878-885.

[31] KUTTLER J R. Differences between the narrow-angle and wide-angle propagators in the split-step fourier solution of the parabolic wave equation[J]. IEEE Antennas and Propagation,1999,47(7):1131-1140.

[32] BARRIOS A E. A terrain parabolic equation model for propagation in the troposphere[J]. IEEE Transactions on Antennas and Propagation,1994,42(1):2706-2714.

[33] 胡绘斌,毛钧杰,柴舜连. 宽角抛物方程的格林函数及其应用[J]. 电子学报,2006,34(3):517-520.

[34] KUTTLER J,JANASWAMY R. Improved fourier transform methods for solving the parabolic wave equation[J]. Radio Science,2002,37(2):1-11.

[35] GAO Y,SHAO Q,YAN B Z,et al. Variable step size technique for the parabolic equation in complex environmental conditions[J]. IEEE ACCESS,2019,VOLUME 7:137305-137316.

[36] DOCKERY D,KUTTLER J R. An improved impedance-boundary algorithm for Fourier split-step solutions of the parabolic wave equation[J]. IEEE Transactions on Antennas and Propagation,1996,44(12):1592-1599.

[37] KUTTLER J R,DOCKERY D. Theoretical description of the parabolic approximation/Fourier split-step method of representing electromagnetic propagation in the troposphere[J]. Radio Science,1991,26(2):381-393.

[38] KUTTLER J R,HUFFAKER J D. Solving the parabolic wave equation with a rough surface boundary condition[J]. Acoustical Society of America Journal,1993,94(4):2451-2453.

[39] DOZIER L B. A numerical treatment of rough surface scattering for the parabolic wave equation [J]. Journal of the Acoustical Society of America,1981,75(5):1415-1432.

[40] BARRIOS A E. Parabolic equation modeling in horizontally inhomogeneous environments[J]. IEEE Transactions on Antennas and Propagation,1992,40(7):791-797.

[41] GAO Y,SHAO Q,YAN B Z,et al. Parabolic equation modeling of electromagnetic wave propagation over rough sea surfaces[J]. Sensors,2019,19(5):1252.

[42] 杨永侠. 电磁场与电磁波[M]. 西安:西北工业大学出版社,2011.

[43] 郭淑霞,张磊,董文华,等. 区域电磁环境的动态特性表征[J]. 西北工业大学学报,2016,34(4):703-707.

[44] 韩旭,丁帅,贾青松. 基于时间反演的强电磁脉冲空间功率合成技术研究[C]//第四届全国复杂电磁环境技术及应用学术会议论文集. 杭州:中国兵工学会,2021:32-41.

[45] 高颖,陈旭,周士军,等. 基于光线投射的电磁态势实时可视化[J]. 兵工学报,2015,36(12):2306-2314.

[46] 柯宏发,陈永光,胡利民,等. 电子装备试验不确定性信息处理技术[M]. 北京:国防工业出版社,2013.

[47] CHEN H Y. Uncertainty quantification and uncertainty reduction techniques for large-scale simulations[D]. Virginia:The Virginia Polytechnic Institute and State University,2009.

[48] 郭淑霞,王亚锋,单雄军,等. 复杂电磁环境下雷达探测效能的探索性分析[J]. 西北工业大学学报. 2015,33(5):837-842.

[49] 潘明聪,贺毅辉,徐伟,等. 不确定性作战任务形式化描述方法[J]. 指挥控制与仿真,2014,36(3):28-31.

[50] GIFUNI A,FERRARA G,SORRENTINO A,et al. Analysis of the measurement uncertainty of the absorption cross section in a reverberation chamber[J]. IEEE Transactions on Electromagnetic Compatibility,2015,57(5):1262-1265.

[51] 张斌,胡晓峰,张昱. 基于效能评估的复杂电磁环境探索性仿真方法[J]. 系统仿真学报,2009,21(24):7715-7726.

[52] DAVIS P. Exploratory analysis enabled by multiresolution,multiperspective modeling[C]//Proceedings of the 2000 Winter Simulation Conference. Orlando:IEEE,2000.

[53] GAO P W,ZHI Y F,HU C F. Dynamic characteristics analysis and applications of electromagnetic environment based on group perception[J]. International Journal of Antennas and Propagation,2022:1-10.

[54] 周少平,李群,王维平. 支持武器装备体系论证的探索性可视分析框架研究[J]. 系统仿真学报,2007,19(19):2066-2079.

[55] SACHA D,STOFFEL A,STOFFEL F,et al. Knowledge generation model for visual analytics[J]. IEEE Transactions on Visualization & Computer,2014,20(72):1604-1613.

[56] 王汝群,胡以华. 战场电磁环境[M]. 北京:解放军出版社,2006.

[57] 洪丽娜,何洪涛,蒙洁,等. 战场复杂电磁环境要素分析[J]. 河北科技大学学报,2011,32

(4):1-5.

[58] CALIN M D,URSACHI C,HELEREA E. Electromagnetic environment characteristics in an urban area[C]//International Symposium on Electrical and Electronics Engineering. Galati:IEEE,2013.

[59] 胡诗.作战方案全要素仿真推演技术研究[J].舰船电子工程,2019,39(12):11-17.

[60] 周波,申绪涧,戴幻尧,等.基于逼真度的战场电磁环境构建要素分析[J].电子信息对抗技术,2014,29(5):17-20.

[61] 邵国培,刘雅奇,何俊.战场电磁环境的定量描述、模拟构建与复杂性评估[J].电子对抗,2010,1(1):2-5.

[62] 汪连栋.复杂电磁环境概论[M].北京:国防工业出版社,2015.

[63] 吕曹芳,刘传旭,郝延军.基于空间信息技术的陆战场态势需求研究[J].舰船电子工程,2015,35(2):14-16,56.

[64] 明芳.海战场三维态势可视化技术研究[D].北京:中国舰船研究院武汉数字工程研究所,2011.

[65] STAN D. The electric, magnetic & electromagnetic environment[M]. PART 2,23 January,2007:59-411.

[66] MA L Y,WANG Y M,CHEN Y Z H. Continuous-Wave electromagnetic environment effects on laser radar[J]. High Power Laser and Particle Beams,2021,33:123012.

[67] VOLAKIS J L. Antenna engineering handbook[M]. 4th edition. New York:McGraw-Hill,2007.

[68] 黄健熙,郭利华,龙毅,等.二维地图与三维虚拟场景的互响应设计与实现[J].测绘信息与工程,2003,28(1):33-34.

[69] 鞠震,廉东本.态势可视化的二三维联动技术[J].计算机系统应用,2019,28(7):79-84.

[70] 侯溯源.三维战场态势信息系统研究与实现[D].郑州:解放军信息工程大学,2011.

[71] 申跃杰.三维虚拟仿真引擎中的脚本控制:由交互式编程导致的探索式可视化模式变迁[D].石家庄:石家庄铁道大学,2019.

[72] 郭淑霞,周士军,高颖,等.复杂战场电磁环境建模与电磁态势可视化技术[J].西北工业大学学报,2015,33(3):406-412.

[73] 唐泽圣.三维数据场可视化[M].北京:清华大学出版社,1999.

[74] 陈为,沈则潜,陶煜波.数据可视化[M].北京:电子工业出版社,2013.

[75] 吴迎年,张霖,张利芳,等.电磁环境仿真与可视化研究综述[J].系统仿真学报,2009,21(20):6332-6338.

[76] 高颖,张政,王凤华,等.复杂电磁环境建模与可视化研究综述[J].计算机工程与科学,2014,20(5):5-9.

[77] SONG Y Y. Multi-Variate scientific data visualization and analytics[D]. West Lafayetle:Purdue University,2009.

[78] 杨超,徐江斌,赵健,等.基于多层等值面的电磁环境三维可视化研究[J].系统工程与电子技术,2009,31(11):2767-2772.

[79] 吴玲达,郝利云,冯晓萌,等.结合等值面绘制与体绘制的电磁环境可视化方法[J].北京航空航天大学学报,2017,43(5):5-9.

[80] 周桥,徐青,陈景伟,等.电磁环境建模与三维可视化[J].测绘科学技术学报,2008,25(2):112-115.

[81] 高颖,葛飞,周士军,等.基于复杂电磁环境雷达信息实时可视化系统[J].西北工业大学学报,2015,33(3):413-419.

[82] 穆兰,任磊,吴迎年,等.空间电磁环境可视化系统的研究与应用[J].系统仿真学报,2011,23(4):724-728.

[83] 吕亮.空间态势图构建及可视化表达技术研究[D].郑州:解放军信息工程大学,2014.

[84] 陈鹏,魏迎梅,吴玲达,等.硬件加速的雷达作用范围三维可视化研究与实现[J].计算机工程与科学,2008,30(4):33-36.

[85] 杨超,陈鹏,魏迎梅.雷达最大探测范围三维可视化研究与实现[J].计算机工程与应用,2007,43(7):245-248.

[86] 朱玉萍.让电磁态势成为制胜战场的新砝码[N].解放军报,2018-02-08(007).

[87] 王洁.面向服务的复杂电磁环境电磁态势可视化[D].南京:南京理工大学,2015.

[88] 何利明.二维军标生成与态势标绘技术研究[D].武汉:华中科技大学,2015.

[89] 王小非.美军指控系统发展及其对我海军舰载指控系统建设的启示[J].舰船电子工程,2010,30(05):1-5.

[90] 孔维.三维非规则军队标号的研究与实现[D].郑州:中国人民解放军信息工程大学,2005.

[91] 王净,刘建忠.基于COM结构的军事标图组件的设计与实现[J].测绘学院学报,2004,21(04):308-310.

[92] 罗理机.战场三维态势军标标绘系统的设计与实现[D].北京:中国舰船研究院,2015.

[93] 赵周,陈敏,汤晓安.动态军标符号的实现方法研究[J].计算机工程与设计,2007,28(12):3023-3024.

[94] 杨强,陈敏,汤晓安.三维静态军标的实时生成与标绘[J].计算机工程与设计,2007,28(14):141-143.

[95] 于美娇.战场态势可视化中三维军队标号的研究[D].郑州:解放军信息工程大学,2008.

[96] 成柏林,张尉.用Matlab语言实现雷达探测范围图的绘制[J].空军雷达学院学报,1999,13(4):62-64.

[97] 张尉,成柏林,金素华.搜索雷达探测范围的可视化技术[J].现代雷达,2000,22(3):44-47.

[98] KOSTIC A,RANCIC D. Radar coverage analysis in virtual GIS environment[C]//Proceedings of the 6th International Conference on Telecommunications in Modern Satellite, Cable and Broadcasting Services serbia:IEEE,2003.

[99] INGGS M,LANGE G,PAICHARD Y. A quantitative method for mono and multistatic radar coverage area prediction[C]. in Proc. IEEE Radar Conference:Global Innovation in Radar,2010,707-711.

[100] QIU H,CHEN L T,QIU G P,et al. 3D visualization of radar coverage considering electromagnetic interference[J]. WSEAS Transactions on Signal Processing,2014,10(1):460-470.

[101] 邱航.虚拟战场中复杂场景建模与绘制若干关键技术研究[D].成都:电子科技大学,2011.

[102] 陈鹏,吴玲达,杨超.虚拟战场环境中地形影响下雷达作用范围表现[J].系统仿真学报,2007,19(7):1500-1503.

[103] CHEN P,WU L D. 3D representation of radar coverage in complex environment[J]. International Journal of Computer Science and Network Security(IJCSNS),2007,7(7):139-145.

[104] 高颖,王阿敏,姜涛,等.基于信息融合的战场态势显示技术[J].弹箭与制导学报.2013,33(4):40-44.

[105] AWADALLAH R,GEHUMAN J Z,et al. Modeling radar propagation in three-dimensional environments[J]. Johns Hopkins APL Technical Digest,2004,25(2):101-111.

[106] 邱航,陈雷霆,蔡洪斌.复杂环境影响下雷达探测范围三维可视化[J].电子科技大学学报,2010,39(5):731-736.

[107] 吴玲达,陈鹏,杨超.复杂环境影响下三维雷达作用范围表现[J].系统工程与电子技术,2008,30(8):1448-1453.

[108] 张敬卓,袁修久,赵学军,等.基于APM的雷达探测范围三维可视化[J].计算机工程,2012,38(4):281-283.

[109] LI Z K,SHI D,GAO Y G. An aceleration agorithm of calculating electromagnetic situation based on ray tracing[C]. Proceedings of CEEM'2015,HangZhou,2015:350-353.

[110] 陈鹏,魏迎梅,吴玲达,等.硬件加速的雷达作用范围三维可视化研究与实现[J].计算机工程与科学,2008,30(4):33-36.

[111] HAO J. Design of information visualization and case studies[D]. Dallas:The University of Texas at Dallas,2010.

[112] 郭淑霞,闫彬舟,高颖.电磁态势建模及可视化[C]//第一届全国复杂电磁环境技术及应用学术会议论文集.哈尔滨:中国兵工学会,2018.

[113] 支朋飞,高颖,葛飞.战场电磁环境复杂度定量评估算法研究[J].微处理机,2014,35(6):40-44.

[115] 邵国培.战场电磁环境的定量描述与模拟构建及复杂性评估[J].军事运筹与系统工程,2007,21(4):17-20.

[116] LAW A M,KELDON W D. Simulation modeling and analysis [M]. Thrid Edition. New York:The McGraw-Hill Companies,Inc.,2000.

[117] WENGER S,AMENT M,GUTHE S,et al. Visualization of astronomical nebulae via distributed multi-GPU compressed sensing tomography[J]. IEEE Transactions on Visualization and Computer Graphics,2012,18(12):2188-2197.

[118] RODRGUEZ M B,GOBBETTI E,GUITIAN J A I,et al. A survey of compressed GPU-based direct volume rendering[J]. STAR-State of the Art Report in Eurographics. 2013,3(15):1-20.

[119] JÖNSSON D,KRONANDER J,ROPINSKI T,et al. Historygrams:enabling interactive global illumination in direct volume rendering using photon mapping[J]. IEEE Transactions on Visualization and Computer Graphics,2012,18(12):2364-2371.

[120] KINDLMANN G,DURKIN J W. Semi-Automatic generation of transfer functions for direct volume rendering[C]. IEEE Symposium on Volume Visualization,1998,24(2):79-86.

[121] JÖNSSON D, YNNERMAN A. Correlated photon mapping for interactive global illumination of time-varying volumetric data[J]. IEEE Transactions on Visualization and Computer Graphics,2017,23(1):901-910.

[122] SELVER M A. Exploring brushlet based 3D textures in transfer function specification for direct volume rendering of abdominal organs[J]. IEEE Transactions on Visualization and Computer Graphics,2015,21(2):174-187.

[123] ZHOU X J,GAO Y,GUO S X. Medical image visualization based on transfer function design [C]. SPIE0277-786X,V. 9794. Dalian,2015,9:26-27.

[124] ZHANG Y B,ZHAO D,MA K L. Real-Time volume rendering in dynamic lighting environments using precomputed photon mapping[J]. IEEE Transactions on Visualization and Computer Graphics,2013,19(8):1317-1330.

[125] FUCHS R,HAUSER H. Visualization of scientific data[J]. Computer Graphics Forum,2009,27(5):1670-1690.

[126] 聂俊岚,刘益萌,张继凯,等.基于平行坐标主维度的多变量传递函数设计方法[J].计算机辅助设计与图形学学报,2015,27(12):2340-2349.

[127] 周芳芳,谢慧萱,罗晓波,等.面向无线电监测与管理的可视化技术综述[J].计算机辅助设计与图形学学报,2020,32(10):1569-1580.

[128] ANDRIENKO N,ANDRIENKO G. Exploratory analysis of spatial and temporal data:a systematic approach[M]. New York:Springer Berlin Heidelberg,2005.

[129] 陈谊,蔡进峰,石耀斌,等.基于平行坐标的多视图协同可视分析方法[J].系统仿真学报.2013,25(1):81-86.

[130] ANDRIENKO N V,ANDRIENKO G L. Visual analytics of movement:an overview of methods,tools and procedures[J]. Information Visualization,2013,12(1):3-24.

[130] 张媛,戴文,李延飞,等.战场电磁信号可视化分析系统研究[J].电子信息对抗技术,2013,28(5):20-23.

[131] ADNANI A A,DUPLICY J,PHILIPS L. Spectrum analyzers today and tomorrow:part 1 towards fifilter banks-enabled real-time spectrum analysis[J]. IEEE Instrumentation Measurement Magazine,2013,16(5):6-11.

[132] 邓建辉,周偶.多维度电磁态势展现方法研究[J].海洋环境科学,2019,38(1):1-4,119.

[133] 陈鸿.战场环境建模与态势生成关键技术研究[D].长沙:国防科学技术大学,2010.

[134] 张博,张云鹏.联合作战电磁态势生成面临的挑战及对策[J].国防科技,2018,39(1):107-110.

[135] 邓连印,申志强.基于美军互操作作战图族的战场态势一致性研究[J].航天电子对抗, 2018,35(3):60-64.

[136] CRNOVRSANIN T,MUELDER C,MA K. A system for visual analysis of radio signal data [C]//In Proceedings of the 2014 IEEE Conference on Visual Analytics Science and Technology (VAST). Beijing:IEEE,2014.

[137] ZHAO Y,LUO X B,LIN X R,et al. Visual analytics for electromagnetic situation awareness in radio monitoring and management [J]. IEEE Transactions on Visualization and Computer Graphics,2020,26(1):590-600.

[138] ALI A,HAMOUDA W. Advances on spectrum sensing for cognitive radio networks:theory and applications[J]. IEEE Communications Surveys and Tutorials,2017,19(2):1277-1304.

[139] 周宇,王红军,邵福才,等.无线通信网络电磁态势生成中的信号覆盖探测算法[J].浙江大学学报,2018,52(6):1088-1096.

[140] YANG F M,WAN G,FENG L T,Research on 3D visualization of complicated battlefield electromagnetic environment[J]. Engineering of Surveying and Mapping,2012,21(2):35-38.

[141] 李竞铭.面向频谱地图构建的频谱态势生成技术研究[D].南京:南京航空航天大学,2019.

[142] CANTU A,DUVAL T,GRISVARD O,et al. Helovis:a helical visualization for sigint analysis using 3d immersion[C]//In Proceedings of the 2018 IEEE Pacifific Visualization Symposium (PacifificVis). Kyoto:IEEE Computer Society,2018.

[143] RANCIC D,DIMITRIJEVIC A,et al. Virtual GIS for prediction and visualization of radar coverage[C]. Proceedings of the 3th International Conference on Visualization,Imaging and Image Processing,2003.

[144] 代强伟,薛磊,李修和.云贝叶斯网络在目标电磁环境威胁评估中的应用[J].舰船电子对抗,2016,39(6):46-50.

[145] 李归,伍光新,薛慧,等.海战场态势生成技术发展综述[J].电讯技术,2022,62(5):678-685.

[146] 周佃.海战场电磁态势生成若干关键技术研究[D].哈尔滨:哈尔滨工程大学,2013.

[147] CHEN W,HUANG Z,WU F,et al. Vaud:a visual analysis approach for exploring spatio-temporal urban data[J]. IEEE Transactions on Visualization and Computer Graphics,2018,24(9): 2636-2648.

[148] MAN F,SHI R,HE B. The data mining in wireless spectrum monitoring application[C]//In Proceedings of the 2017 IEEE 2nd International Conference on Big Data Analysis (ICBDA), Beijing:IEEE,2017.

[149] 张阳,马孝尊,郭金良,等.基于组件的电子对抗态势生成与显示系统[J].兵工自动化, 2014,33(3):5-7.

[150] 王红杰,冯燕来.基于海量联合战场信息的多级态势生成方法研究[J].信息化研究, 2018,44(4):5-9.

[151] 臧勤,李树文,刘佳媛.一种基于数据库的综合态势生成方法[J].雷达与对抗,2015,35

(2):19-21.
- [152] 高颖,张超琦,段鹏亮,等.基于三维 GIS 的电磁态势生成系统[J].航天电子对抗,2021, 37(2):6-10,28.
- [153] 阚德鹏,贾翠霞,高斌.战场典型应用电磁环境半实物仿真系统研究[J].河北科技大学学报,2011,32(8):207-209,214.
- [154] 周伟江,柳立志,王鑫,等.基于通用型半实物仿真平台的导引头复杂电磁环境构建及试验方法[J].航天电子对抗,2020,36(4):46-50.
- [155] 朱煜良,赵智全,姚长虹,等.无人机通信干扰电磁环境半实物仿真系统[J].电讯技术, 2019,59(4):476-481.
- [156] 周泽生.巡飞弹协同攻击半实物仿真技术研究[D].太原:中北大学,2021.
- [157] 何志华.分布式卫星 SAR 半实物仿真关键技术研究[D].长沙:国防科学技术大学,2011.
- [158] 秦大国,李波,陈小武,等.空间通信链路半实物仿真平台设计与实现[J].航天控制, 2009,27(6):66-70.
- [159] 李丹镝,李文.基于半实物仿真的效能评估系统设计[J].计算机与网络创新生活,2013, 18:61-63.
- [160] GUO S X,DONG Z Y,HU Z T,et al. Simulation of dynamic electromagnetic interference environment for unmanned aerial vehicle data link[J]. China Communication,2013,10(7):19-28.
- [161] 郭淑霞,董中要,刘孟江,等.复杂电磁环境模拟技术研究[J].国外电子测量技术,2013, 32(7):21-25.
- [162] 刘宁,史浩山,杨博,等.复杂电磁环境半实物仿真平台构建技术[C]//2014(第五届)中国无人机大会论文集.北京:中国航空学会,2014.
- [163] 葛江涛,夏建军,陶玉犇,等.灰色关联分析法在常规脉冲雷达信号识别中的运用[J].舰船电子对抗,2012,35(6):51-54.
- [164] 胡玉伟,马萍,杨明,等.基于改进灰色关联分析的仿真数据综合一致性检验方法[J].北京理工大学学报,2013,33(7):711-715.
- [165] 张军涛,李尚生,王旭坤.基于灰色关联-模糊综合评判的雷达抗干扰性能评估方法[J]. 系统工程与电子技术,2021,43(6):1557-1563.
- [166] 郭淑霞,宋阳,郝俊,等.无人机数据链自适应编码调制方法的半实物仿真技术研究[J]. 计算机测量与控制,2011,19(12):3155-3157.
- [167] 高颖,姜涛,王阿敏,等.微波暗室中基于开关切换的动态干扰仿真方法[J].哈尔滨工业大学学报,2014,46(3):104-109.
- [168] 刘尚合.武器装备的电磁环境效应及其发展趋势[J].装备指挥技术学院学报,2005,16 (1):1-6.
- [169] 姚富强,赵杭生,陆锐敏.新一代军用指挥信息系统的复杂电磁环境适应性需求分析[J]. 通信对抗,2012,4(2):25-29.
- [170] 熊永坤.电子装备复杂电磁环境适应性评估指标体系研究[J].舰船电子工程,2020,40 (9):167-171.

[171] 张宝珍,张丽星,尤晨宇.国外武器装备电磁环境适应性试验与评价技术及能力发展综述[J].计算机测量与控制,2015,23(3):677-680.

[172] 武小悦,刘琦.装备试验与评价[M].北京:国防工业出版社,2008.

[173] 马亚龙,邵秋峰.评估理论和方法及其军事应用[M].北京:国防工业出版社,2013.

[174] 戎建刚,王鑫,张衡,等.复杂电磁环境的指标体系[J].航天电子对抗,2013,29(3):54-57.

[175] 陈佩.主成分分析法研究及其在特征提取中的应用[D].西安:陕西师范大学,2014.

[176] 唐政,孙超,刘宗伟,等.基于灰色层次分析法的水声对抗系统效能评估[J].兵工学报,2012,33(4):432-436.

[177] 郭晓陶,王星,程嗣怡,等.基于模糊层次分析法的组网电子对抗效能评估[J].火力与指挥控制,2016,41(4):48-53.

[178] 葛江涛,刘雅奇,齐锋,等.基于模糊隶属度的雷达对抗系统作战试验鉴定[J].航天电子对抗,2014,30(1):55-57.

[179] 王生,武俊.基于云理论和粗集的复杂电磁环境评估模型[J].计算机与数字工程,2010,38(5):55-56,154.

[180] 刘建林.BP神经网络模型在电磁环境预测中的应用[J].电力科技与环保,2017,33(4):5-9.

[181] 张斌,胡晓峰,胡润涛,等.复杂电磁环境仿真不确定性空间构建[J].计算机仿真,2009,26(2):11-13.

[182] 郭淑霞,袁春娟,刘孟江,等.跳频电台互调干扰估计的蒙特卡罗方法研究[J].系统工程与电子技术,2014,36(10):406-412.

[183] 郭淑霞,董文华,张磊,等.混合混沌多进制扩频系统的蒙特卡罗分析[J].北京理工大学学报,2016,36(7):760-764.

[184] 滕小虎.一种模糊综合评判的战场电磁环境复杂度评估方法[J].舰船电子工程,2018,38(5):151-153.

[185] 周士军,郭淑霞,高颖,等.导航接收机复杂电磁环境适应性评估[C]//2015第六届中国无人机大会论文集.北京:中国航空工业发展研究中心,中航出版传媒有限责任公司,2015.

[186] 郭淑霞,张宁.基于微波暗室GNSS抗干扰接收机的测试方法[J].数据采集与处理,2013,28(6):807-811.

[187] 孟海锋,熊学明,张琪.电磁环境适应性试验仿真系统研究[J].装备环境工程,2021,18(2):31-36.

[188] 郭淑霞,董中要,高颖.卫星导航接收端抗干扰性能测试平台构建方法研究[J].红外与激光工程,2013,42(8):2150-2155.

# 内 容 简 介

真实、准确地仿真与模拟电磁环境是目前研究的重点和难点问题。复杂电磁环境特征包括空域、频域、能域、调制域、极化域等特征,对上述特征进行建模仿真是研究电磁环境的基础;复杂电磁环境信息看不见、摸不着,可视化方法作为一种用于知识发现与理解的工具,是展现电磁环境本质特征的重要手段;对复杂电磁环境进行模拟是检验电子信息系统电磁环境适应能力的关键。本书以战场电磁环境为对象,从复杂、多维、时变的角度介绍了电磁环境的建模、仿真与可视化方法,基于场景驱动的复杂电磁环境半实物仿真模拟技术,复杂电磁环境适应性评估方法,最后介绍了电磁环境演示验证系统。

本书著者一直工作在高等院校教学及科研一线,书中的主要内容为著者多年工作积累,绝大部分为原创性的应用基础研究进展。本书的研究成果适用于从事电子信息系统复杂电磁环境效应科研、试验等领域的研究与工程技术人员阅读,也可作为电子信息工程、信息对抗、系统仿真等相关专业的教学与研究参考书籍。

# Abstract

How to model and simulate the electromagnetic environment truly and accurately is the key and difficult problem in current research. The characteristics of complex electromagnetic environment include spatial domain, frequency domain, energy domain, modulation domain, polarization domain and so on. Modeling and simulating the above characteristics is the basis of studying electromagnetic environment. The information of complex electromagnetic environment is invisible and intangible. As a tool for knowledge discovery and understanding, visualization method is an important means to show the essential characteristics of electromagnetic environment. Simulation of complex electromagnetic environment is the key to test the adaptability of electronic information system to electromagnetic environment. This book takes battlefield electromagnetic environment as the object, and introduces modeling, simulation and visualization methods of electromagnetic environment, hardware-in-the-loop simulation technology of complex electromagnetic environment based on scene driving, adaptability evaluation method of complex electromagnetic environment, finally, the electromagnetic environment demonstration and verification system is introduced.

The authors of this book have been working in the front line of teaching and scientific research in colleges and universities. The main contents of this book are the author's accumulated works for many years, and most of them are original applied basic research progress. The research results of this book are suitable for researchers and engineers engaged in the research and experiment of complex electromagnetic environment effects of electronic information systems, and can be used as reference books for teaching and research of electronic information engineering, information countermeasures, system simulation and other related majors.

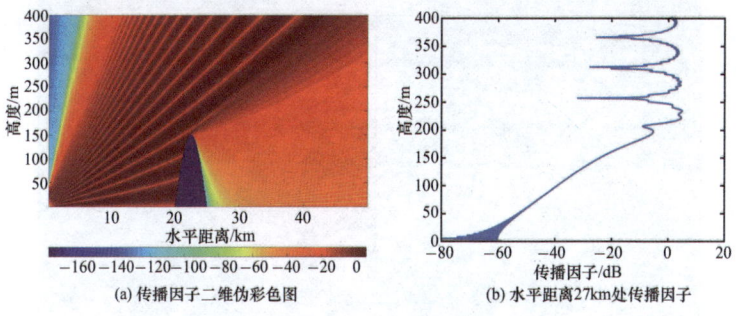

(a) 传播因子二维伪彩色图　　　　　(b) 水平距离27km处传播因子

图 2-52　类正弦地形下传播因子

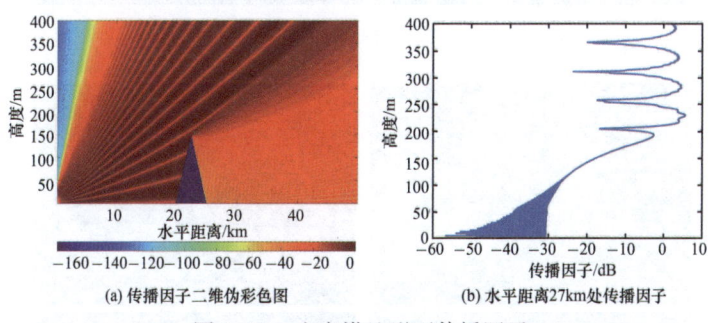

(a) 传播因子二维伪彩色图　　　　　(b) 水平距离27km处传播因子

图 2-53　金字塔地形下传播因子

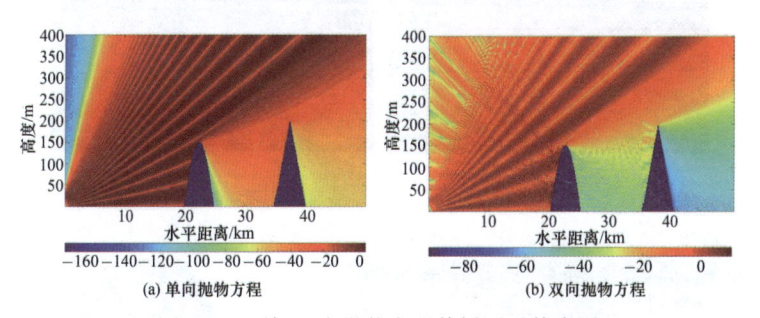

(a) 单向抛物方程　　　　　(b) 双向抛物方程

图 2-57　单、双向抛物方程传播因子伪彩图

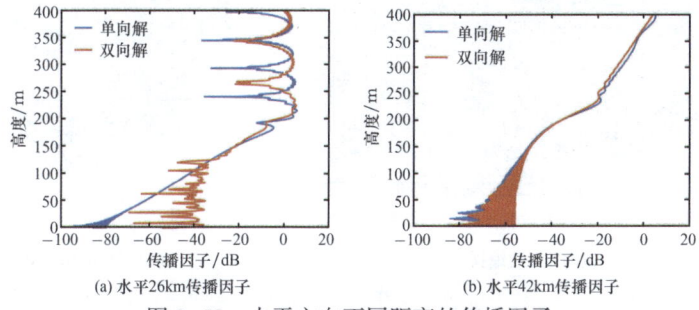

(a) 水平26km传播因子　　　　　(b) 水平42km传播因子

图 2-58　水平方向不同距离的传播因子

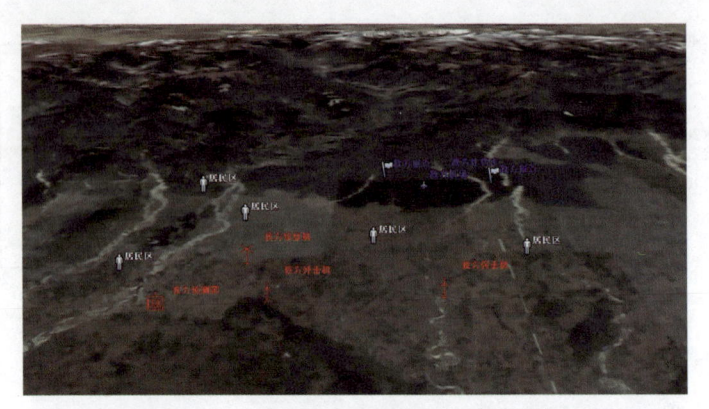

图 4-10 战场环境纹理图片标绘可视化

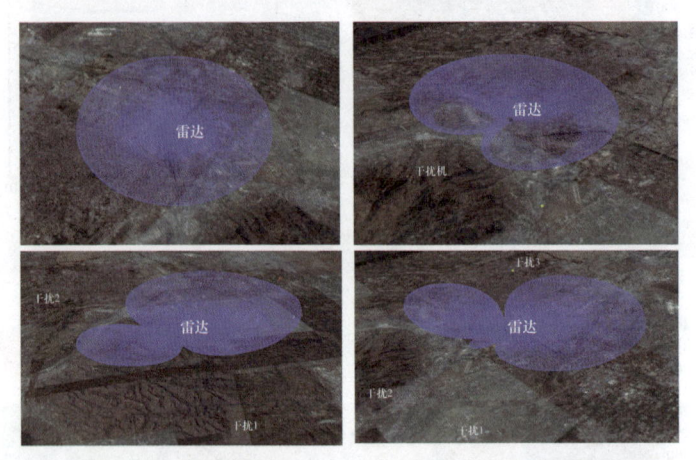

图 4-41 地理信息系统中的雷达探测范围三维可视化

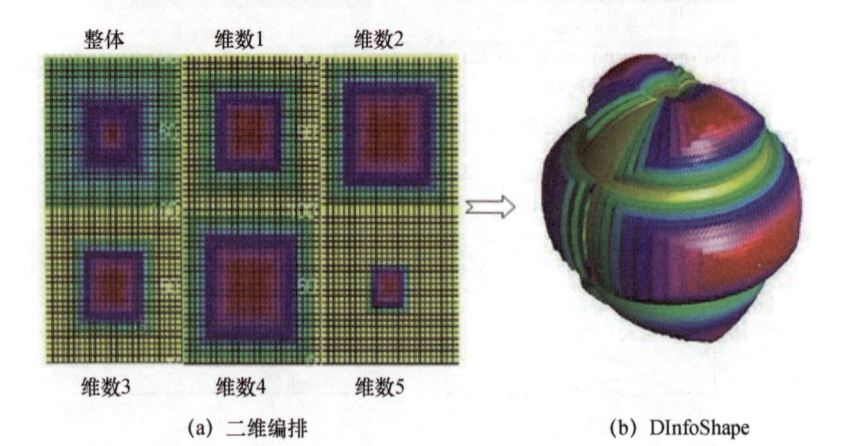

(a) 二维编排　　　　　　　　(b) DInfoShape

图 4-47 基于维数可视化的一个随机生成的五维信息集

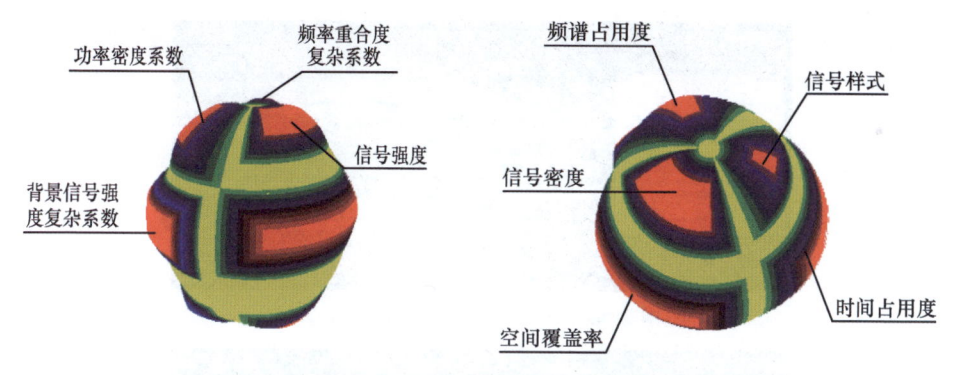

图 4-49  电磁环境各分布特性参数在球体表面上的效果图

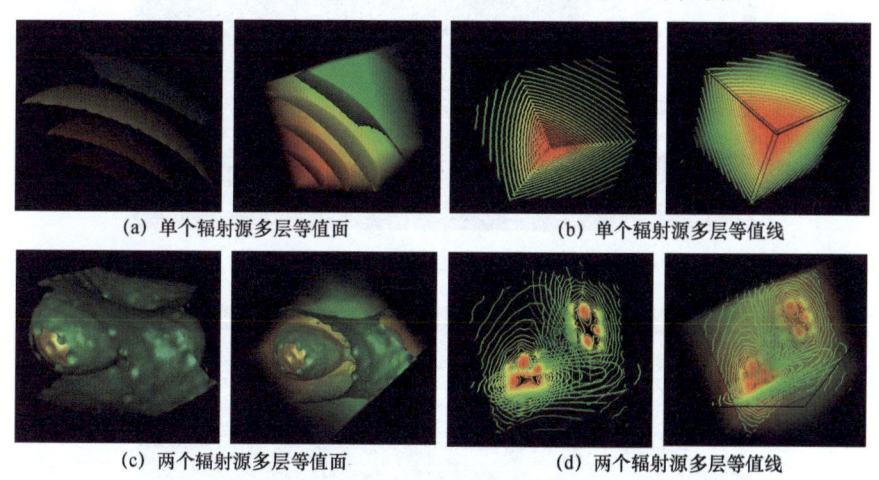

(a) 单个辐射源多层等值面　　(b) 单个辐射源多层等值线

(c) 两个辐射源多层等值面　　(d) 两个辐射源多层等值线

图 4-63  多层等值线等值面可视化

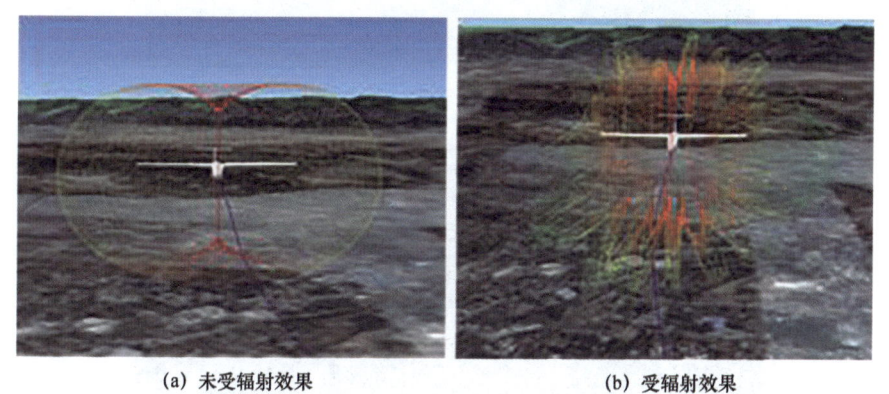

(a) 未受辐射效果　　(b) 受辐射效果

图 4-82  机载天线态势生成

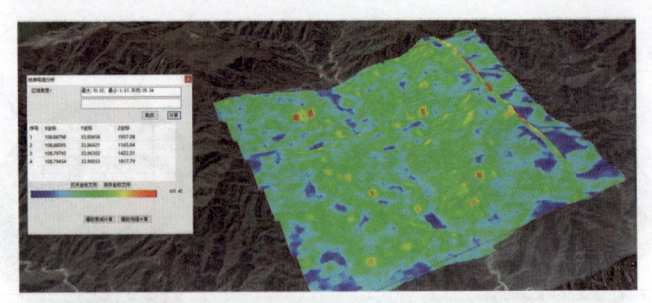

图 4-86　地表辐射衰减分析可视化

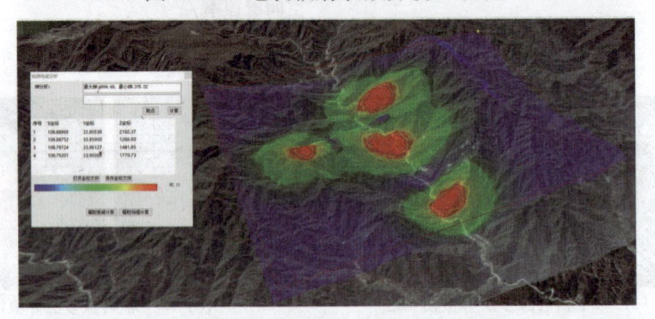

图 4-87　地表辐射场强分析可视化

图 7-25　数据链仿真场景

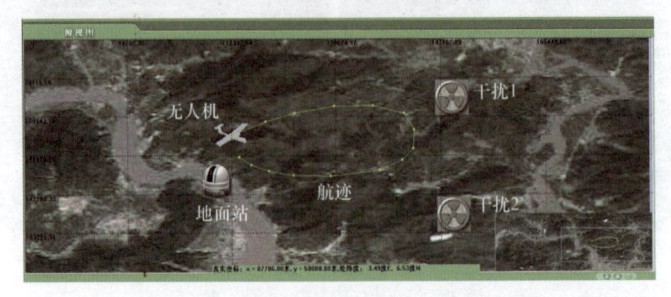

图 7-28　存在两个干扰源时仿真场景